装修全方位之重点突破系列

全彩突破 装修水电识图

阳鸿钧　等编著

机械工业出版社

识图、用图、懂图是水电工必须掌握的技能。本书采用“拿图样看现场对照学”的讲述风格，使读者能够学到有用的识图读图技能。同时，讲解与案例的结合，使读者更能够快速、清晰地掌握识图读图技能。本书主要讲述了识读必备功、装修识读、给排水图识读、电气图识读、家装水电识图识读、店装公装水电识图识读等知识。希望本书能够帮助读者掌握识图与现场设计、施工的能力，以培养灵活变通的能力。本书适合装饰水电工、物业水电工以及其他电工、社会青年、进城务工人员、建设单位相关人员、相关院校师生、培训学校师生、家装工程监理与管理人员、灵活就业人员、给排水技术人员、新农村家装建设人员等参考阅读。

图书在版编目（CIP）数据

全彩突破装修水电识图 / 阳鸿钧等编著 .—北京：机械工业出版社，2019.2
（装修全方位之重点突破系列）
ISBN 978-7-111-61751-8

Ⅰ . ①全…　Ⅱ . ①阳…　Ⅲ . ①房屋建筑设备 – 给排水系统 – 建筑制图 – 识图 ②房屋建筑设备 – 电路图 – 识图　Ⅳ . ① TU82-64 ② TU85-64

中国版本图书馆 CIP 数据核字（2019）第 006427 号

机械工业出版社（北京市百万庄大街 22 号　邮政编码 100037）
策划编辑：张俊红　责任编辑：朱　林
责任校对：潘　蕊　封面设计：马精明
责任印制：张　博
北京中科印刷有限公司印刷
2019 年 3 月第 1 版第 1 次印刷
145mm × 210mm · 6.375 印张 · 257 千字
标准书号：ISBN 978-7-111-61751-8
定价：35.00 元

前言
Preface

识图、用图、懂图是水电工必须掌握的技能。本书力争把技能大众化，把大众技术化；把现场搬到书中，从书中看到现场；把理论讲得简单，又能从案例中学会做。从而，突破装修水电识图。

本书除介绍识图基础知识、通法通规外，还把许多一线人员多年现场识图读图经验、案例、心得进行了介绍。

本书共6章，第1章为不可不知——识读必备功，第2章为轻松秒懂——装修识读，第3章为学透识读——给排水图，第4章为学透识读——电气图，第5章为看图教你行——家装水电识图，第6章为看图教你会——店装、公装水电识图。每章都进行了知识、技能、案例的讲述。

本书用于学习水电识图外，也适用于学习建筑识图、其他装饰装修工种学习识图。不仅适用于专业施工人员学习参考，也为装修求人不如求己的DIY人士，提供了必要的支持。

总之，本书适合装饰水电工、物业水电工以及其他电工、社会青年、进城务工人员、建设单位相关人员、相关院校师生、培训学校师生、家装工程监理与管理人员、灵活就业人员、给排水技术人员、新农村家装建设人员等参考阅读。

本书主要由阳鸿钧编写，阳许倩、阳育杰、许小菊、阳红珍、欧凤祥、阳苟妹、唐忠良、任现杰、杨红艳、欧小宝、阳梅开、任现超、许秋菊、许满菊、许鹏翔、许应菊、许四一、罗小伍、李军、唐许静、李平、李珍、罗奕、罗玲等人员参加编写工作或给予了相关的支持。

本书编写过程中，另外还得到了其他同志的支持，在此表示感谢。本书涉及一些厂家的产品、规范标准，同样表示感谢。另外，本书在编写中参考了相关人士的相关技术资料，在此也向他们表示感谢。

特别提醒：本书主要用于学习，书中有关图表不能替代具体项目的施工签绘图表。

特别说明，因部分参考文献的最初原始来源不详，间接来源因缺项等原因不能在参考文献中完整表述。另外，部分来自互联网上的参考文献，因命名规范与网站地址变动性大，因此本版不便列入参考文献。在此向这些作者、传媒表示感谢。

由于时间有限，书中不足之处，敬请广大读者批评、指正。

编　者

目　录
Contents

第3章 学透识读——给排水图 50

第4章 学透识读——电气图 79

第 1 章

不可不知——识读必备功

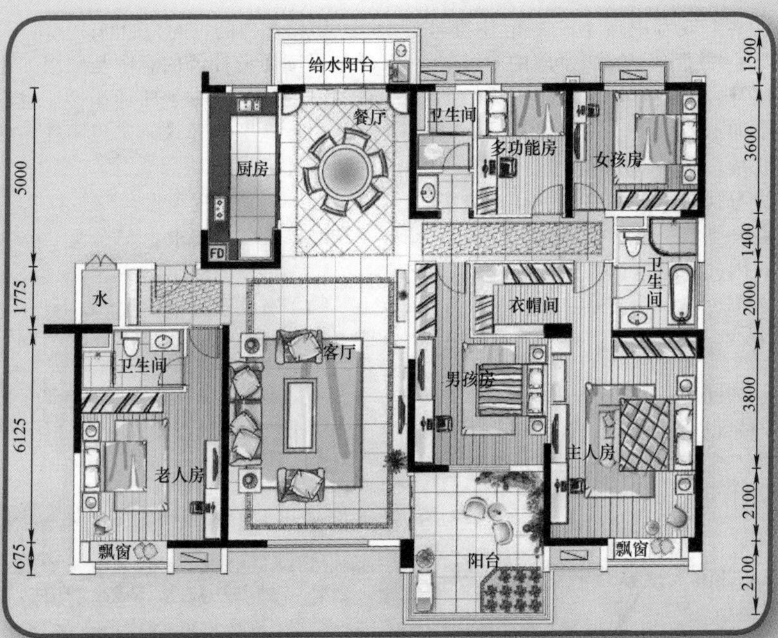

1.1 图样的特点

图样是工程的一种无声“语言”，该无声“语言”通过规定的符号等元素形式真情、实实在在地表达出来。

常见的符号等元素包括文字符号、图形符号。因此，要想熟悉、掌握图样这种“语言”，必须掌握文字符号、图形符号，以及图样有关规定和要求。

学习识读图样如同学习汉语（或者英语等）一样，文字符号、图形符号等相当于汉字（或者单词），既要记住汉字（或者单词）——记住符号，又要了解汉字（或者单词）的意思——记住符号的对应含义，以及汉字（或者单词）的应用——记住符号的应用与联系。图样的有关规定、要求，如同学习汉字（或者单词）有关语法等规定、要求一样。

因此，会识读图样的人，就像读一本书、读一篇文章、读一段文字一样，这么简单。

文字符号、图形符号的种类多，有的有规律有的无规律。其中，常用的文字符号有：

（1）表示相序的文字符号。

（2）表示敷设部位的文字符号。

（3）表示线路敷设方式的文字符号。

（4）线路标注的文字符号。

（5）表示器具安装方式的文字符号。

识读图样的目的，如同读一本书，就是要读懂设计者的意图与要求。工程图样的目的，有一些通用性，也有一些个性意图与要求。工程图样一些通用性目的如下：

（1）明确工程项目。

（2）具体的要求。

（3）材料的应用。

（4）有关逻辑。

1.2 图样的分类

如同语言一样有多种，图样也有多种，也就是图样也有分类。装修工程中，常需要识读的图样的类型为施工图、效果图、动画图等。建筑工程图样的分类如图 1-1 所示。

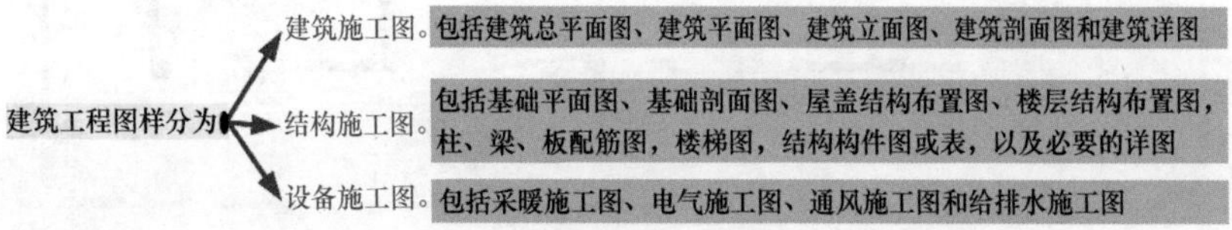
建筑工程图样分为
建筑施工图。包括建筑总平面图、建筑平面图、建筑立面图、建筑剖面图和建筑详图
结构施工图。包括基础平面图、基础剖面图、屋盖结构布置图、楼层结构布置图，柱、梁、板配筋图，楼梯图，结构构件图或表，以及必要的详图
设备施工图。包括采暖施工图、电气施工图、通风施工图和给排水施工图

图 1-1　建筑工程图样的分类

一套完整的工程设计施工图，往往包括：原始平面图、天花板布置图、平面布置图、水电示意图、结构图、立面图、门窗扶手分布图，以及相应的大样图等。也就是既有整体表达的图，又有细节表达的图；既有平面表达的图，又有不同角度表达的图。总之，全方位的表达，就是希望识读图样的人，能够全方位地完全掌控施工要求与意图。因此，识读图样的人，应能

够全方位地识读与掌控。

施工图样根据其内容、工种不同，可以分为：

（1）施工首页图——施工首页图，包括图样目录、设计总说明。

（2）建筑施工图——建筑施工图主要用来表示建筑物的规划位置、外部造型、内部各房间的布置、内外装修、构造、施工要求等。该部分图样往往包括总平面图、各层平面图、剖面图、立面图、详图等。

（3）结构施工图——结构施工图是表示建筑物承重结构的类型、构造种类、结构布置、数量、大小、做法等。该部分图样往往包括结构设计说明、结构平面布置图、构造详图等。

（4）电施、水施等——设备安装施工图。设备安装施工图包括的专业图样较多，主要包括给排水、供电照明、暖气通风、燃气、通信等设备的布局、施工要求。常见的图样类型有设备布置图、系统图、详图等。

一套施工图样，其实就是一本书——图集。与书一样，也有个编排顺序。施工图样，一般根据专业顺序来编排，常见编排的顺序为目录、总图与说明、建筑图、结构图、给排水图、暖通图、电气图、弱电图等。

tips：工程各专业图样，应该根据图样内容的主次关系、逻辑关系有序排列。

1.3 平面图的形成与特点

平面图是施工中最基本的图样。平面图可以分为总平面图与分平面图（简称平面图）。

总平面图的形成——建筑总平面图，就是将建筑工程四周一定范围内的新建的、拟建的、原有的、拆除的建筑物、构筑物连同其周围的地形、地物状况用水平投影方法，与相应的图例所画出的工程图样。

总平面图表达的内容——主要是表达了建筑房屋的位置、朝向、与原有建筑物的关系，以及周围道路、绿化、给水、排水、供电条件等方面的情况。

总平面图的用途——总平面图可以作为建筑房屋施工定位、土方施工、设备管网平面布置，安排施工进场的材料、构件、配件堆放场地，构件预制的场地，运输道路的依据。

作为装修的总平面图，也就是装修工程场地的全局特点与要求。

tips：总平面图是用正投影的原理绘制的，图形主要是以图例的形式表示。

平面图是表达建筑物的平面轮廓、设备位置、管道分布及其与建筑物、设备的平面关系，以及具有标注的管径、坡向、坡度标高、立管编号等。

建筑房屋平面图常见的图例见表1-1。

表1-1 建筑房屋平面图常见的图例

名称	图例	名称	图例	名称	图例
新建建筑物	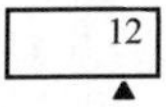	拆除的建筑物	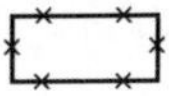	挡土墙	

（续）

名称	图例	名称	图例	名称	图例
草坪	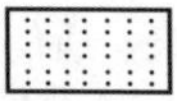	建筑物下面的通道	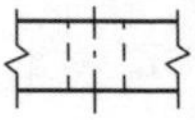	坐标	X105.00 Y425.00 A105.00 B425.00
原有建筑物	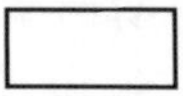	围墙及大门 1	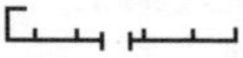	方格网交叉点标高	−0.50 | 77.85 78.35
计划扩建的预留地或建筑物		围墙及大门 2	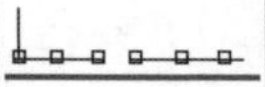	填方区等	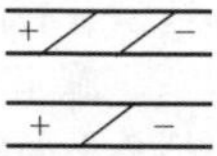

[举例 1]　一装修工程地面布置平面图如图 1-2 所示。

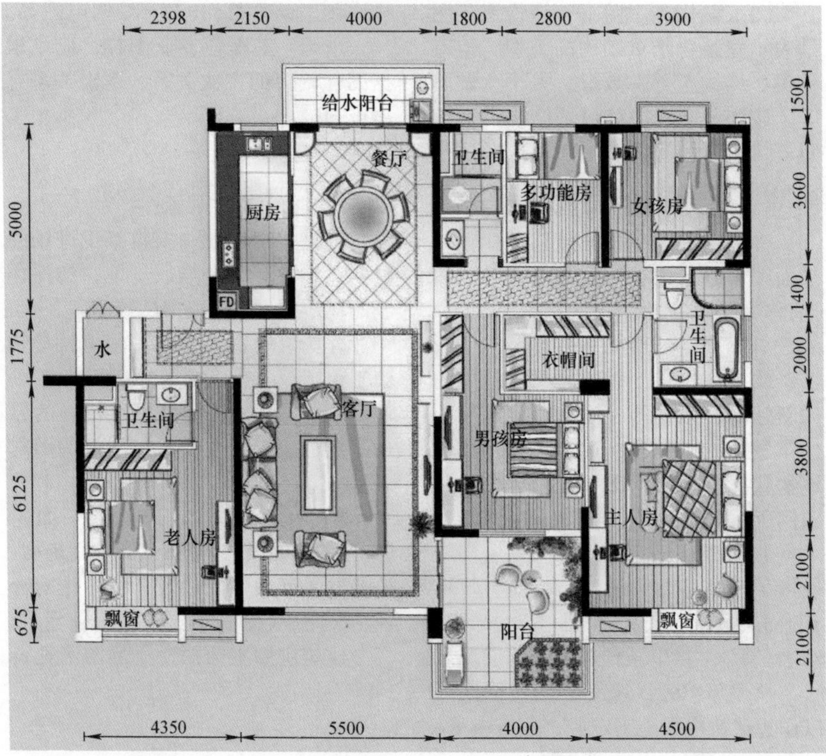

图 1-2　一装修工程地面布置平面图

建筑平面图的图线——平面图实质上是剖面图，被剖切平面剖切到的墙、柱等轮廓线用粗实线来表示。没有被剖切到的部分与尺寸线等用细实线来表示。门的开启线用细实线来表示。

[举例 2]　一装修工程平面图的图线如图 1-3 所示。

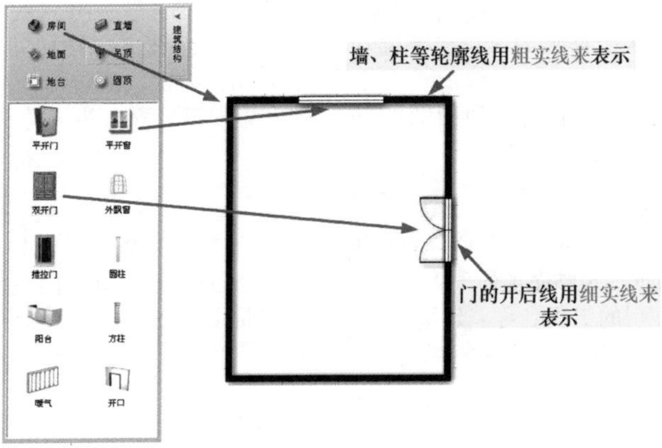

图 1-3　一装修工程平面图的图线

建筑平面图的比例——建筑平面图常用的比例有 1∶50、1∶100、1∶200 等。其中 1∶100 使用最多。其他规定——比例小于 1∶50 的平面图，可不画出抹灰层。比例大于 1∶50 的平面图，应画出抹灰层，并且宜画出材料图例。

比例等于 1∶50 的平面图，抹灰层可画可不画，具体根据需要而定。比例为 1∶100~1∶200 的平面图，可画简化的材料图例，如钢筋、混凝土涂黑，砌体墙涂红等。

平面图的尺寸特点如下：

尺寸
- 内部尺寸：说明房间的净空大小和室内的门窗洞、孔洞、墙厚和固定设备（如厕所、盥洗室等）的大小位置。
- 外部尺寸：为了便于施工读图，平面图下方及左侧应注写三道尺寸，如有不同时，其他方向也应标注。

三道尺寸
- 第一道尺寸：表示建筑物外墙门窗、洞口等各细部位置的大小及定位尺寸。
- 第二道尺寸：表示定位轴线之间的尺寸。相邻横向定位轴线间的尺寸称为开间，相邻纵向定位轴线间的尺寸称为进深。
- 第三道尺寸：表示建筑物外墙轮廓的总尺寸，从一端外墙边到另一端外墙边的总长和总宽。

建筑平面图的一些图示内容如下：

（1）表示出所有轴线及其编号，墙、柱、墩的位置以及尺寸。

（2）画出卫生器具、水池等室内设备的位置及形状。

（3）表示出地下室、地沟、地坑、墙上预留洞、高窗等位置及尺寸。

（4）表示出所有房间名称，及其门窗的位置、编号、大小。

（5）标注出室内外的有关尺寸、室内楼地面的标高。

（6）标注出有关部位的详图索引符号。

（7）平面图左下方或右下方画出指北针。

（8）表示出电梯、楼梯的位置，楼梯上下行方向及主要尺寸。

（9）表示出阳台、通风道、管井、消防梯、雨篷、台阶、斜坡、烟道、雨水管、散水、排水沟、花池等位置及尺寸。

（10）平面图上画出剖面图的剖切符号和编号。

（11）屋顶平面图上一般表示出：女儿墙、变形缝、分水线与雨水口、檐沟、屋面坡度、楼梯间、水箱间、上人孔、天窗、消防梯，及其他构筑物和索引符号等。

1.4 图样目录

图样目录是把一个工程项目的各种施工图，根据一定顺序排列，从中可以识读出该工程的工程名称、建设单位、设计单位，以及图样的名称编号、张数。

当拿到一个工程项目的图样时，识读者首先应根据图样目录进行清点，以保证取得完整的设计资料、图样资料。图样目录的格式如图 1-4 所示。

图样目录推荐格式
图样目录
序号
图号
图样名称
图幅
备注
1
2
3
9
12
9
15
20
90
15
40
(单位:mm)

图 1-4　图样目录的格式

[举例]　一工程施工图的图样目录如图 1-5 所示。

图样目录				
序号	图号	图样名称	图幅	备注
1	电施1	施工设计说明	A2	本图第12～14页
2	电施2	低压配电系统图(一)	A2	本图第15页
3	电施3	低压配电系统图(二)	A2	本图第16页
4	电施4	低压配电干线系统图	A2	本图第17页
5	电施5	电话、电视、网络系统图	A2	本图第18页
6	电施6	多功能访客对讲系统图	A2	本图第19页
7	电施7	表具数据远传系统图	A2	本图第20页
8	电施8	住户配线箱接线图	A2	本图第21页

相应的图　　了解图幅的规格、大小　　可以快速找到相应图对应的页码

图 1-5　一工程施工图的图样目录

1.5 图样幅面

通过上面对平面图的讲述，对于工程图样有了大概的了解。接下来，在这基础上介绍图样的一些特点与要求。

图样幅面是指图样本身的规格大小，也就是图样的大小。图框是图样内供绘图的范围线，也就是图的边框线。

图样幅面、图框尺寸，不是任意的，有一定的规定与要求，具体见表 1-2 和表 1-3。

表 1-2　幅面、图框尺寸　（单位：mm）

尺寸代号 \ 幅面代号	A0	A1	A2	A3	A4
$b \times l$	841 × 1189	594 × 841	420 × 594	297 × 420	210 × 297
c	10			5	
a	25				

表 1-3　图样长边加长尺寸　（单位：mm）

幅面尺寸	长边尺寸	长边加长后尺寸
A0	1189	1486　1635　1783　1932　2080　2230　2378
A1	841	1051　1261　1471　1682　1892　2102
A2	594	743　1041　1189　1338　1486　1635
A2	594	1783　1932　2080
A3	420	630　841　1051　1261　1471　1682　1892

tips：有特殊需要的图样，可以采用 $b \times l$ 为 841mm × 891mm 与 1189mm × 1261mm 的幅面。

需要微缩复制的图样，其一个边上会附有一段准确米制尺度，四个边上会附有对中标志，米制尺度的总长一般为 100mm，分格为 10mm。

对中标志，一般是画在图样各边长的中点处，线宽一般为 0.35mm，伸入框内一般为 5mm。

图样以短边作为垂直边称为横式图样，以短边作为水平边称为立式图样。为便于理解，可以拿一本常见的书横放，就如同横式图样。竖放，就如同立式图样。

一般 A0~A3 图样宜横式使用；必要时，也可以立式使用。

一个工程图样中，每个专业所使用的图样，一般不宜多于两种幅面，尽量采用同一幅面，这样便于阅读、装订等工作。该规定不含目录、表格所采用的 A4 幅面。

［举例］　一工程图样的幅面如图 1-6 所示。

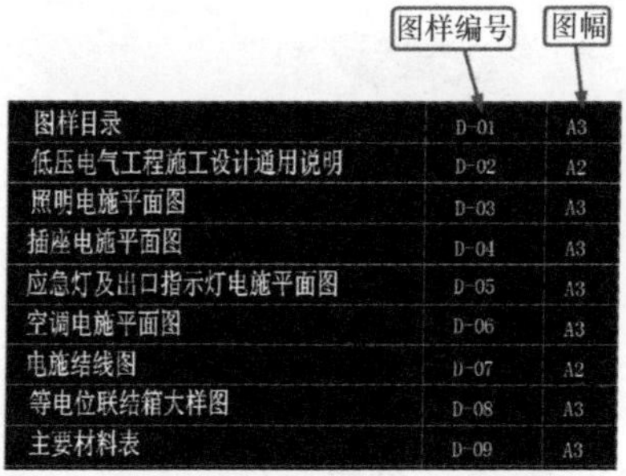

图样目录	D-01	A3
低压电气工程施工设计通用说明	D-02	A2
照明电施平面图	D-03	A3
插座电施平面图	D-04	A3
应急灯及出口指示灯电施平面图	D-05	A3
空调电施平面图	D-06	A3
电施结线图	D-07	A2
等电位联结箱大样图	D-08	A3
主要材料表	D-09	A3

图 1-6　一工程图样的幅面

tips：妙学妙读——CAD常见幅面

许多装修图样，是采用CAD软件绘制的。了解CAD软件常见幅面样板，就容易理解装修图样的幅面。CAD软件幅面样板较多，可以单击查看和应用，常见幅面样板图例如图1-7所示。

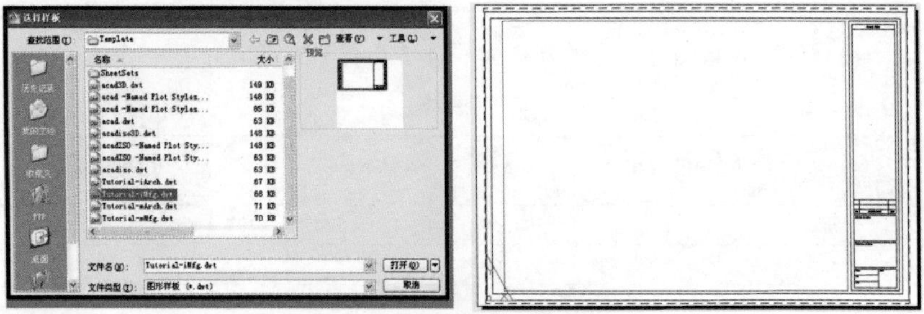

图1-7　CAD软件常见幅面样板

1.6　标题栏与会签栏

图样的标题栏、会签栏、装订边的位置，也不是随意的，一般从方便阅读、方便绘图区的绘图等角度出发，有着一定的规定。例如横式使用的图样，一般是根据图1-8的形式来布置的。

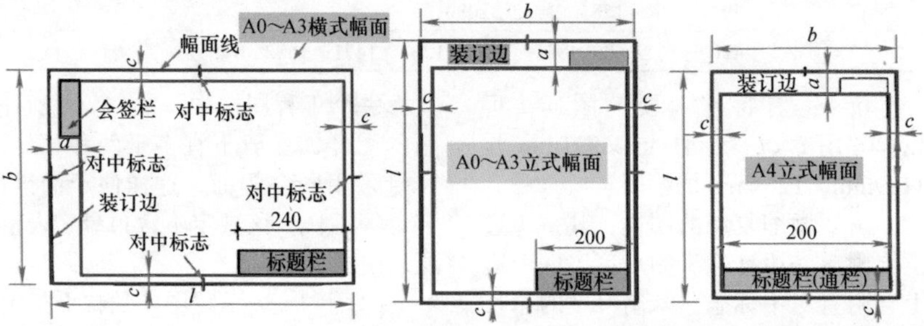

图1-8　标题栏与会签栏

1.7　材料表

材料表就是列举了所需要的材料名称，以及材料的规格、单位。有的还列举了材料的表示符号（图例）。

［举例］　一工程图样的材料表见表1-4。

从该材料表可以识读出一些信息：

难燃单塑铜芯线——该工程采用了ZRBV-95mm^2、ZRBV-50mm^2、ZRBV-4mm^2、ZRBV-2.5mm^2、ZRBV-1.5mm^2。

难燃半硬质塑料管——该工程采用了ϕ20、ϕ25、ϕ32。

86系列开关、插座——该工程采用了二位开关、一位开关、二三插座。

另外，还说明该工程采用了排气扇、天花板排气扇、光管支架、方向指示灯、楼底扇、节能灯等。

表 1-4　一工程图样的材料表

序号	名　称	规　格	单位	图例
1	难燃单塑铜芯线	ZRBV-95mm^2	m	
2	难燃单塑铜芯线	ZRBV-50mm^2	m	
3	难燃单塑铜芯线	ZRBV-4mm^2	m	
4	难燃单塑铜芯线	ZRBV-2.5mm^2	m	
5	难燃单塑铜芯线	ZRBV-1.5mm^2	m	
6	难燃半硬质塑料管	ϕ20	m	
7	难燃半硬质塑料管	ϕ25	m	
8	难燃半硬质塑料管	ϕ32	m	
9	86 系列	二位开关	个	
10	86 系列	一位开关	个	
11	86 系列	二三插座	个	
12	排气扇		个	
13	天花板排气扇		个	
14	光管支架	DS-40EX1Z 1×40W	个	
15	方向指示灯	PAK-Y01-102	个	
16	应急灯	PAK-Y10-208	个	
17	出口指示灯	PAK-Y01-101	个	
18	楼底扇	1×60W	个	
19	节能灯	1×26W	个	
20	地灯	1×35W	个	
21	射灯	1×75W	个	
22	空调柜		个	
23	等电位		个	
24	光管盘	3×20W	个	
25	配电箱		个	
26	小射灯	1×35W	个	

tips：想读懂材料表，还需要掌握材料的规格、型号表示的含义。

1.8 图线

图线，也就是图样的线条。理论上，线条有无数种类。工程图样的线条，不是随意的，其图线的宽度 b 有着一定的规定，一般从 1.4、1.0、0.7、0.5 等线度系列中选择。每个图样，一般根据复杂程度与比例大小，先选定基本线宽 b，再选用表 1-5 中相应的线宽组。

表 1-5　线宽组　（单位：mm）

线宽比	线宽组			
b	1.4	1.0	0.7	0.5
$0.7b$	1.0	0.7	0.5	0.35
$0.5b$	0.7	0.5	0.35	0.25
$0.25b$	0.35	0.25	0.18	0.13

tips：需要微缩的图样，不宜采用 0.18mm 及更细的线宽。另外，同一张图样内，各不同线宽中的细线，可以统一采用较细的线宽组的细线。

工程图一般选用的图线见表 1-6。

表 1-6　一般选用的图线

名称		线型	线宽	一般用途
实线	粗		b	主要可见轮廓线
	中		$0.5b$	可见轮廓线
	细		$0.25b$	可见轮廓线、图例线
虚线	粗		b	
	中		$0.5b$	不可见轮廓线
	细		$0.25b$	不可见轮廓线、图例线
单点画线	粗		b	
	中		$0.5b$	
	细		$0.25b$	中心线、对称线等
双点画线	粗		b	
	中		$0.5b$	
	细		$0.25b$	假想轮廓线、成型前的原始轮廓线
折断线			$0.25b$	断开界线
波浪线			$0.25b$	断开界线

同一张图样内，相同比例的各图样，一般选用的是相同线宽组。如果图样出现图线与文字、数字或符号重叠、混淆的情况，则说明该图样不够规范，或者存在不可避免的情况。如果是存在不可避免的情况，则一般先保证文字等的清晰。

虚线与虚线交接或虚线与其他图

线交接时，一般是线段交接。

虚线为实线的延长线时，一般不与实线连接。

图样的图框、标题栏线，一般采用的线宽见表1-7。

表1-7 图样的图框、标题栏线常见线宽 （单位：mm）

幅面代号	图框线	标题栏外框线	标题栏分格线、会签栏线
A0、A1	1.4	0.7	0.35
A2、A3、A4	1.0	0.7	0.35

tips：建筑给排水施工图的线宽 b，一般根据图样的类别、比例、复杂程度确定。一般线宽 b，多为0.7mm或1.0mm。

1.9 比例

图样的比例，一般表示为图形与实物相对应的线性尺寸之比，也就是图上的物件图面尺寸（长度）与该物件实际尺寸之比。

工程图上比例的符号为“：”，比例是用阿拉伯数字表示的，例如1:1、1:2、1:100等。

[举例1] 图样1:10的含义——就是图上的1，代表实物的10，两者单位一致。CAD图样等一般基本单位是mm。因此，图上的1mm长，代表实物10mm长。图上的5mm，代表实物5×10=50mm，其他类推。反过来讲，实物的10mm，在图上用1mm表示。实物的100mm，图上用100×（1/10）=10mm来表示，其他类推。

[举例2] 管道（给水排水）图样上的长短与实际大小相比的关系叫作比例。图形的大小与其实际大小之比，也称为比例。

如果没有比例，欲想画1km等长线条，图样的纸张没有这么长，则肯定画不了。有了比例，则无论多长的线条，均能够在这有限的纸张上画出来。

tips：图样的比例——分子是图样上画的长度，分母是实际的长度。

比例的大小是指其比值的大小，例如1:50大于1:100。

比例有与实物相同的比例，也就是1:1。有缩小的比例，例如1:50。有放大的比例，例如2:1。

[举例3] 在1:50的图上，实长为1000mm的管道，则在图上只画20mm长即可。在2:1的详图上，实际长为20mm的，在图上需要画长为40mm。

一般情况下，一个图样选用一种比例。专业制图的需要，同一图样可以选用两种比例。特殊情况下，可以自选比例，这时除了注出绘图比例外，还会在适当位置绘制出相应的比例尺。因此，识读图时，需要注意该图是否具有多比例。

比例，一般注写在图名的右侧，字的基准线为取平。比例的字高一般比图名的字高小一号或二号，如图1-9所示。

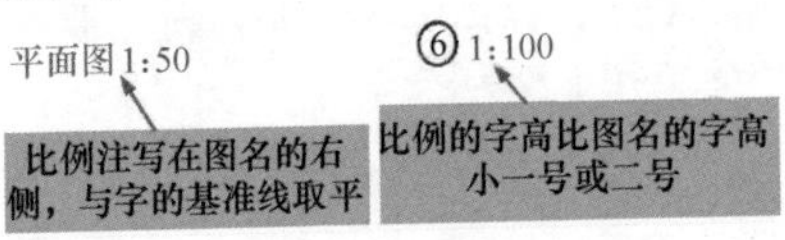
平面图 1:50
⑥ 1:100
比例注写在图名的右侧，与字的基准线取平
比例的字高比图名的字高小一号或二号

图1-9 比例

绘图用的比例，一般是根据图样的用途、被绘对象的复杂程度，从表 1-8 中选用的，并且是优先用表中的常用比例。

表 1-8 绘图所用的比例

常用比例	1:1、1:2、1:5、1:10、1:20、1:50、1:100、1:150、1:200、1:500、1:1000、1:2000、1:5000、1:10000、1:20000、1:50000、1:100000、1:200000
可用比例	1:3、1:4、1:6、1:15、1:25、1:30、1:40、1:60、1:80、1:250、1:300、1:400、1:600

[举例 4] 管道施工图常用比例 见表 1-9。

表 1-9 管道施工图常用比例

名 称	比 例
部件、零件详图	1:50；1:40；1:20；1:10；1:5；1:2；1:1；2:1
厂区（小区）总平面图	1:2000；1:1000；1:500；1:200
管道系统轴侧图	1:200；1:100；1:50 或不按比例
流程图或原理图	无比例
设备加工图	1:100；1:50；1:40；1:20
室内管道平、剖面图	1:200；1:100；1:50（1:40）；1:20
总图中管道断面图	横向 1:1000；1:500 纵向 1:200；1:100；1:50

1.10 标高

标高表示建筑物各部分的高度，是建筑物某一部位相对于基准面（标高的零点）的竖向高度，也就是与标准的高度。

施工图建筑物各部分的高度常用标高来表示，并且符号用直角等腰三角形来表示“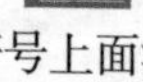”，下横线为某点高度界线，符号上面注明标高。总平面图的室外地平标高，常采用“”来表示。

标高是竖向定位的依据、尺寸。除标高以 m 为单位以外，施工图中的其他尺寸一般以 mm 计。标高的表示图例如图 1-10 所示。

tips：标高为 ±0.00，则往上算为 +，往下算为 –。

标高可以分为绝对标高、相对标高。

绝对标高——我国把青岛黄海平均海平面定为绝对标高的零点，其他各地标高都以它为基准点。绝对标高也称为海拔标高或海拔高程。

相对标高——通常把室内首层地面标高定为相对标高的零点，写作“±0.000”，高于 ±0.0 的为正（可以不写 + 号）。低于它的为负，为负必须注明负的符号，如图 1-11 所示。

标高的一些特点如下：

（1）管道在建筑物内的安装高度，一般用标高来表示。标高单位为 m 时，一般标注到小数点后第三位。在总图中，可以标注到小数点后两位。

（2）一些位置的标高标注，应包括起讫点、转角点、连接点、变坡点、交叉点的标高。

（3）室内管道一般标注相对标高，室外管道一般标注绝对标高，无资料时，标注相对标高，则与总图专业是一致的。立（剖）面图中，为了表明管道的垂直间距，一般只标注相对标高而不标注间距尺寸。

（4）室内外的重力管道，一般标注管底标高。必要时，室内架空重力管道，可以标注管中标高，并且图中有相应说明。

（5）轴测图中，管道的标高一般标在管道的下方。

（6）压力管道，一般标注管中标高。

（7）管道的相对标高，一般以建筑物底层室内地坪面作为正负零（±0.000），比该基准高时作正号（+）表示，也可以不写正号。比该基准低时，必须用负号（–）表示。

（8）室外管道的标高，一般用绝对标高来表示。中、小直径管道，一般标注管中的标高。排水管等重力流管道，一般标注管底标高。

（9）大直径管道较多地采用标注管底标高。即对于管径较大的管道，不仅可标注管道中心的标高，也可标注管顶、管底的标高。

（10）管道穿外墙、剪力墙和构筑物的壁、底板等处，需要标注标高。

tips：重力流管道，也称为无压管道，是指管道介质在没有压力的情况下靠重力作用沿坡度来流动的管道。

[举例 1]　一装修工程的标高图解如图 1-12 所示。

[举例 2]　一装修工程的标高图解说明如图 1-13 所示。

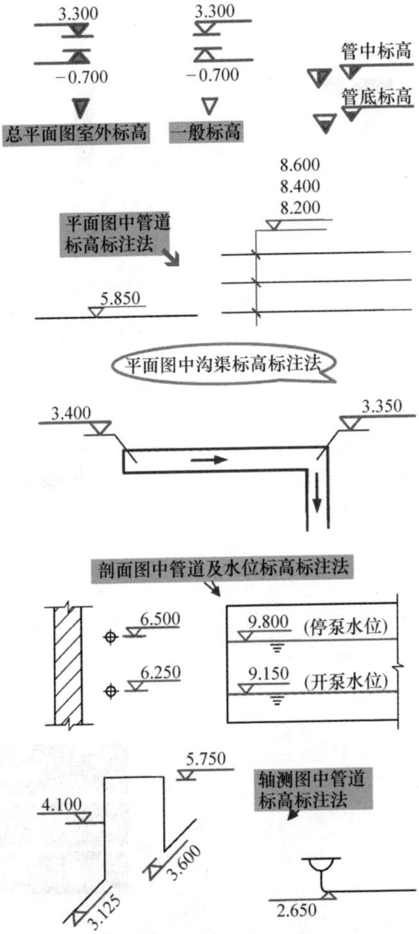

图 1-10　标高的表示图例

图 1-11　相对标高

注：图中举例的室内地面 ±0.000 相当于绝对标高 39.80m。

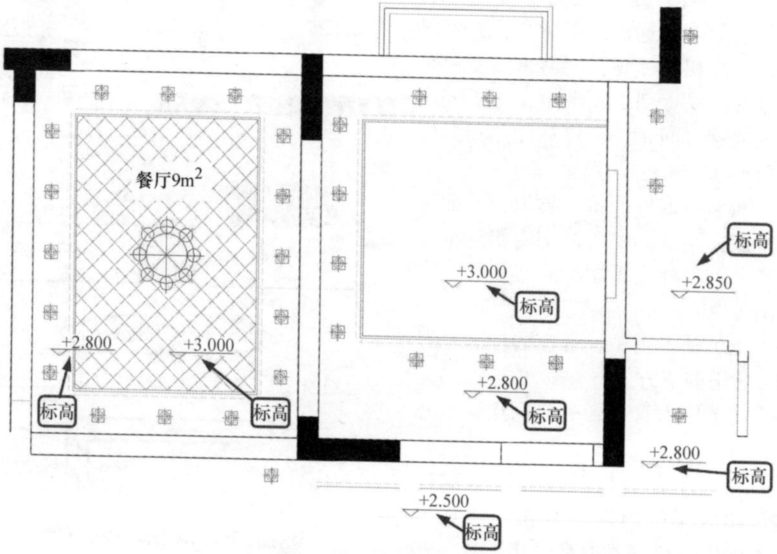

图 1-12　一装修工程的标高图解

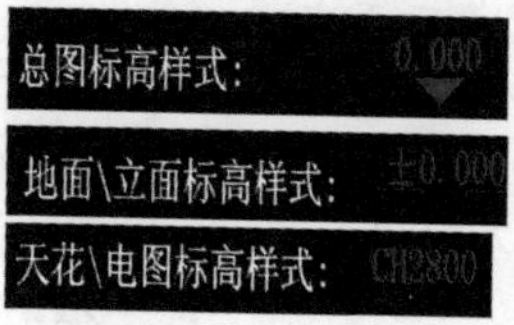

图 1-13　一装修工程的标高图解说明

1.11 索引符号

索引符号是便于看图时，查找相互有关图样的。索引符号反映基本图样与详图、详图与详图间，以及有关工种图样间的关系。例如，图样中的某一局部或构件，如果需要另外见详图，则一般会以索引符号来索引。

tips：索引符号也就是索查指引的符号。

索引符号，一般是由直径为10mm 的圆与水平直径组成，圆与水平直径一般是以细实线绘制的。索引符号的特点如图 1-14 所示。

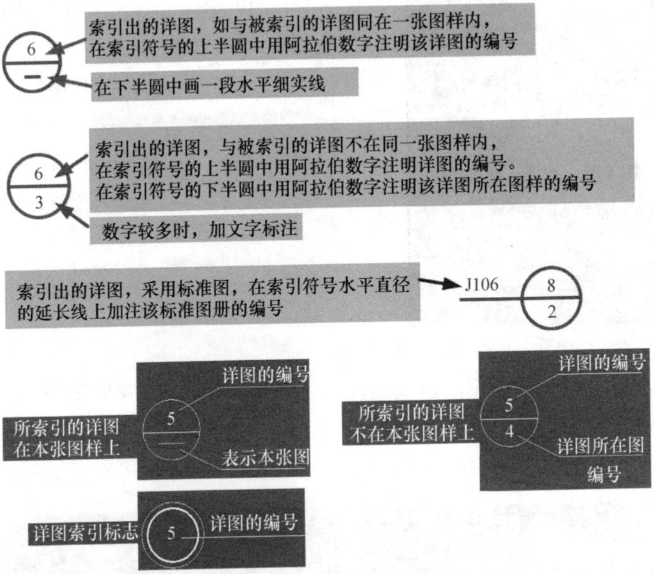

索引出的详图，如与被索引的详图同在一张图样内，
在索引符号的上半圆中用阿拉伯数字注明该详图的编号
6
在下半圆中画一段水平细实线
索引出的详图，与被索引的详图不在同一张图样内，
在索引符号的上半圆中用阿拉伯数字注明详图的编号。
在索引符号的下半圆中用阿拉伯数字注明该详图所在图样的编号
6
3
数字较多时，加文字标注
索引出的详图，采用标准图，在索引符号水平直径
的延长线上加注该标准图册的编号
J106
8
2
详图的编号
所索引的详图
在本张图样上
5
表示本张图
详图的编号
所索引的详图
不在本张图样上
5
4
详图所在图
编号
详图索引标志
5
详图的编号

图 1-14 索引符号的特点

[举例 1] 一图样工场识读图解如图 1-15 所示。

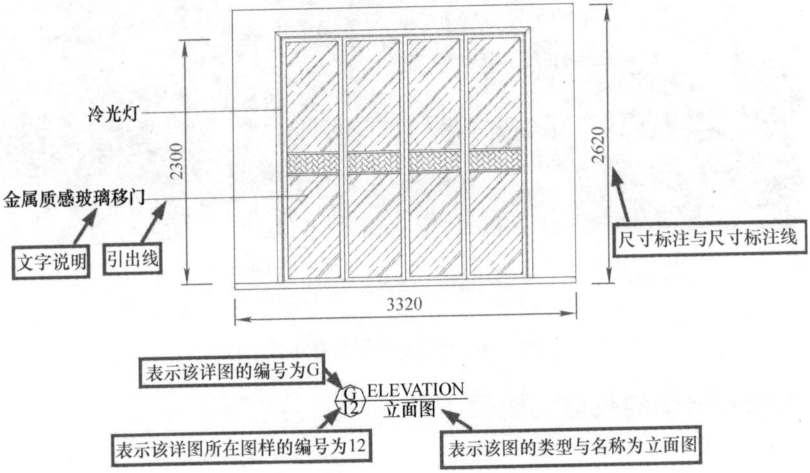

冷光灯
2300
金属质感玻璃移门
文字说明
引出线
2620
尺寸标注与尺寸标注线
3320
表示该详图的编号为G
G
12
ELEVATION
立面图
表示该详图所在图样的编号为12
表示该图的类型与名称为立面图

图 1-15 一图样工场识读图解

[举例 2] 一图样平面索引图图例如图 1-16 所示。

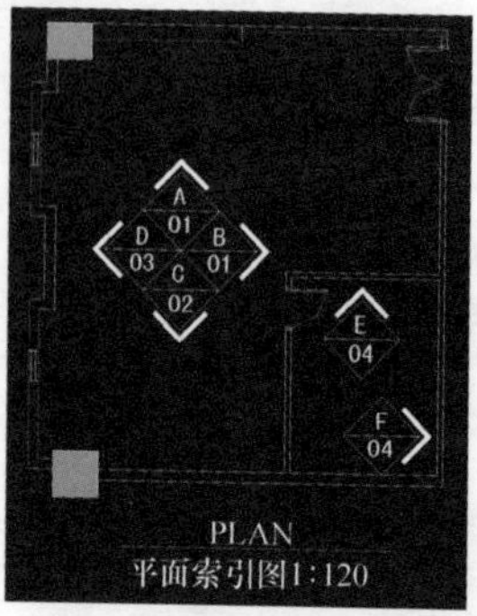

图 1-16 一图样平面索引图图例

索引符号，如果用于索引剖视详图，一般在被剖切的部位绘有剖切位置线，并且有的以引出线引出索引符号，以及引出线所在的一侧为投射方向，图解如图 1-17 所示。

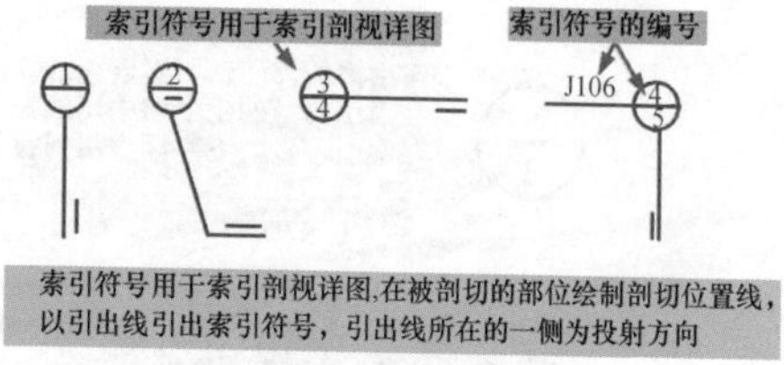

图 1-17 索引剖视详图

［举例 3］ 一图样索引剖视详图如图 1-18 所示。

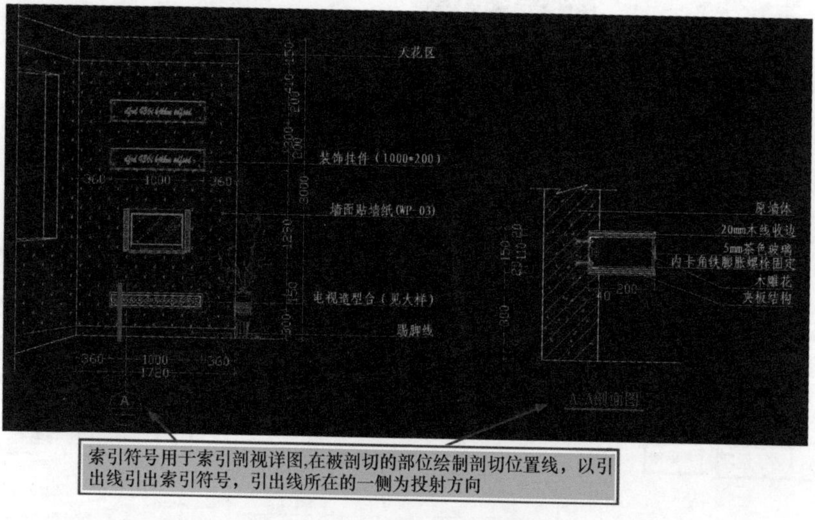

图 1-18 一图样索引剖视详图

1.12 详图的位置与编号

详图也就是体现详细细节的图。

详图的位置、编号，一般是以详图符号来表示的。详图符号的圆，一般是以直径为 14mm 粗实线绘制的。

详图编号的规定与识读：详图与被索引的图同在一张图样内时，一般是在详图符号内用阿拉伯数字注明详图的编号，如图 1-19 所示。

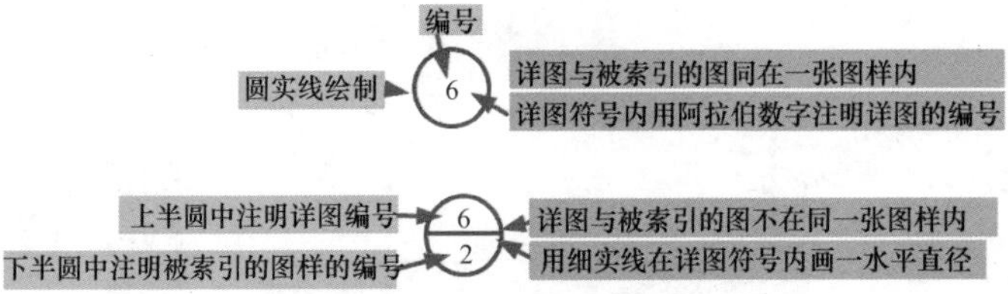
编号
圆实线绘制
6
详图与被索引的图同在一张图样内
详图符号内用阿拉伯数字注明详图的编号
上半圆中注明详图编号
下半圆中注明被索引的图样的编号
6
2
详图与被索引的图不在同一张图样内
用细实线在详图符号内画一水平直径

图 1-19　详图编号的规定与识读

[举例]　一图样详图引出符号说明如图 1-20 所示。

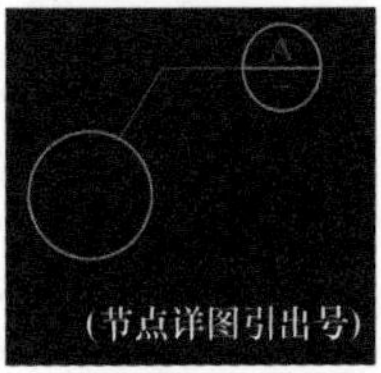
A
(节点详图引出号)

图 1-20　一图样详图引出符号说明

1.13　引出线

引出线一般是用细实线绘制的，并且常采用水平方向的直线、与水平方向成 30°、45°、60°、90° 的直线，或经上述角度再折为水平线。

引出线的文字说明一般是注写在水平线的上方，也有的注写在水平线的端部。索引详图的引出线，一般是与水平直径线相连接，如图 1-21 所示。

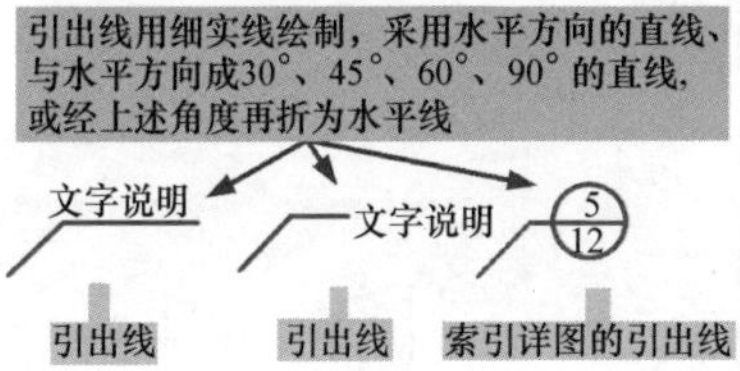
引出线用细实线绘制，采用水平方向的直线、与水平方向成30°、45°、60°、90° 的直线，或经上述角度再折为水平线
文字说明
文字说明
5
12
引出线
引出线
索引详图的引出线

图 1-21　引出线

同时引出几个相同部分的引出线，一般是互相平行的线，有的是画成集中于一点的放射线，如图 1-22 所示。

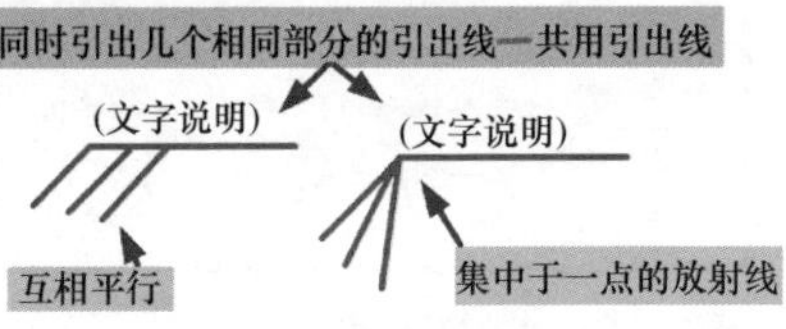
同时引出几个相同部分的引出线一共用引出线
(文字说明)
(文字说明)
互相平行
集中于一点的放射线

图 1-22　同时引出几个相同部分的引出线

多层构造或多层管道共用引出线，一般通过被引出的各层。文字说明一般注写在水平线的上方，或注写在水平线的端部。说明的顺序一般是由上到下，以及与被说明的层次相互一致。如果层次为横向排序，则一般是由上到下的说明顺序与左到右的层次相互一致，如图 1-23 所示。

[举例]　妙学妙读——CAD 常见引出线。

许多装修图样，是采用 CAD 软件绘制的，一款 CAD 软件的引出线如图 1-24 所示。

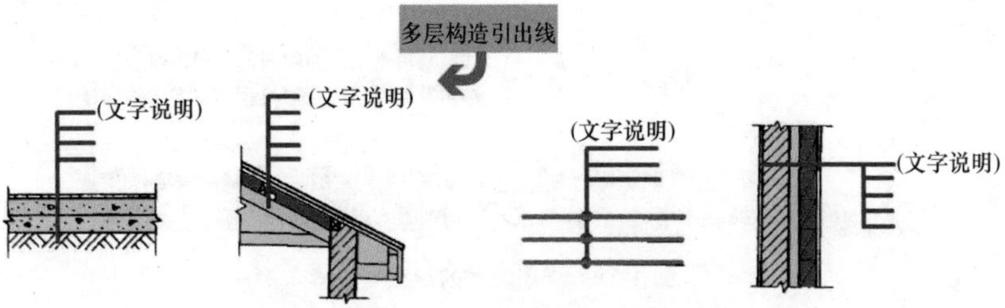

图 1-23　多层构造或多层管道共用引出线

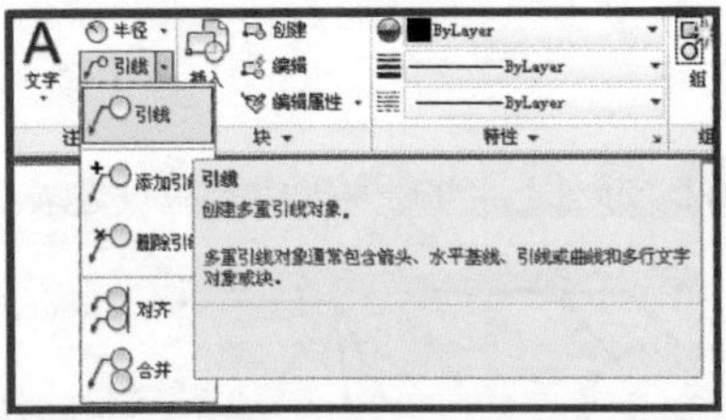

CAD引线

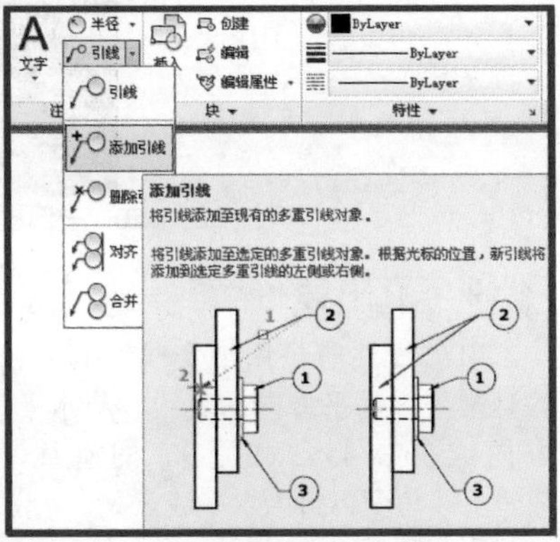

CAD添加引线

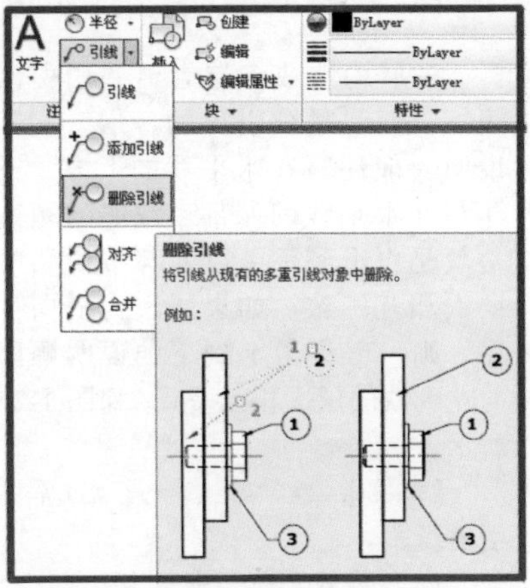

CAD删除引线

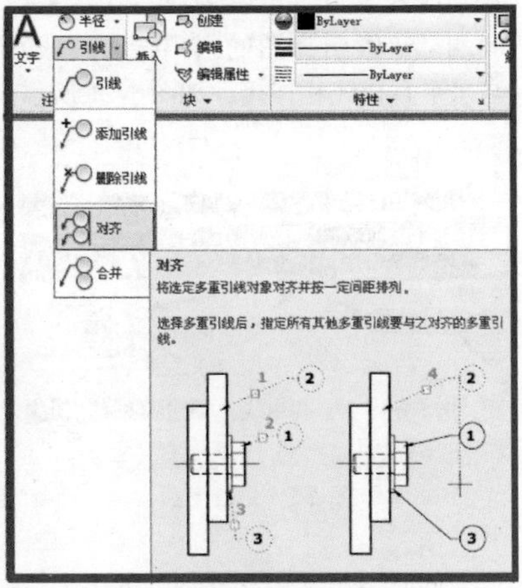

CAD对齐引线

图 1-24　一款 CAD 软件的引出线

1.14 对称符号

对称符号与连接符号，在简化画法中常用到。

对称符号一般是由对称线、两端的两对平行线组成。对称线一般用细点画线绘制。平行线一般用细实线绘制，并且长度一般为6~10mm，每对平行线的间距一般为2~3mm。对称线一般垂直平分两平行线，两端超出平行线2~3mm。对称符号如图1-25所示。

图 1-25 对称符号

对称的形体，如果需要画剖面图或断面图时，有的图样以对称符号为界，一半画视图（外形图），一半画剖面图或断面图，如图1-26所示。

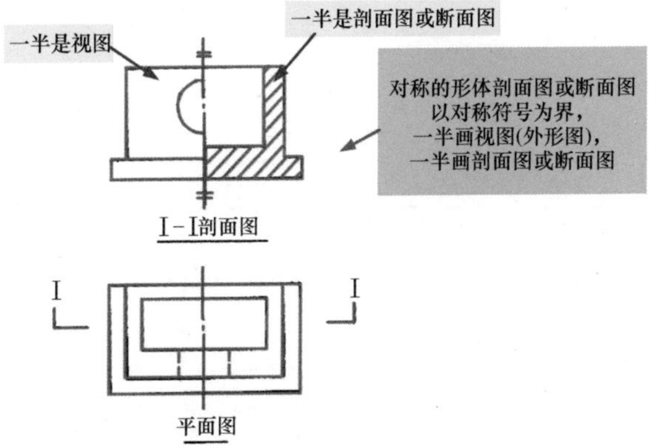

图 1-26 对称的形体需要画剖面图或断面图时的简化画法

［举例］ 配件的视图有1条对称线，一般只画该视图的一半。视图有2条对称线，一般只画该视图的1/4，并且画出对称符号。图形，稍超出其对称线时，可不画对称符号。相关图例如图1-27所示。

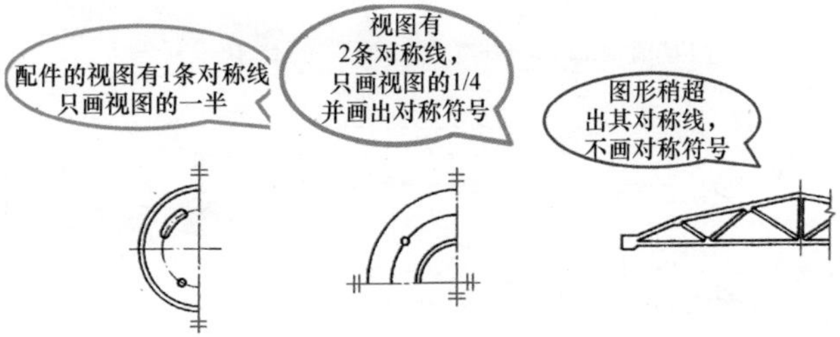

图 1-27 对称线与对称符号

1.15 连接符号

连接符号是以折断线表示需要连接的部位。如果两部位相距过远时，折断线两端靠图样一侧往往标注大写英文字母表示连接的编号。两个被连接的图样，必须用相同的字母编号。因此，识读连接符号的字母编号时，需要找到相同的字母。连接符号如图 1-28 所示。

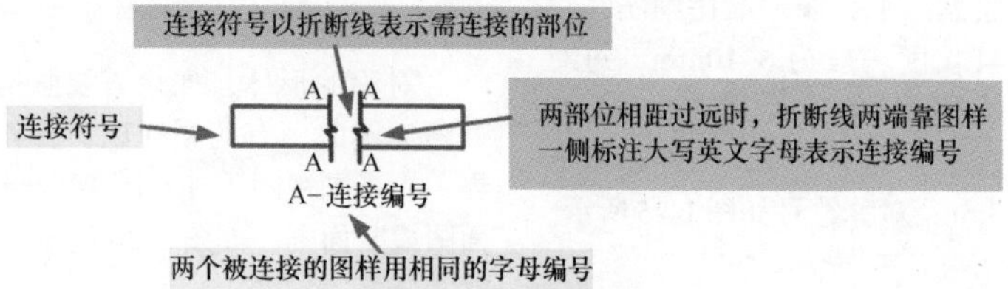
连接符号以折断线表示需连接的部位
连接符号
A
A
A
A
两部位相距过远时，折断线两端靠图样一侧标注大写英文字母表示连接编号
A－连接编号
两个被连接的图样用相同的字母编号

图 1-28　连接符号

较长的构件，如果沿长度方向的形状相同或根据一定规律变化，则图样可断开省略绘制，并且断开处由折断线表示，如图 1-29 所示。

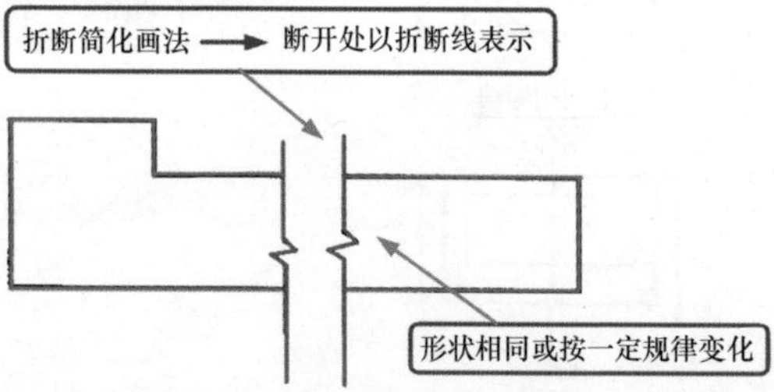
折断简化画法 → 断开处以折断线表示
形状相同或按一定规律变化

图 1-29　较长的构件沿长度方向的形状相同或根据一定规律变化的简化画法

[举例] 一个构配件，如果绘制位置不够，则可以分成几个部分来绘制，并且一般会以连接符号来表示相连。一个构配件，如果与另一构配件仅部分不相同，该构配件有的只画不同部分，但是在两个构配件的相同部分与不同部分的分界线处，会分别绘制连接符号，如图 1-30 所示。

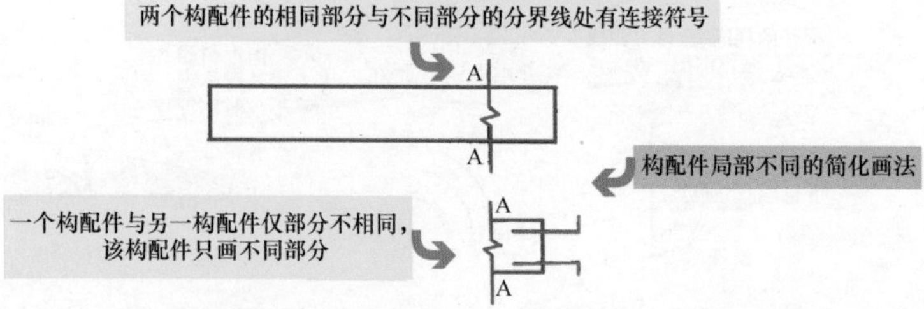
两个构配件的相同部分与不同部分的分界线处有连接符号
A
A
构配件局部不同的简化画法
一个构配件与另一构配件仅部分不相同，该构配件只画不同部分
A
A

图 1-30　两个构配件的相同部分与不同部分的分界线处的连接符号

1.16 方位标与指北针

方位标是一种用来表示安装方位基准的图标。一般以北向或接近北向的建筑轴线为零度方位基准。该方位基准一经确定，设计项目中所有必须表示方位的图样，均会以该方位为基准。识图时，需要注意方位标。

方位标一般绘制在图样的右上方或左上方。总平面或室外总体管道布置图上，有的图样会用风玫瑰图来表示朝向。一些工艺管道平面图上，有的图样会用带指北方向的坐标方位图来表示朝北。

方位标如图 1-31 所示。

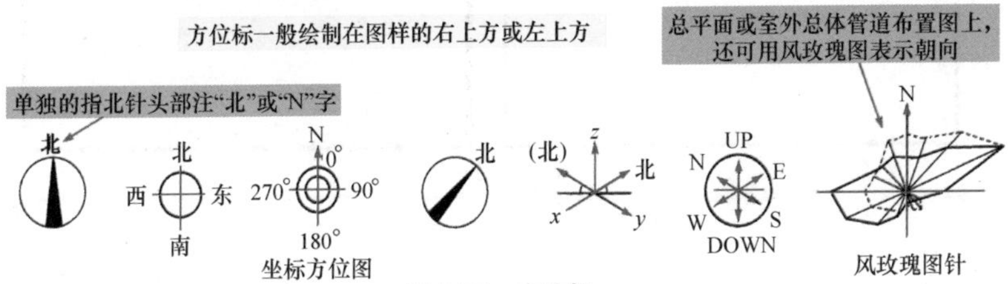

图 1-31　方位标

指北针的形状如图 1-32 所示。指北针形状的圆直径多数为 24mm，并且是用细实线绘制的。指北针形状尾部的宽度多数为 3mm。指针头部，多数标注了“北”或“N”字。

用较大直径绘制指北针时，指针尾部宽度多数为直径的 1/8。

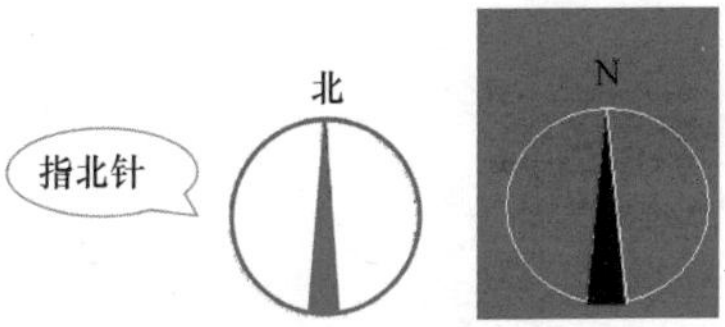

图 1-32　指北针

1.17 尺寸标注

建筑形体的投影图，虽然可以清楚地表达形体的形状、各部分的相互关系，但还是必须标注上足够的尺寸，才能够明确形体的实际大小、各部分的相对位置。

尺寸标注的四要素：尺寸界线、尺寸线、尺寸起止符号（箭头）、尺寸数字。尺寸标注的图例如图 1-33 所示。

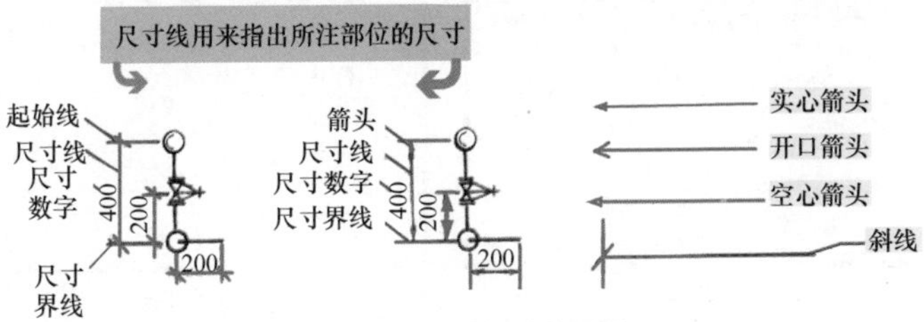

图 1-33　尺寸标注的图例

[举例 1] 妙学妙读——CAD 常见尺寸标注。

许多装修图样都是采用 CAD 软件绘制的，一款 CAD 软件的尺寸标注方式如图 1-34 所示。

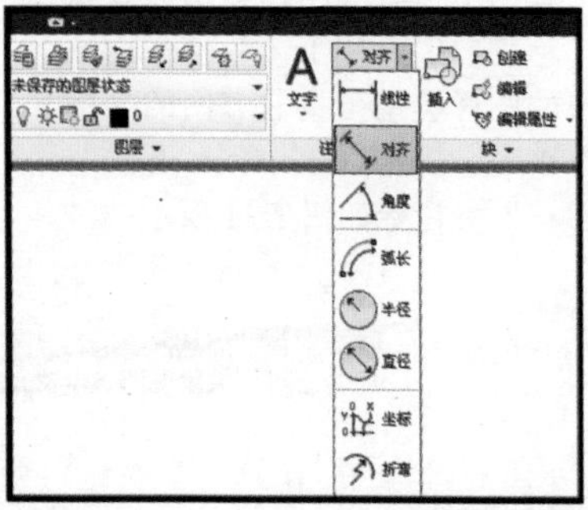
未保存的图层状态
图层
文字
对齐
线性
角度
弧长
半径
直径
坐标
折弯
插入
创建
编辑
编辑属性
块

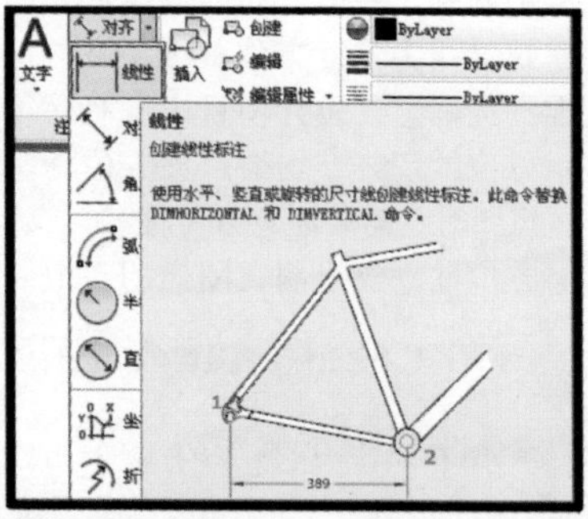
线性
创建线性标注
使用水平、竖直或旋转的尺寸线创建线性标注。此命令替换 DIMHORIZONTAL 和 DIMVERTICAL 命令。
1
2
389

线性尺寸标注

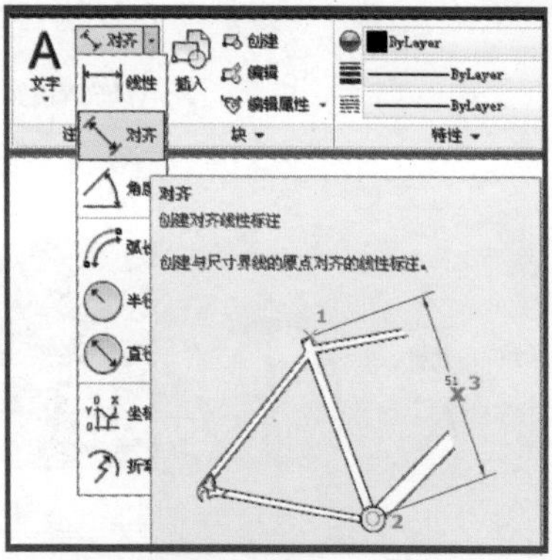
对齐
创建对齐线性标注
创建与尺寸界线的原点对齐的线性标注。
1
2
3

对齐尺寸标注

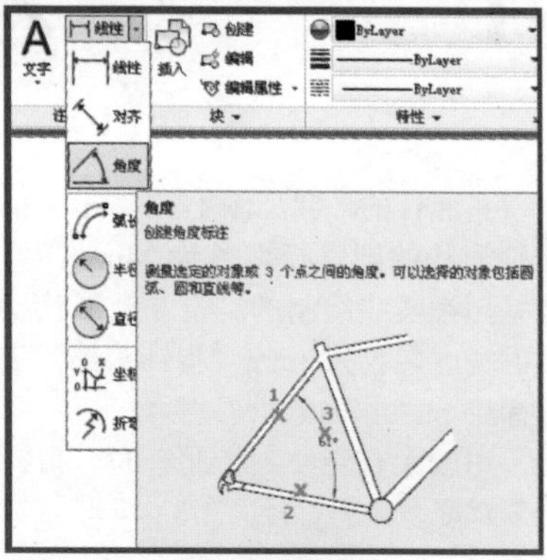
角度
创建角度标注
测量选定的对象或 3 个点之间的角度。可以选择的对象包括圆弧、圆和直线等。
1
2
3

角度尺寸标注

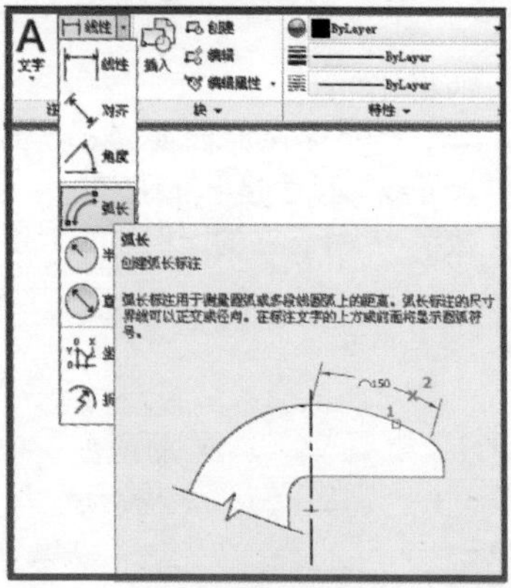
弧长
创建弧长标注
弧长标注用于测量圆弧或多段线圆弧上的距离。弧长标注的尺寸界线可以正交或径向。在标注文字的上方或前面将显示圆弧符号。
150
1
2

弧长尺寸标注

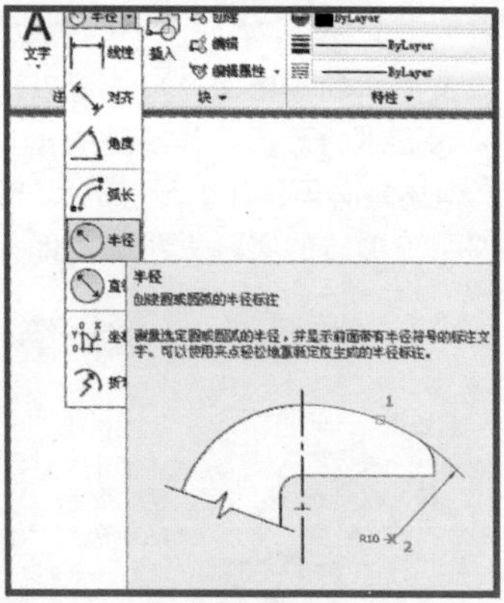
半径
创建圆或圆弧的半径标注
测量选定圆或圆弧的半径，并显示前面带有半径符号的标注文字。可以使用夹点轻松地重新定位生成的半径标注。
1
2
R10

半径尺寸标注

图 1-34 一款 CAD 软件的尺寸标注方式

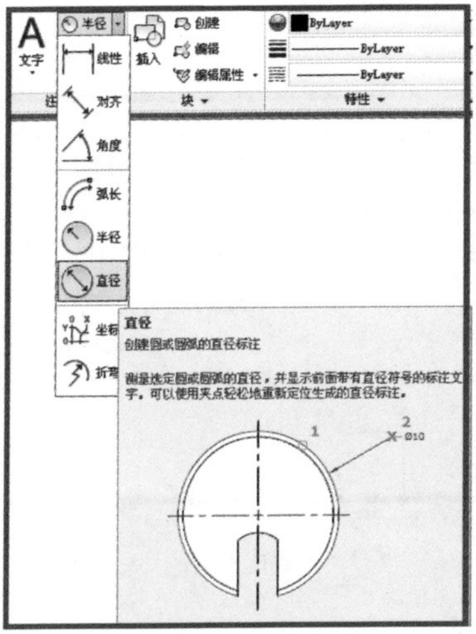
半径
线性
对齐
角度
弧长
半径
直径
坐标
折弯
创建
插入
编辑
编辑属性
块
ByLayer
特性
直径
创建圆或圆弧的直径标注
测量选定圆或圆弧的直径，并显示前面带有直径符号的标注文字。可以使用夹点轻松地重新定位生成的直径标注。

直径尺寸标注

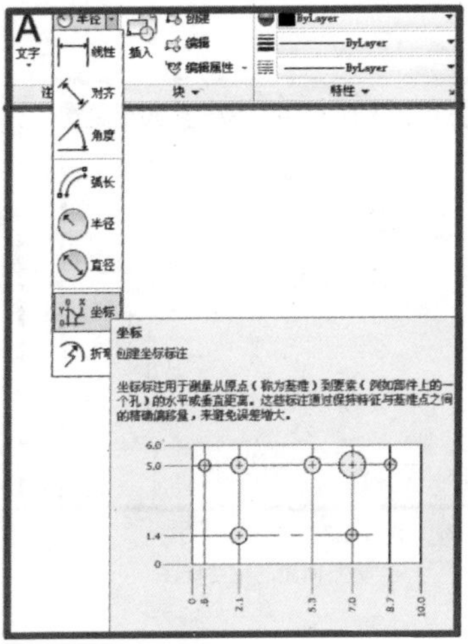
坐标
创建坐标标注
坐标标注用于测量从原点（称为基准）到要素（例如部件上的一个孔）的水平或垂直距离。这些标注通过保持特征与基准点之间的精确偏移量，来避免误差增大。

坐标尺寸标注

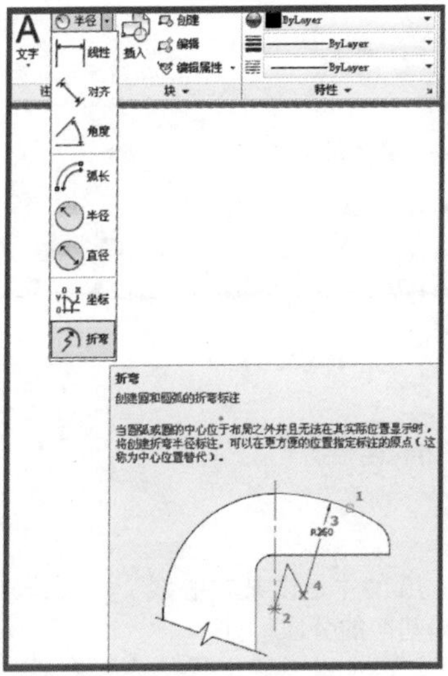
折弯
创建圆和圆弧的折弯标注
当圆弧或圆的中心位于布局之外并且无法在其实际位置显示时，将创建折弯半径标注。可以在更方便的位置指定标注的原点（这称为中心位置替代）。

折弯尺寸标注

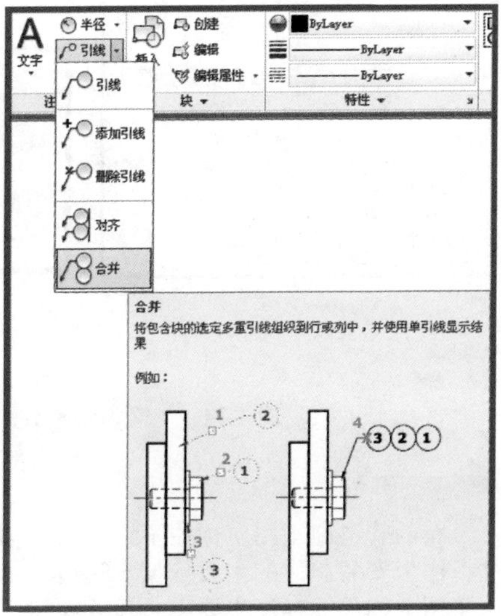
引线
添加引线
删除引线
对齐
合并
合并
将包含块的选定多重引线组织到行或列中，并使用单引线显示结果
例如：

合并尺寸标注

图 1-34　一款 CAD 软件的尺寸标注方式（续）

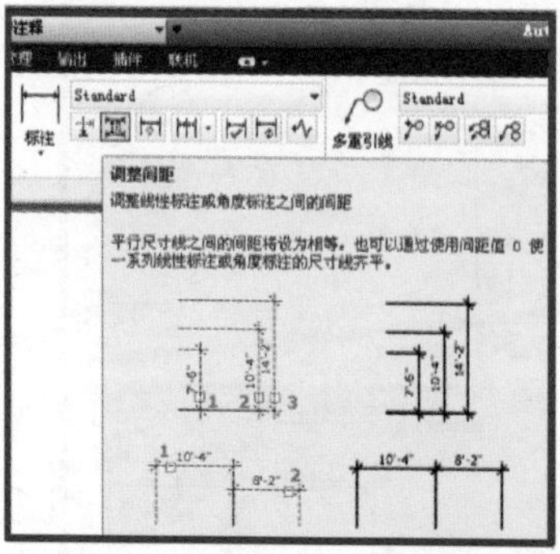
注释
Standard
标注
多重引线
调整间距
调整线性标注或角度标注之间的间距
平行尺寸线之间的间距将设为相等。也可以通过使用间距值 0 使一系列线性标注或角度标注的尺寸线齐平。
10'-4"
8'-2"

调整间距的尺寸标注

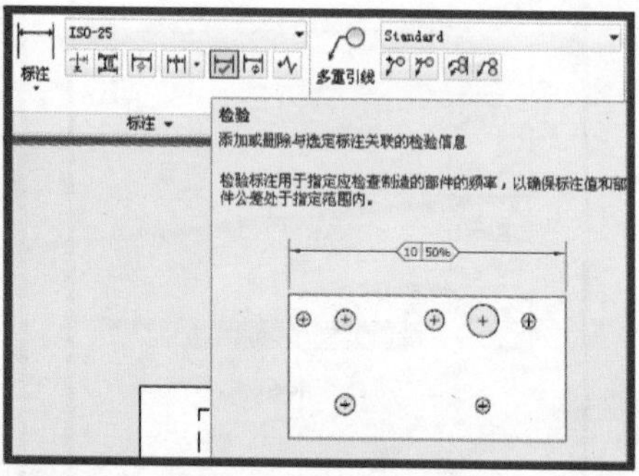
ISO-25
Standard
标注
多重引线
检验
添加或删除与选定标注关联的检验信息
检验标注用于指定应检查制造的部件的频率，以确保标注值和部件公差处于指定范围内。
10 50%

检查尺寸标注

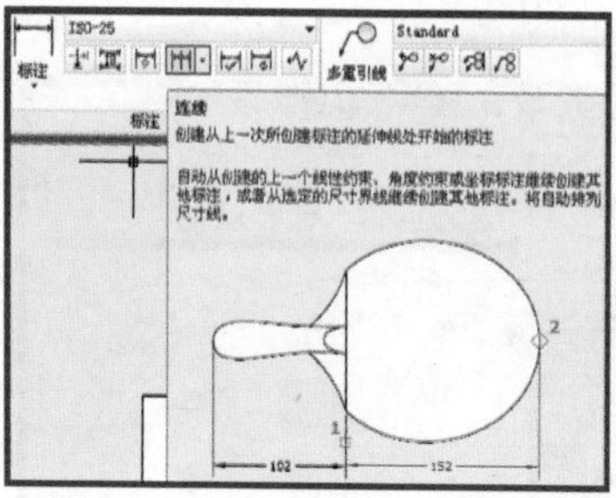
ISO-25
Standard
标注
多重引线
连续
创建从上一次所创建标注的延伸线处开始的标注
102
152

连续尺寸标注

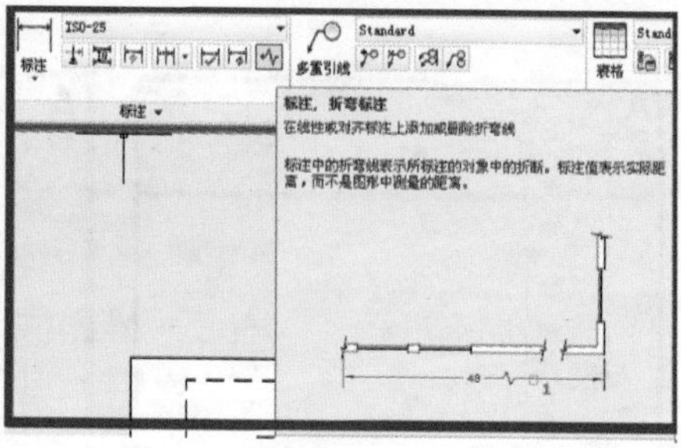
ISO-25
Standard
标注
多重引线
表格
标注，折弯标注
在线性或对齐标注上添加或删除折弯线

折弯尺寸标注

图 1-34　一款 CAD 软件的尺寸标注方式（续）

有的管道施工图中标注了详细尺寸，作为安装制作的主要依据。管道施工图上的尺寸标注主要有总尺寸和分段尺寸。最外面的一道为总尺寸或外包尺寸，也就是总长、总宽。最里边一道尺寸是以某中心线、边线或轴线为基准的分段尺寸。

[举例 2]　某化妆品店天花板图中的总尺寸与分尺寸图解如图 1-35 所示。

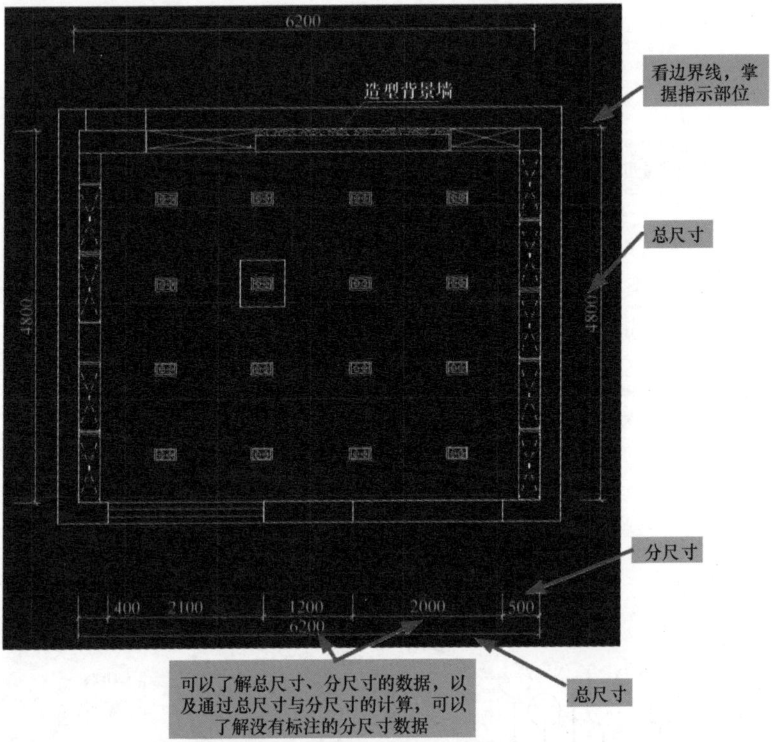
6200
造型背景墙
看边界线，掌握指示部位
总尺寸
4800
4800
分尺寸
400 2100 1200 2000 500
6200
可以了解总尺寸、分尺寸的数据，以及通过总尺寸与分尺寸的计算，可以了解没有标注的分尺寸数据
总尺寸

图 1-35　某化妆品店天花板图中的总尺寸与分尺寸图解

1.18 定位轴线

定位轴线一般是用细点画线绘制的，并且定位轴线一般有编号，且编号一般是注写在轴线端部的圆内。

定位轴线编号的圆，一般是用 0.25*b* 线宽的实线绘制的，直径多为 8~10mm。定位轴线圆的圆心，一般是在定位轴线的延长线上或延长线的折线上。

平面图上定位轴线的编号，多标注在图样的下方与左侧或四周。横向编号多用阿拉伯数字，从左到右顺序编写，竖向编号多用大写英文字母，从下到上顺序编写，如图 1-36 所示。采用英文字母作为定位轴线编号，一般采用大写字母，并且 I、O、Z 不作为定位轴线编号。

附加定位轴线的编号，一般是以分数形式来表示的，并且具有以下一些编写规定：

（1）两根轴线间的附加轴线，一般是以分母表示前一轴线的编号，分子表示附加轴线的编号，编号多用阿拉伯数字顺序来编写，如图 1-37 所示。

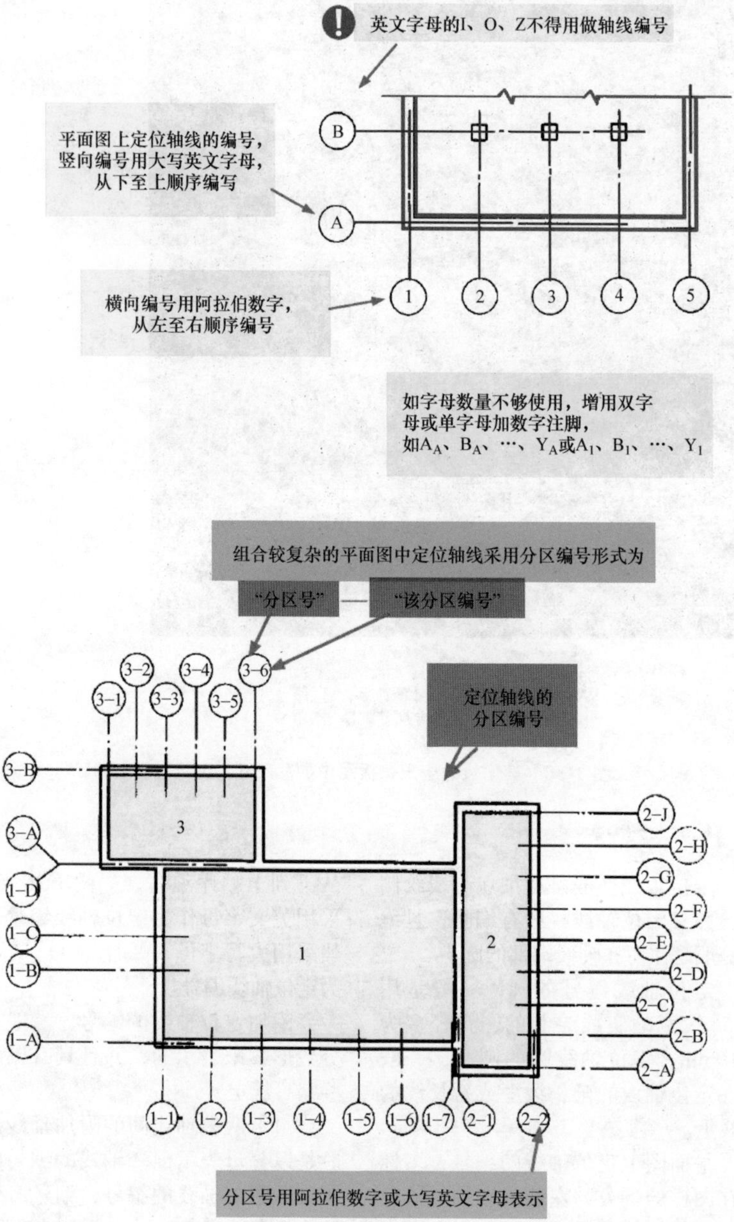
英文字母的I、O、Z不得用做轴线编号
平面图上定位轴线的编号，竖向编号用大写英文字母，从下至上顺序编写
B
A
横向编号用阿拉伯数字，从左至右顺序编号
1
2
3
4
5
如字母数量不够使用，增用双字母或单字母加数字注脚，如A_A、B_A、…、Y_A或A_1、B_1、…、Y_1
组合较复杂的平面图中定位轴线采用分区编号形式为
"分区号"—"该分区编号"
3-1
3-2
3-3
3-4
3-5
3-6
定位轴线的分区编号
3-B
3-A
1-D
1-C
1-B
1-A
3
1
2
2-J
2-H
2-G
2-F
2-E
2-D
2-C
2-B
2-A
1-1
1-2
1-3
1-4
1-5
1-6
1-7
2-1
2-2
分区号用阿拉伯数字或大写英文字母表示

图 1-36　定位轴线的编号

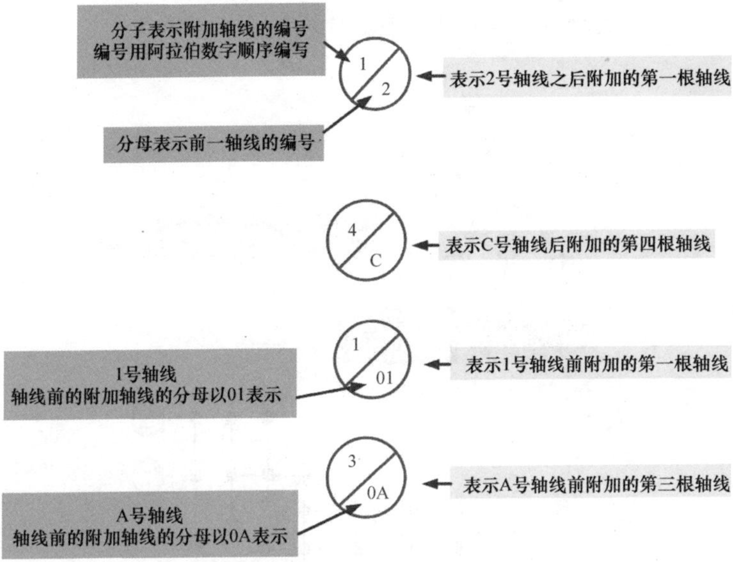
分子表示附加轴线的编号
编号用阿拉伯数字顺序编写
1
2
表示2号轴线之后附加的第一根轴线
分母表示前一轴线的编号
4
C
表示C号轴线后附加的第四根轴线
1
01
1号轴线
轴线前的附加轴线的分母以01表示
表示1号轴线前附加的第一根轴线
3
0A
A号轴线
轴线前的附加轴线的分母以0A表示
表示A号轴线前附加的第三根轴线

图 1-37　两根轴线间的附加轴线

（2）一个详图适用于几根轴线时，一般同时注明各有关轴线的编号，如图 1-38 所示。

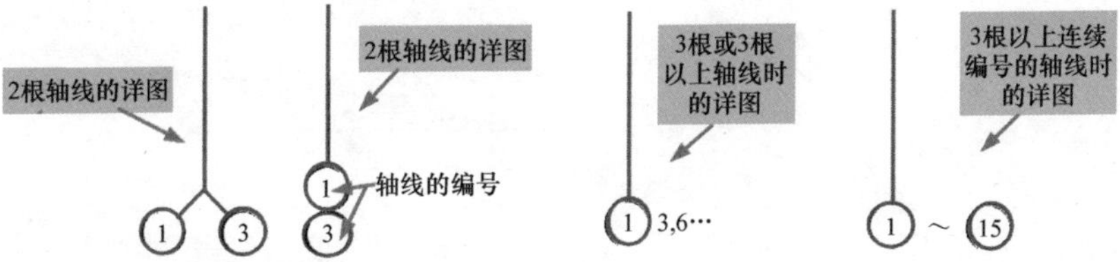
2根轴线的详图
1
3
2根轴线的详图
1
3
轴线的编号
3根或3根
以上轴线时
的详图
1
3,6…
3根以上连续
编号的轴线时
的详图
1
～
15

图 1-38　几根轴线的编号

（3）通用详图中的定位轴线，一般只画圆，没有注写轴线编号。圆形平面图中定位轴线的编号，其径向轴线一般用阿拉伯数字表示的，从左下角开始，根据逆时针顺序编写；其圆周轴线，一般是用大写英文字母表示，从外向内顺序编写，如图 1-39 所示。

［举例］　定位轴线的编号图解如图 1-40 所示。

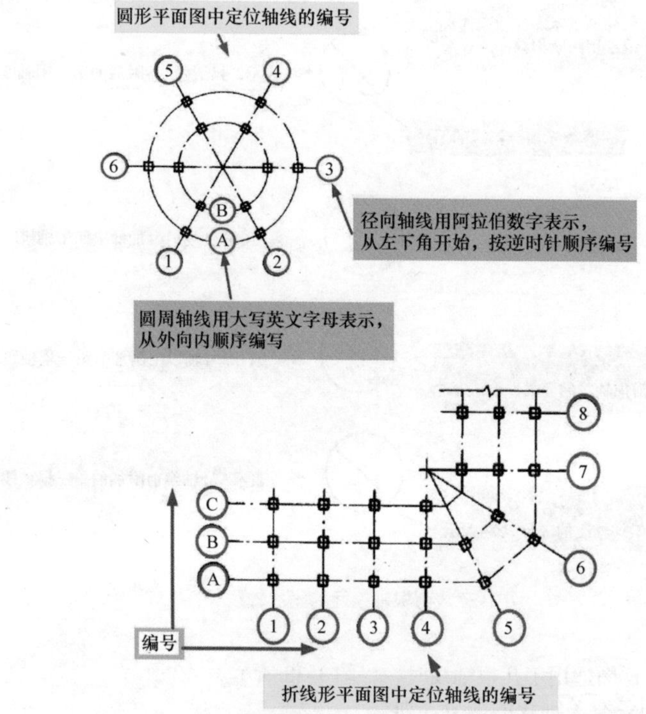

圆形平面图中定位轴线的编号
径向轴线用阿拉伯数字表示，
从左下角开始，按逆时针顺序编号
圆周轴线用大写英文字母表示，
从外向内顺序编写
编号
折线形平面图中定位轴线的编号

图 1-39　详图中的定位轴线

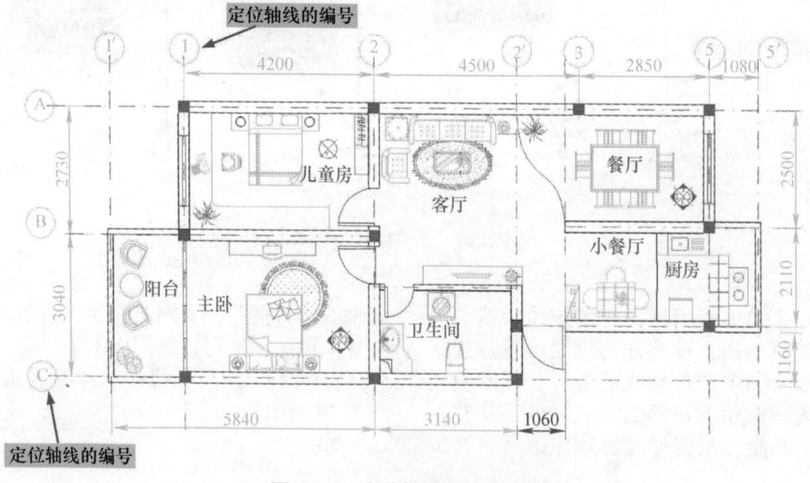

图 1-40　定位轴线的编号图解

1.19 两个相同的图例相接的图例

图例线一般间隔均匀、疏密适度、图例正确、表示清楚。不同品种的同类材料使用同一图例时，一般会在图上附加必要的说明。两个相同的图例相接时，图例线一般是错开或使倾斜方向相反的，如图 1-41 所示。

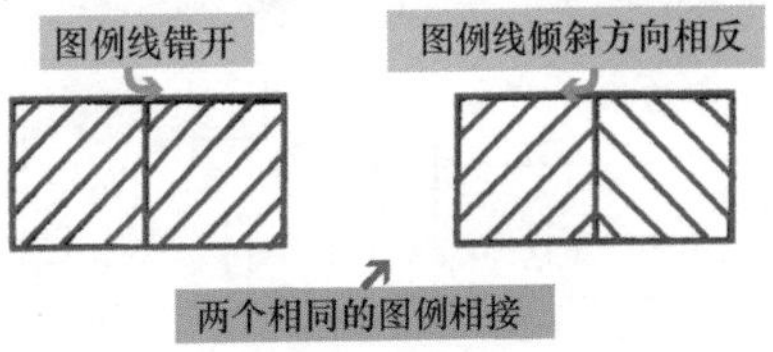

图 1-41　两个相同的图例相接的图例

1.20 两个相邻的涂黑的图例

两个相邻的涂黑图例间，一般留有空隙，并且其宽度不小于 0.7mm，如图 1-42 所示。

图 1-42　两个相邻的涂黑的图例

1.21 作局部表示的图例与没有图例的情况

1. 作局部表示的图例

需要画出的建筑材料图例面积过大时，有的图样在断面轮廓线内，沿轮廓线作局部表示，如图 1-43 所示。

2. 没有图例的情况

下列情况，没有图例，但是具有文字说明：

（1）一张图样内的图只用一种图例的情况。

（2）图形较小无法画出建筑材料图例的情况。

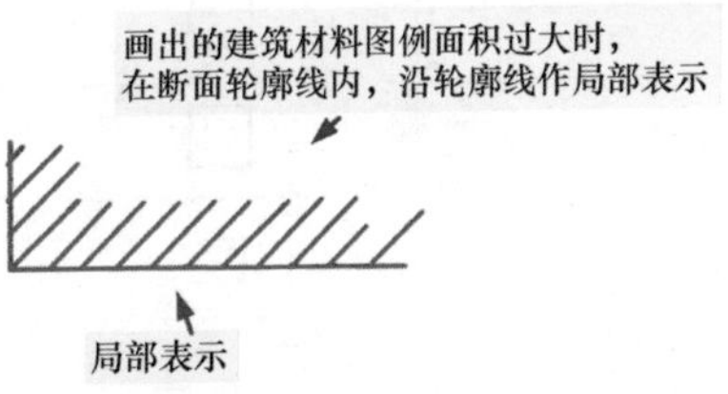

图 1-43　作局部表示的图例

1.22 零件、钢筋、杆件、设备等的编号

零件、钢筋、杆件、设备等的编号，一般是以直径为 4~6mm（同一图样，一般保持是一致的）的细实线圆表示的，其编号往往是用阿拉伯数字根据顺序编写的，如图 1-44 所示。

图 1-44　零件、钢筋、杆件、设备等的编号

1.23 常用型钢的标注方法

常用型钢的标注方法见表 1-10。

表 1-10 常用型钢的标注方法

名 称	截 面	标 注	说 明
等边角钢		$b\times t$	b 为肢宽 t 为肢厚
不等边角钢		$B\times b\times t$	B 为长肢宽 b 为短肢宽 t 为肢厚
工字钢		N　Q N	轻型工字钢加注 Q 字 N 为工字钢的型号
槽钢		N　Q N	轻型槽钢加注 Q 字 N 为槽钢的型号
方钢	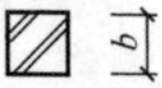	b	
扁钢	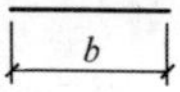	$b\times t$	
钢板		$\frac{-b\times t}{l}$	$\frac{\text{宽}\times\text{厚}}{\text{板长}}$
圆钢		$\phi\ d$	
		$DN\times\times$ $d\times t$	内径 外径 × 壁厚
		B $b\times t$	薄壁型钢加注 B 字 t 为壁厚
		B $b\times t$	
	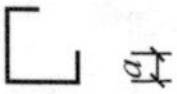	B $b\times a\times t$	
	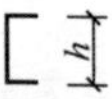	B $h\times b\times t$	
	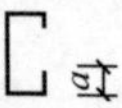	B $h\times b\times a\times t$	
	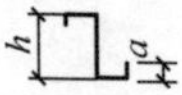	$h\times b\times a\times t$	
		TW× × TM× × TN× ×	TW 为宽翼缘 T 形钢 TM 为中翼缘 T 形钢 TN 为窄翼缘 T 形钢
		HW× × HM× × HN× ×	HW 为宽翼缘 H 形钢 HM 为中翼缘 H 形钢 HN 为窄翼缘 H 形钢

1.24 螺栓、孔、电焊铆钉的表示方法

螺栓、孔、电焊铆钉的表示方法见表 1-11。

表 1-11 螺栓、孔、电焊铆钉的表示方法

名 称	图 例	说 明
永久螺栓	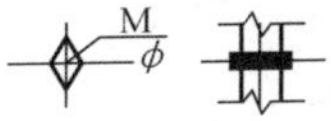	1. 细“+”线表示定位线 2. M 表示螺栓型号 3. ϕ 表示螺栓孔直径 4. d 表示膨胀螺栓、电焊铆钉直径 5. 采用引出线标注螺栓时，横线上标注螺栓规格型号，横线下标注螺栓孔直径
高强螺栓	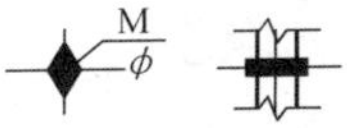	
安装螺栓	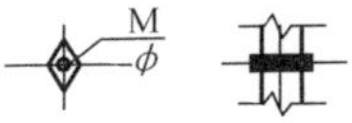	
胀锚螺栓	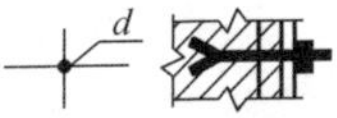	
圆形螺栓孔	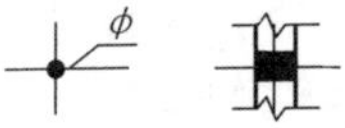	
长圆形螺栓孔	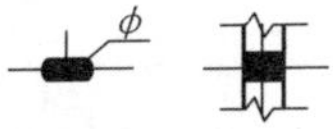	
电焊铆钉	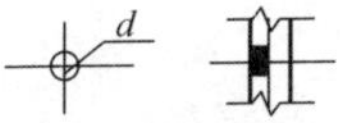	

1.25 常用木构件断面的表示方法

常用木构件断面的表示方法见表 1-12。

表 1-12 常用木构件断面的表示方法

名 称	图 例	名 称	图 例
圆木		方木	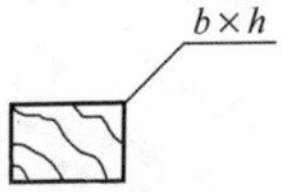
半圆木	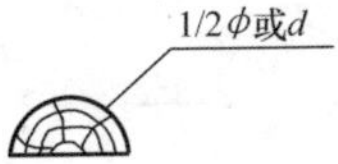	木板	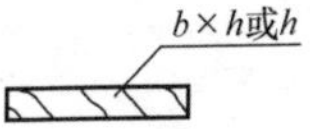

tips：木材的断面图，一般是画出横纹线或顺纹线。立面图一般没有画木纹线，但是木键的立面图均画了木纹线。

1.26 木构件连接的表示方法

木构件连接的表示方法见表 1-13。

表 1-13 木构件连接的表示方法

名 称	图 例	名 称	图 例
钉连接正面画法（看得见钉帽的）	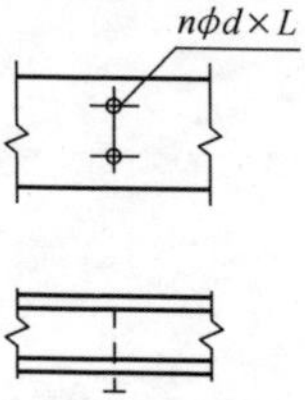	木螺钉连接背面画法（看不见钉帽的）	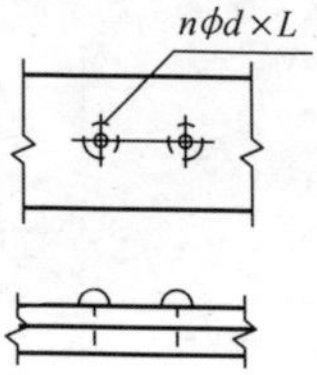
钉连接背面画法（看不见钉帽的）	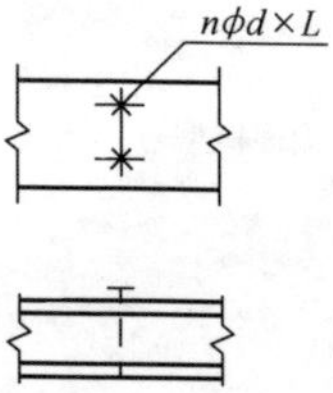	螺栓连接	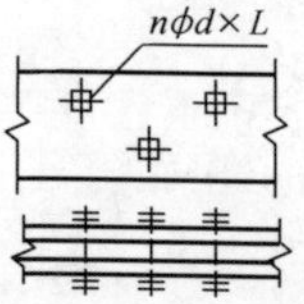 采用双螺母时应加以注明； 采用钢夹板时，可不画垫板线
木螺钉连接正面画法（看得见钉帽的）	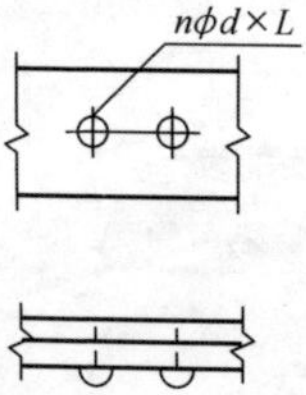	杆件连接	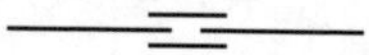 仅用于单线图中
		齿连接	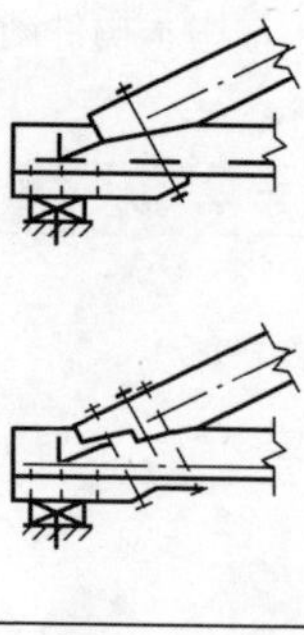

1.27 常用构件代号

常用构件代号见表 1-14。

表 1-14 常用构件代号

名称	代号	名称	代号	名称	代号
板	B	圈梁	QL	承台	CT
屋面板	WB	过梁	GL	设备基础	SJ
空心板	KB	连系梁	LL	桩	ZH
槽形板	CB	基础梁	JL	挡土墙	DQ
折板	ZB	楼梯梁	TL	地沟	DG
密肋板	MB	框架梁	KL	柱间支撑	ZC
楼梯板	TB	框支梁	KZL	垂直支撑	CC
盖板或沟盖板	GB	屋面框架梁	WKL	水平支撑	SC
挡雨板或檐口板	YB	檩条	LT	梯	T
吊车安全走道板	DB	屋架	WJ	雨篷	YP
墙板	QB	托架	TJ	阳台	YT
天沟板	TGB	天窗架	CJ	梁垫	LD
梁	L	框架	KJ	预埋件	M
屋面梁	WL	刚架	GJ	天窗端壁	TD
吊车梁	DL	支架	ZJ	钢筋网	W
单轨吊车梁	DDL	柱	Z	钢筋骨架	G
轨道连接	GDL	框架柱	KZ	基础	J
车挡	CD	构造柱	GZ	暗柱	AZ

说明：(1) 钢构件、木构件、预制钢筋混凝土构件、现浇钢筋混凝土构件，有的图样是直接采用表中的构件代号。有的图中，需要区别上述构件的材料种类时，会在构件代号前加注材料代号，以及在图样中加以说明。

(2) 预应力钢筋混凝土构件的代号，有的是在构件代号前加注“Y-”表示的。

第 2 章

轻松秒懂——装修识读

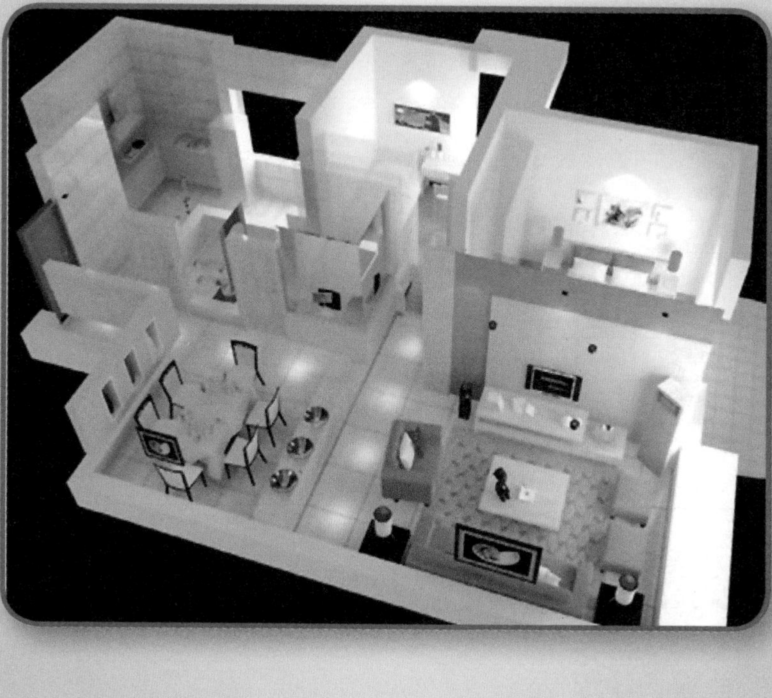

2.1 房屋建筑的结构

房屋建筑结构是指根据房屋的梁、柱、墙等主要承重构件的建筑材料来划分的类别。建筑结构的类别有：钢结构、钢与钢筋混凝土结构、钢筋混凝土结构、混合结构、砖木结构、其他结构。

房屋结构设计的目的是要保证所建造的结构安全适用，能够在规定的年限内满足各种预期功能的要求，以及经济合理性。房屋建筑结构的功能要求安全性、适用性、耐久性等。

房屋的主体结构是指在房屋建筑中，由若干构件连接而成的能够承受作用的平面或空间体系。房屋主体结构需要具有足够的强度、刚度、稳定性，用以来承受建筑物上的各种负载。

一般多层、高层房屋结构体系，可以分为：混合结构、框架结构、剪力墙结构、框架—剪力墙结构、框架—筒体结构、筒中筒结构、多束筒结构、巨框框架结构、其他类型结构等。

房屋建筑结构如图 2-1 所示，工业厂房建筑结构如图 2-2 所示。

了解建筑基本结构的内容，包括各个楼层、墙体、屋顶、基础等，以及楼梯、门、窗、单元内墙等建筑单元的组成部分。建筑水电设计、施工过程中，载荷的承受、传递是必须注意的一个大局问题，其关系到建筑的安全。

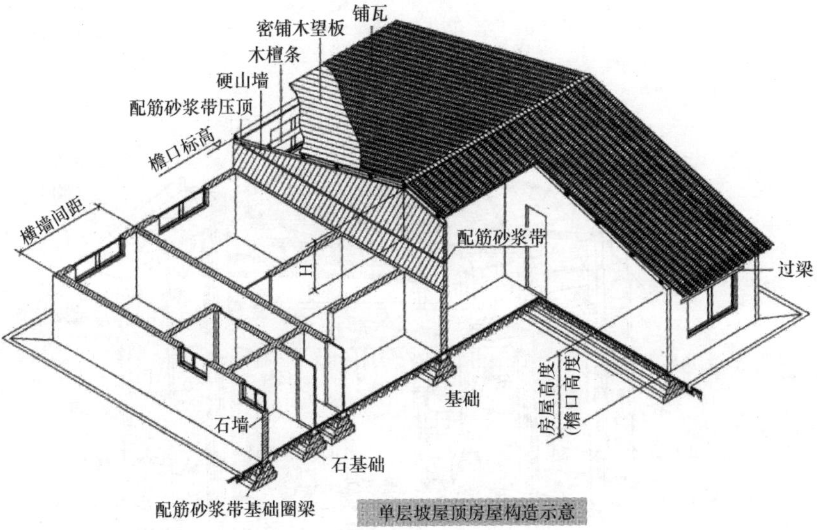

图 2-1 房屋建筑结构

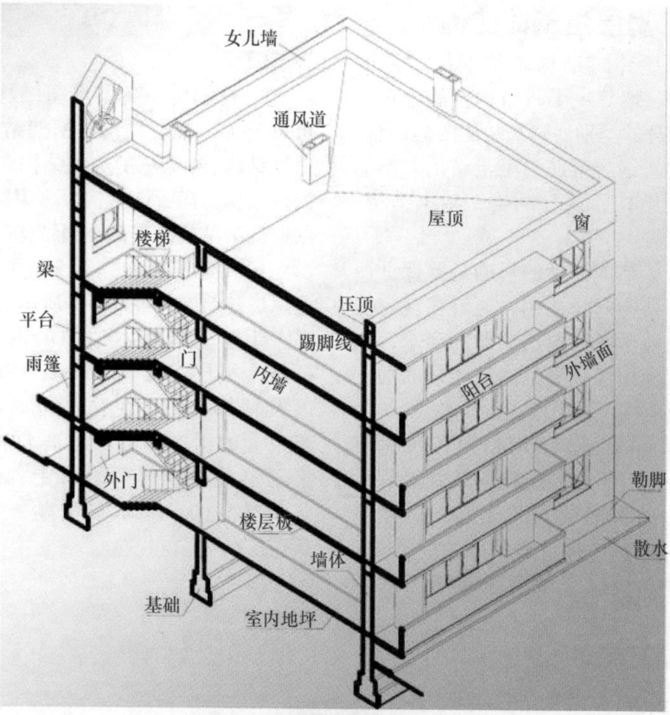

图 2-1　房屋建筑结构（续）

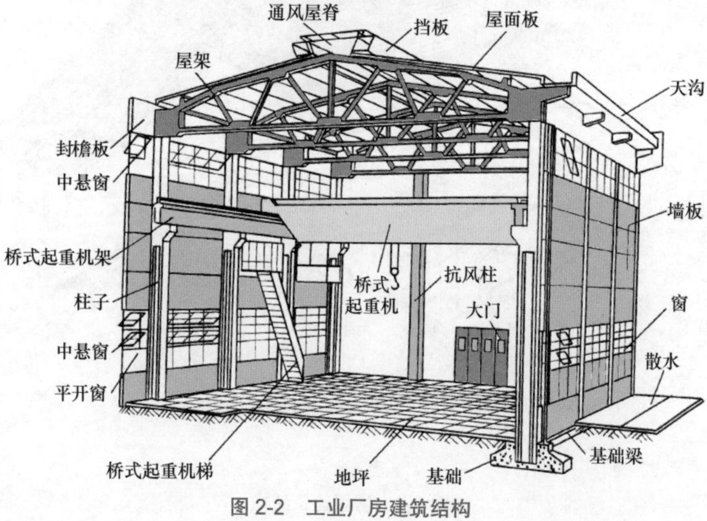

图 2-2　工业厂房建筑结构

2.2 平面图与立体图的转换

平面图与立体图的转换示例如图 2-3 所示。

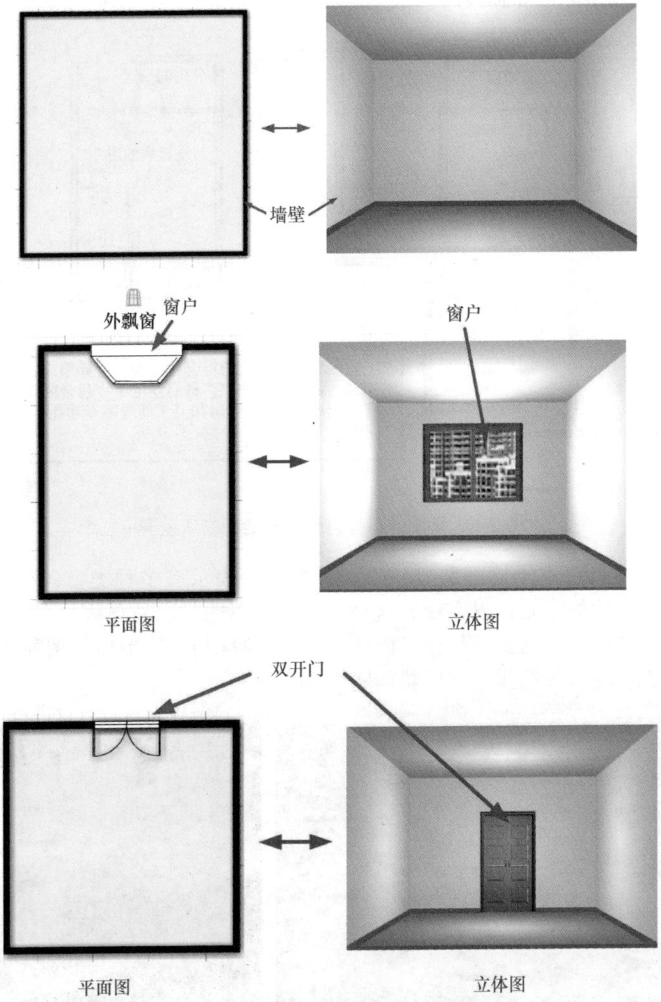

图 2-3 平面图与立体图的转换示例

2.3 家居空间

家居空间往往包括一些功能间。常见的功能间包括客厅、卧室、厨房、卫生间、书房、衣帽间等。具体的户型包括的功能间有所差异，如图 2-4 所示。

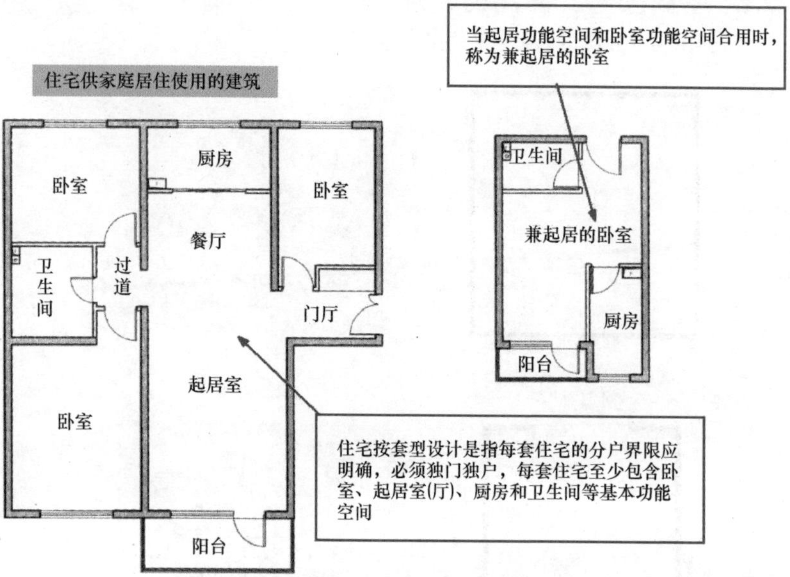
住宅供家庭居住使用的建筑
当起居功能空间和卧室功能空间合用时，称为兼起居的卧室
卧室
厨房
卧室
餐厅
卫生间
过道
门厅
起居室
卧室
阳台
住宅按套型设计是指每套住宅的分户界限应明确，必须独门独户，每套住宅至少包含卧室、起居室(厅)、厨房和卫生间等基本功能空间
卫生间
兼起居的卧室
厨房
阳台

图 2-4　具体的户型包括的功能间有所差异

功能间可以有不同的装修特点，但是，基本功能需要得以实现，这是一致的。家居功能间图纸往往是由墙壁、门窗、设施等组成。家居功能间的图纸表示有多种类型，有平面图、户型模型图、三维图等。

[举例]　户型模型图如图 2-5 所示。

图 2-5　户型模型图

2.4 家居功能间

不同家居，具体的功能间有相同的地方，也有不同的地方。因此，其有关图纸，有相同的地方，也有不同的地方。

例如，厨房平面的一些类型如图 2-6 所示。

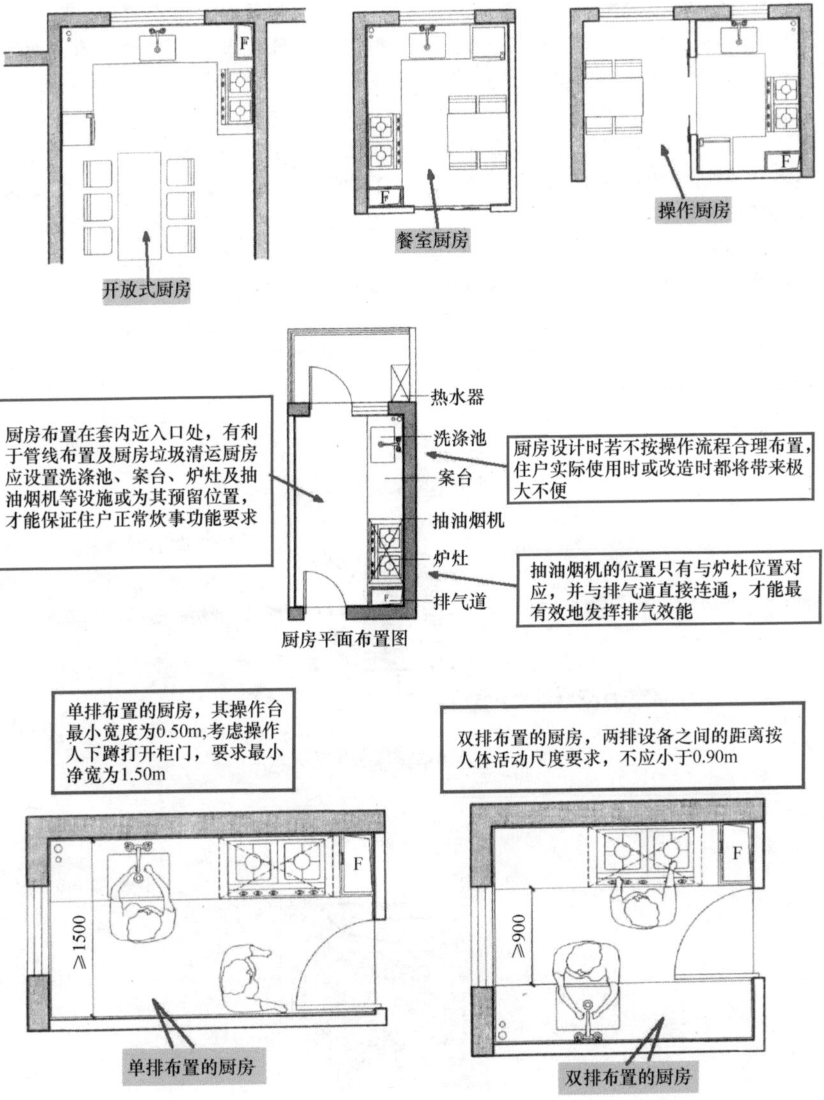

F
F
F
开放式厨房
餐室厨房
操作厨房
热水器
洗涤池
案台
抽油烟机
炉灶
排气道
F
厨房布置在套内近入口处，有利于管线布置及厨房垃圾清运厨房应设置洗涤池、案台、炉灶及抽油烟机等设施或为其预留位置，才能保证住户正常炊事功能要求
厨房设计时若不按操作流程合理布置，住户实际使用时或改造时都将带来极大不便
抽油烟机的位置只有与炉灶位置对应，并与排气道直接连通，才能最有效地发挥排气效能
厨房平面布置图
单排布置的厨房，其操作台最小宽度为0.50m,考虑操作人下蹲打开柜门，要求最小净宽为1.50m
双排布置的厨房，两排设备之间的距离按人体活动尺度要求，不应小于0.90m
F
≥1500
F
≥900
单排布置的厨房
双排布置的厨房

图 2-6　厨房平面的一些类型

具体的功能间的空间要素基本一样，只是具体的摆设、安放存在差异，从而这些异同，会在相应的图样上体现出来。

2.5 图样的投影法与立面图

前面内容中的图有立体图，也有平面图。装修施工图往往是平面图，装修效果图往往是立体图。下面将介绍图样的投影法，使人们在识读时，能够在头脑里把平面图转化成立体图，或把立体图转化成平面图，达到完全理解透图样的意图。

立面图、剖面图是和平面图配套的图样。平面图中无法表达的管道垂直走向、分布、与建筑物或设备的关系，都是通过不同方向的剖面图表达出来的。立面图、剖面图中标注有标高、管径、立管编号。

立面图是根据投影原理，以及根据工程设计要求、需要画出的立面视图。

房屋建筑的视图，一般是根据正投影法并用第一角画法绘制的。如图2-7所示，自前方A投影产生的图称为正立面图，自上方B投影产生的图称为平面图，自左方C投影产生的图称为左侧立面图，自右方D投影产生的图称为右侧立面图，自下方E投影产生的图称为底面图，自后方F投影产生的图称为背立面图。

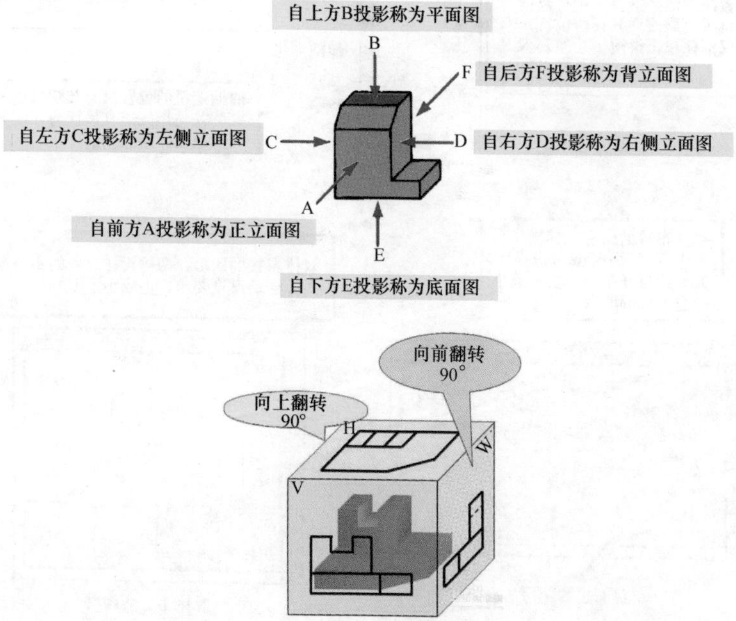

图 2-7 正投影法

投影的形成图解如图2-8所示。

当视图用第一角画法绘制不易表达时，可以使用镜像投影法绘制，如图2-9所示。采用镜像投影法绘制的图,往往在图名后注写了“镜像”二字，或在图中画出了镜像投影的识别符号。

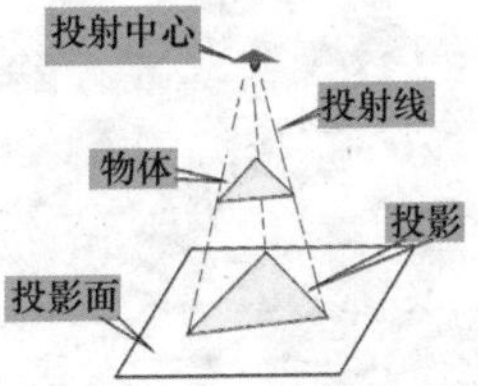

图 2-8　投影的形成图解

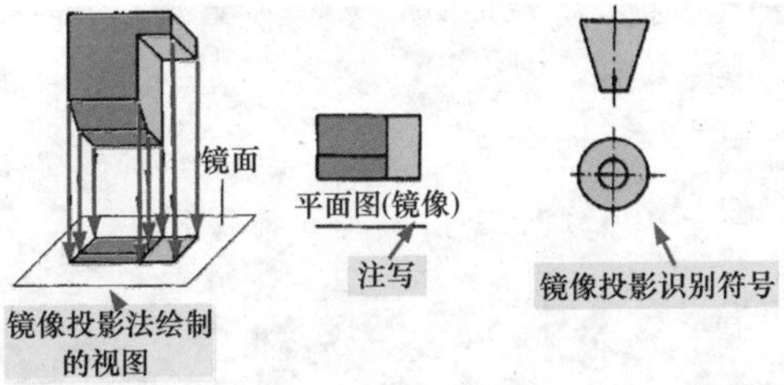

图 2-9　镜像投影法绘制图

[举例 1]　一厨房装修立面图如图 2-10 所示。

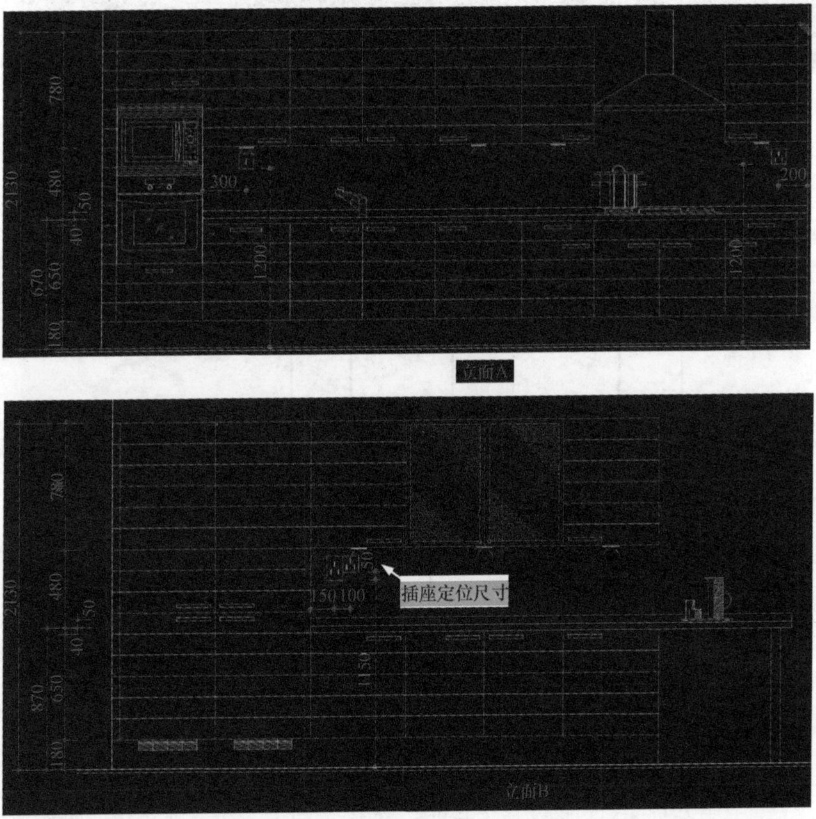

说明：本图尺寸基于精装修完成面，单位为mm。

图 2-10　一厨房装修立面图

[举例 2]　电视机配置立面图如图 2-11 所示。

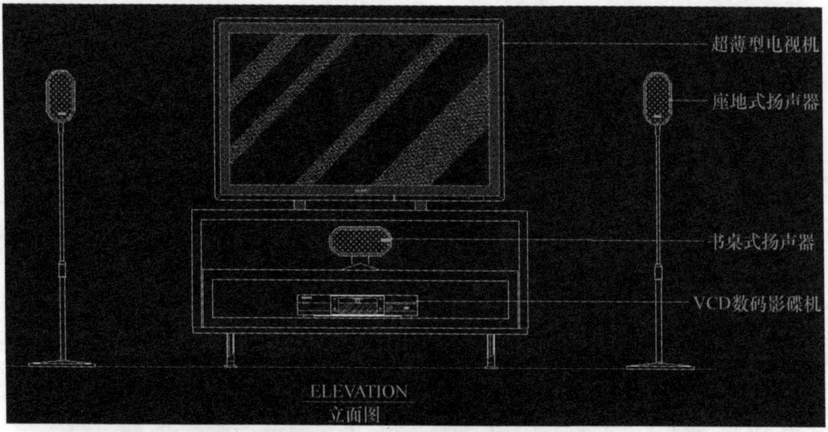

图 2-11　电视机配置立面图

2.6 视图的配置

在同一张图样上绘制若干个视图时，各视图的位置是有讲究的，也就是视图的顺序配置，需要有利于绘图与识读，以及有关视图配置规定。

视图的配置规定如图 2-12 所示。

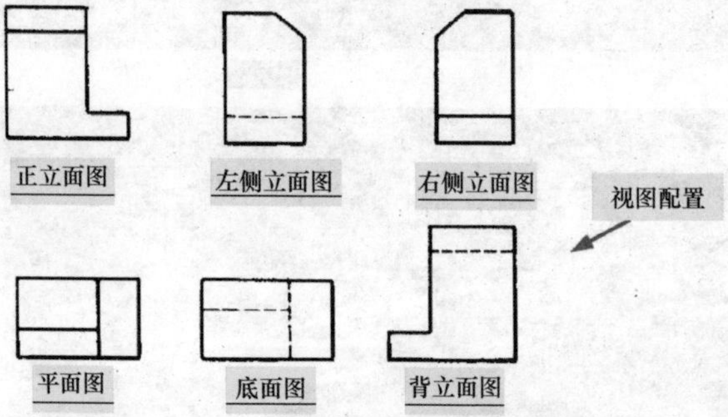

图 2-12　视图的配置规定

每个视图一般都会有相应的图名标注。图名，多数标注在视图的下方或一侧，以及在图名下用粗实线画一条横线，其长度大概以图名所占长度为准。使用详图符号作图名时，符号下多数是没有画线的。

同一工程不同专业的总平面图，在图样上的布图方向一般是一致的。单体建（构）筑物平面图在图样上的布图方向，如果与其在总平面图上的布图方向不一致，则往往标明方位。不同专业的单体建（构）筑物的平面图，在图样上的布图方向一般是一致的。

建（构）筑物的某些部分，如与投影面不平行，其在画立面图时，有的图样是将该部分展至与投影面平行，然后采用正投影法绘制的，并且往往在图名后标注了“展开”字样。

分区绘制的建筑平面图，一般会绘制组合示意图。根据该组合示意图，可以读懂该区在建筑平面图中的位置。各分区视图的分区部位、编号，一般是一致的，并且与组合示意图也是一致的。分区绘制的建筑平面图如图 2-13 所示。

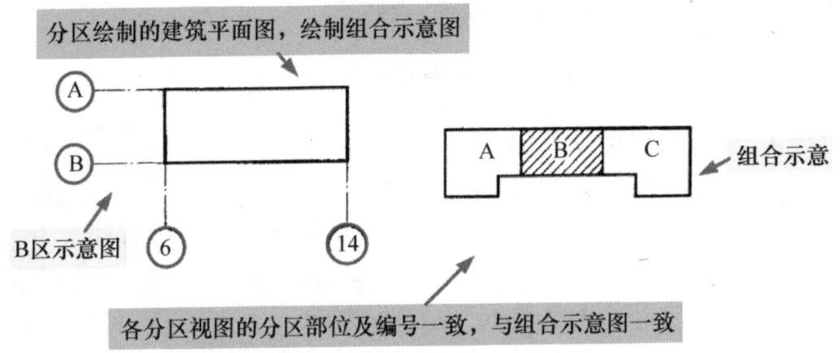
分区绘制的建筑平面图，绘制组合示意图
A
B
B区示意图
6
14
A
B
C
组合示意
各分区视图的分区部位及编号一致，与组合示意图一致

图 2-13 分区绘制的建筑平面图

2.7 剖视图与断面图

剖视是“剖视图”的简称，其又叫剖面图。剖视常用来表达物体内部的结构，也就是说剖视的目的是为了更清晰地表达物体的层次。

[举例 1] 采用剖视图的原因图例如图 2-14 所示。

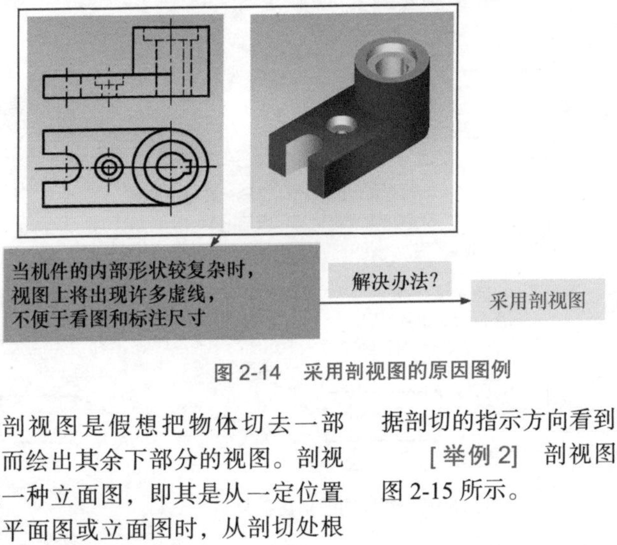
当机件的内部形状较复杂时，
视图上将出现许多虚线，
不便于看图和标注尺寸
解决办法?
采用剖视图

图 2-14 采用剖视图的原因图例

剖视图是假想把物体切去一部分，而绘出其余下部分的视图。剖视图是一种立面图，即其是从一定位置剖切平面图或立面图时，从剖切处根据剖切的指示方向看到的立面图。

[举例 2] 剖视图的形成图例如图 2-15 所示。

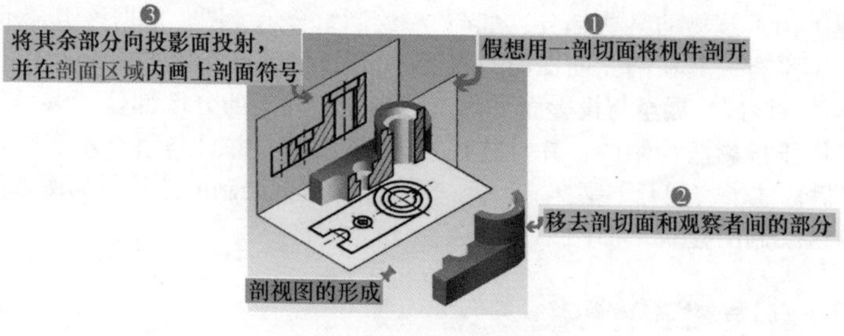

将其余部分向投影面投射，
并在剖面区域内画上剖面符号
假想用一剖切面将机件剖开
移去剖切面和观察者间的部分

图 2-15 剖视图的形成图例

剖视图除了画出剖切面切到部分的图形外，还画出沿投射方向看到的部分。剖视图被剖切面切到部分的轮廓线，一般图样是用粗实线绘制的。剖切面没有切到、但沿投射方向可以看到的部分，一般图样中是用实线绘制的。断面图，一般图样只需用粗实线画出剖切面切到部分的图形。

剖视图的剖切符号，一般是由剖切位置线、投射方向线组成，并且一般是以粗实线绘制的。剖切位置线的长度，一般为 6~10mm。投射方向线，一般垂直于剖切位置线，并且长度短于剖切位置线，一般为 4~6mm。另外，剖视图的剖切符号一般不应与其他图线相接触。

建（构）筑物剖面图的剖切符号，一般注在 ±0.00 标高的平面图上。

剖视图的剖切符号如图 2-16 所示。

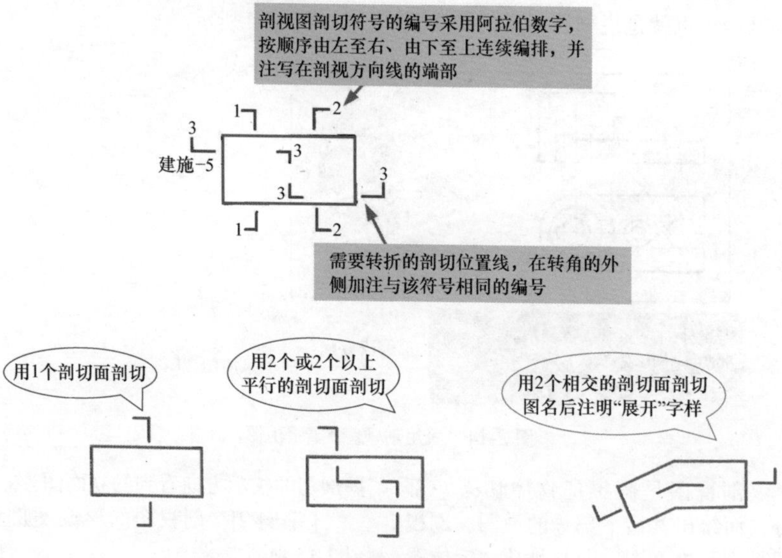

剖视图剖切符号的编号采用阿拉伯数字，按顺序由左至右、由下至上连续编排，并注写在剖视方向线的端部
1
2
3
建施−5
3
3
3
1
2
需要转折的剖切位置线，在转角的外侧加注与该符号相同的编号
用1个剖切面剖切
用2个或2个以上平行的剖切面剖切
用2个相交的剖切面剖切图名后注明“展开”字样

图 2-16 剖视图的剖切符号

剖视图的编号，一般采用数字或英文字母，根据顺序编号。半剖视图，一般适用于内外形状对称，其视图与剖面图均为对称图形的管件或阀件。

[举例 3] 一图的剖切符号如图 2-17 所示。

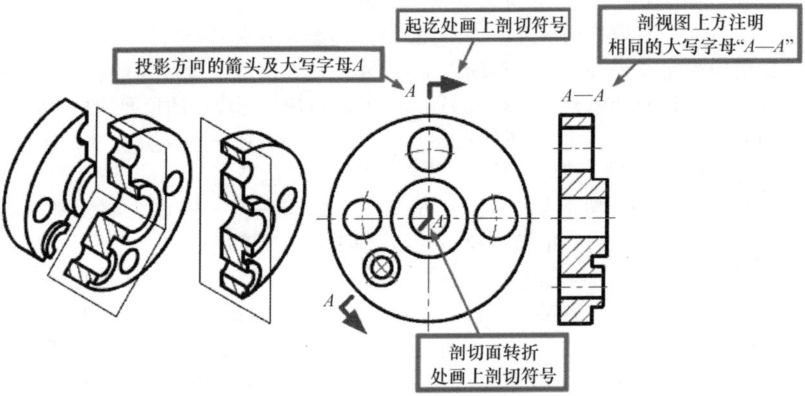

图 2-17 一图的剖切符号

[举例 4] 一图的剖切符号说明如图 2-18 所示。

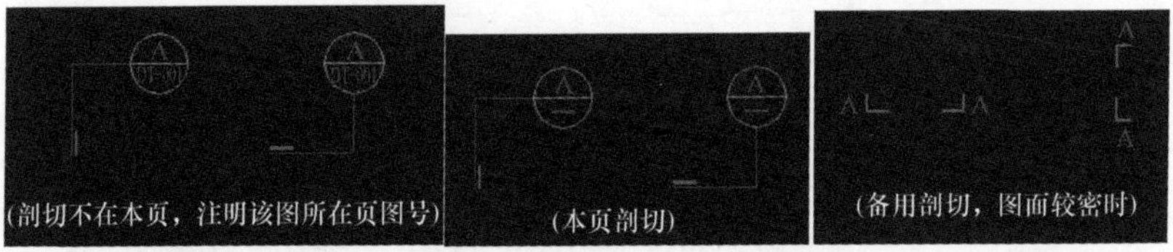

图 2-18 一图的剖切符号说明

分层剖切的剖面图，一般是根据层次以波浪线将各层隔开，并且波浪线不与任何图线重合，如图 2-19 所示。

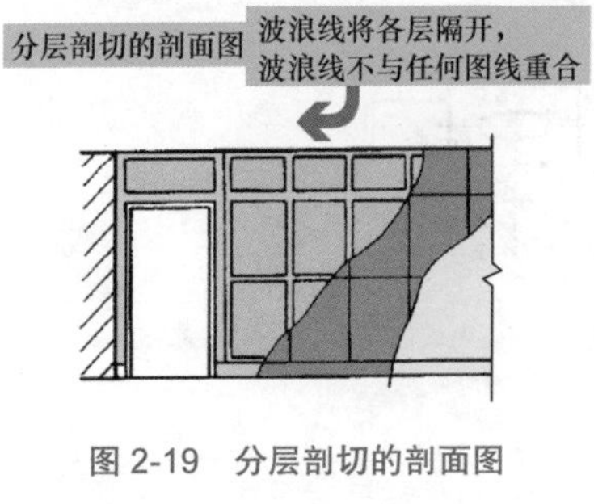

图 2-19 分层剖切的剖面图

[举例 5] 一家装工程电视机背景墙分层剖面图如图 2-20 所示。

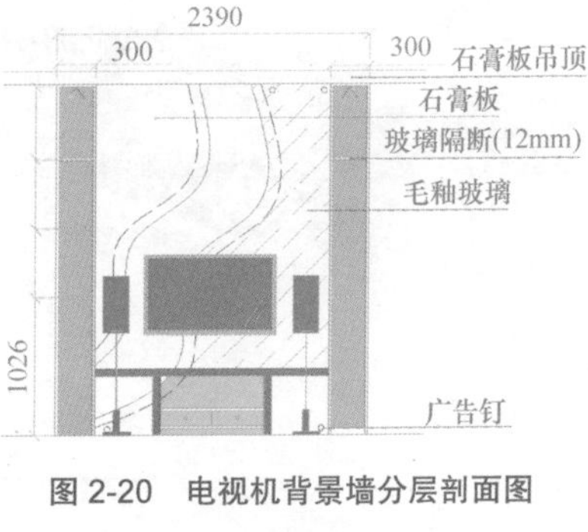

图 2-20 电视机背景墙分层剖面图

剖视图的图示内容如下：

定位轴线——许多图样会注出被剖切到的各承重墙的定位轴线，及与平面图一致的轴线编号、尺寸。

图线——室内外地坪线，许多图样是用加粗实线来表示的。地面以下部分，从基础墙处断开，一般会另由结构施工图来表示。剖视图的比例，一般与平面图、立面图的比例是一致的 。在剖视图中一般不画材料图例符号。被剖切平面剖切到的墙、梁、板等轮廓线，一般是用粗实线来表示的。没有被剖切到但可见的部分，许多图样是用细实线来表示的。被剖切断的钢筋混凝土梁、板，一般需要涂黑。但是一般画出楼地面、屋面的面层线。

剖视图中，一般标注出垂直方向上的分段尺寸、标高的内容如下：

垂直分段尺寸——一般分为三道。

最外一道——最外一道为总高尺寸，其表示室外地坪到楼顶部女儿墙的压顶抹灰完成后的顶面的总高度。

中间一道——层高尺寸，其主要表示各层的高度 。

最里一道——门窗洞、窗间墙、勒脚等的高度尺寸 。

断面图只画出物体截断面的投影。断面的剖切符号，一般只用剖切位置线来表示，并且是用粗实线绘制的，长度一般为 6~10mm，如图 2-21 所示。

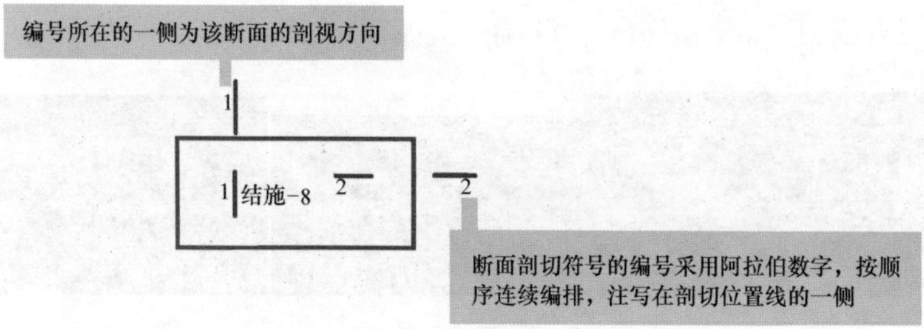
编号所在的一侧为该断面的剖视方向
1
1 结施-8
2
2
断面剖切符号的编号采用阿拉伯数字，按顺序连续编排，注写在剖切位置线的一侧

图 2-21　断面的剖切符号

[举例 6]　断面图的形成图例如图 2-22 所示。

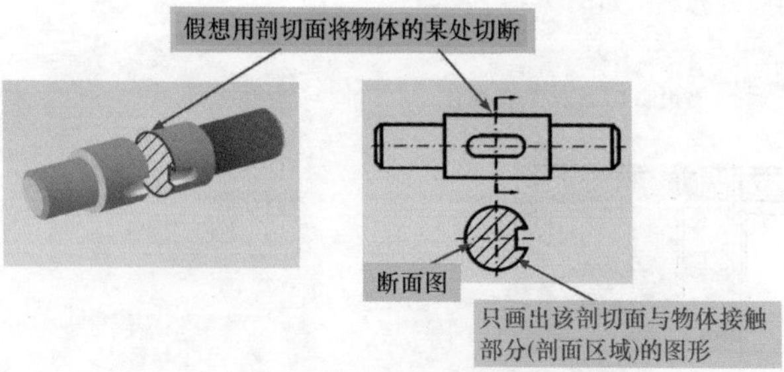
假想用剖切面将物体的某处切断
断面图
只画出该剖切面与物体接触部分(剖面区域)的图形

图 2-22　断面图的形成图例

断面图的标注方法如图 2-23 所示。

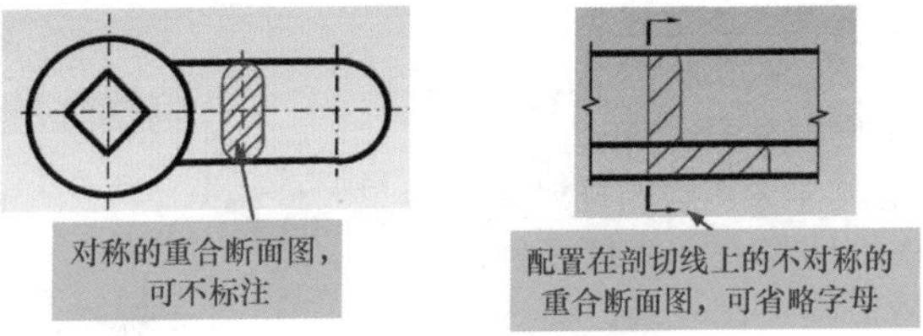

图 2-23 断面图的标注方法

剖面图或断面图，如果与被剖切图纸不在同一张图内，则有的图样在剖切位置线的另一侧会注明其所在图样的编号，也可能在图上集中进行有关说明。

2.8 大样图与节点图

大样图是指针对某一特定区域进行特殊性放大标注，较详细地表示出来。节点是两个以上装饰面的汇交点。节点图是把在整图当中无法表示清楚的某一个部分单独拿出来表现其具体构造的，是一种表明建筑构造细部的图。

tips：大样图可以理解为是把物体的比例放大，然后把各个尺寸标注得很详细。节点图可以理解为把物体的结构分解，能够看到内部的具体结构材质与施工的做法。大样图相对节点图更为细部化，也就是放大节点图所无法表达的内容。

需要画节点图的一些部位如下：

（1）内外墙节点、楼梯，电梯、厨房、卫生间等局部平面，需要单独绘制大样、构造详图。

（2）室内外装饰方面的构造，线脚、图案，造型美观等，需要绘制大样、构造详图。

（3）平面、立面、剖面或文字说明中无法交代或交代不清的建筑构配件、建筑构造，要表达出构造做法、尺寸，构配件相互关系、建筑材料等，需要引出大样。

（4）特殊的或非标准门、窗、幕墙等需要构造详图。

[举例] 一大样图如图 2-24 所示。

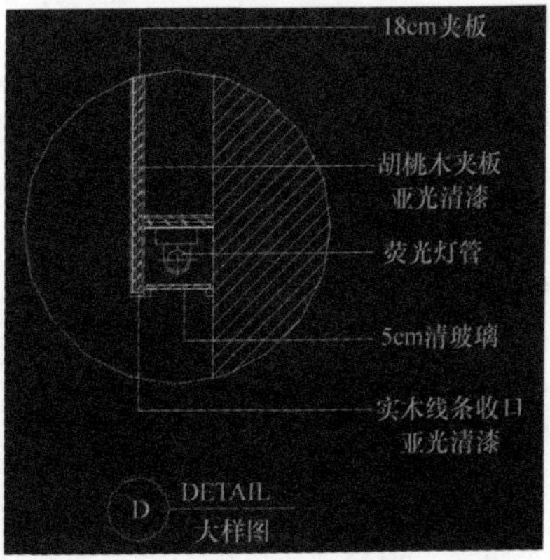

图 2-24 一大样图

2.9 装饰施工图

装饰施工图是用于表达建筑物室内、室外装饰形状与施工要求的图样。装饰施工图的类型如图 2-25 所示。

tips：装饰施工图图样的排列原则为——表现性图样在前，技术性图样在后。装饰施工图在前，室内配套设备施工图在后。基本图在前，详图在后。先施工的在前，后施工的在后。

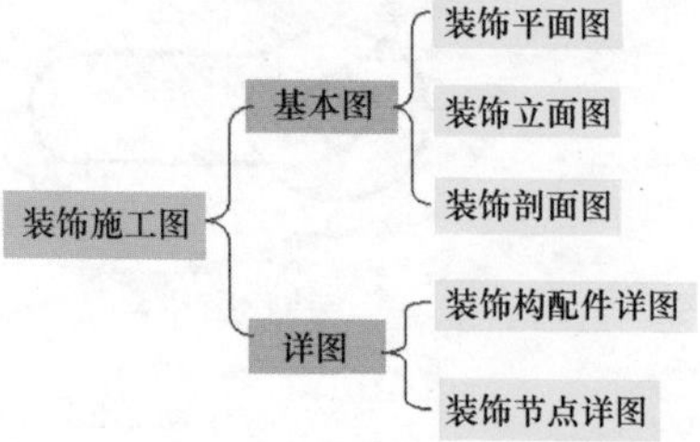

图 2-25 装饰施工图的类型

2.10 楼地面装饰平面图

楼地面装饰平面图是用一个假想的水平剖切平面在窗台略上的位置剖切后，移去上面的部分，向下所做的正投影图。

楼地面装饰平面图与建筑平面图基本相似，不同之处是在建筑平面图的基础上增加了装饰、陈设的内容。

楼地面装饰平面图的一些图示内容如下：

（1）装饰结构与配套设施的尺寸标注。

（2）室内家具、织物、陈设、绿化的摆放位置、说明。

（3）建筑平面的基本结构、尺寸。

（4）视图符号，如图 2-26 所示。

（5）装饰结构的平面位置、形式以及饰面材料、工艺要求。

图 2-26 视图符号

［举例］ 一工程图视图符号如图 2-27 所示。

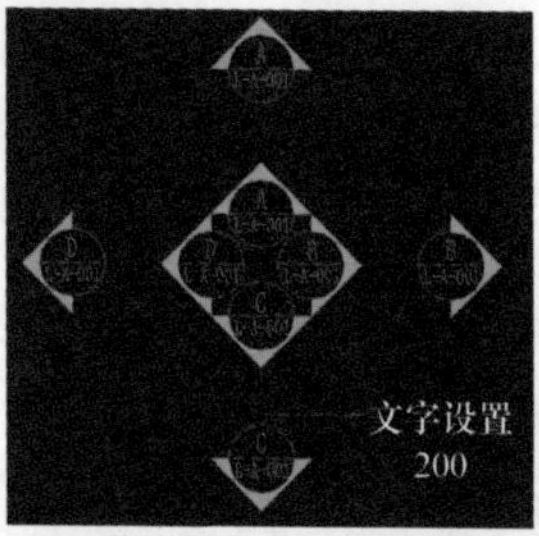

图 2-27 一工程图视图符号

2.11 顶棚平面图

顶棚平面图，一般是采用镜像投影的方法来表示的，也就是假想在地面上放一面镜子，顶棚构造在镜子中的成像，称为顶棚平面图。

顶棚平面图，反映房间顶棚的形状、装饰做法、所属设备的位置与尺寸等内容。

顶棚平面图的一些内容如下：

（1）表明墙柱、门窗洞口的位置。

（2）表明空调通风口、顶部消防报警等装饰内容、设备的位置等。

（3）表明顶棚装饰造型的平面特

点、尺寸，以及通过附加文字说明其所用材料、色彩及工艺要求。

（4）表明顶部灯具的种类、规格、式样、数量、布置形式和安装位置。

［举例］ 一工程顶棚平面图如图 2-28 所示。

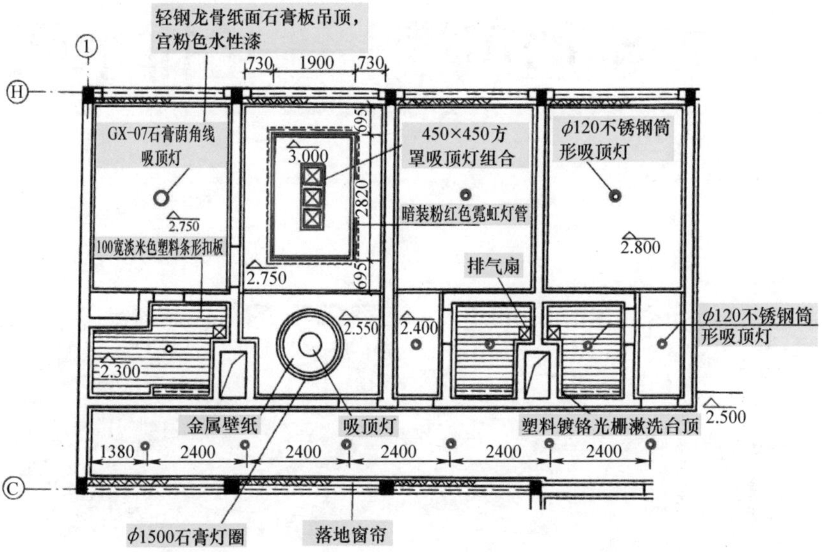

图 2-28　一工程顶棚平面图

第 3 章

学透识读——给排水图

3.1 管道的组成与作用

管道也称为管路，其主要用来输送介质（水、油、燃气）。管道一般需要用法兰、弯头、三通等管件连接起来。在生产、生活中通过管道输送油、气、水等物料，一般要求定时、定压、定温、定量、定向完成。为此，有的管道必然需要与塔、罐、机、泵、控制件、阀门、容器、测量仪表等设备有机地连接成系统，以满足生产或者生活的要求。

［举例 1］ PPR 水管如图 3-1 所示。

一般以管道与管件为主体，用来指导生产、施工的工程技术图样，称作管道图。管道图常包括管子、管件、附件等。常见的管子形状有圆形、矩形等种类，其中圆形管子使用较普遍。管件的种类较多，主要有弯头、三通、四通等，其中弯头用于管道拐弯的地方，三通、四通主要用于管道分支的地方。附件是指阀门、漏斗等附属于管道的部分。

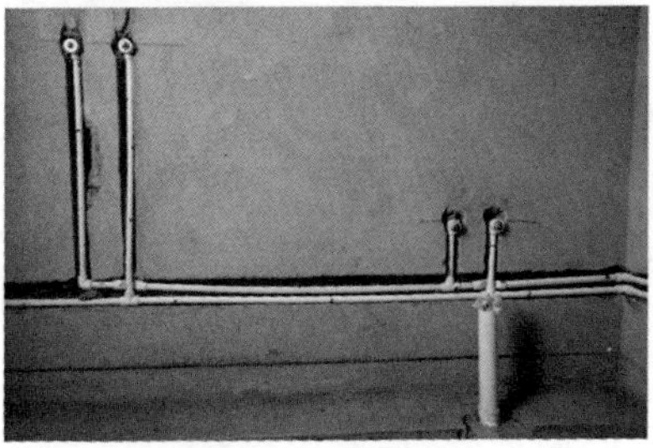

图 3-1 PPR 水管

［举例 2］ PPR 水管管件与附件如图 3-2 所示。

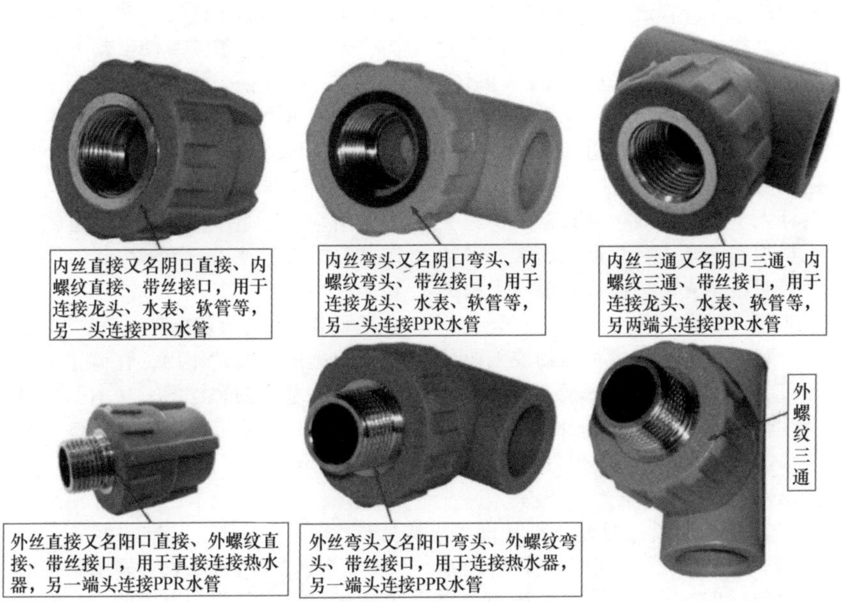

内丝直接又名阴口直接、内螺纹直接、带丝接口，用于连接龙头、水表、软管等，另一头连接PPR水管
内丝弯头又名阴口弯头、内螺纹弯头、带丝接口，用于连接龙头、水表、软管等，另一头连接PPR水管
内丝三通又名阴口三通、内螺纹三通、带丝接口，用于连接龙头、水表、软管等，另两端头连接PPR水管
外丝直接又名阳口直接、外螺纹直接、带丝接口，用于直接连接热水器，另一端头连接PPR水管
外丝弯头又名阳口弯头、外螺纹弯头、带丝接口，用于连接热水器，另一端头连接PPR水管
外螺纹三通

图 3-2 PPR 水管管件与附件

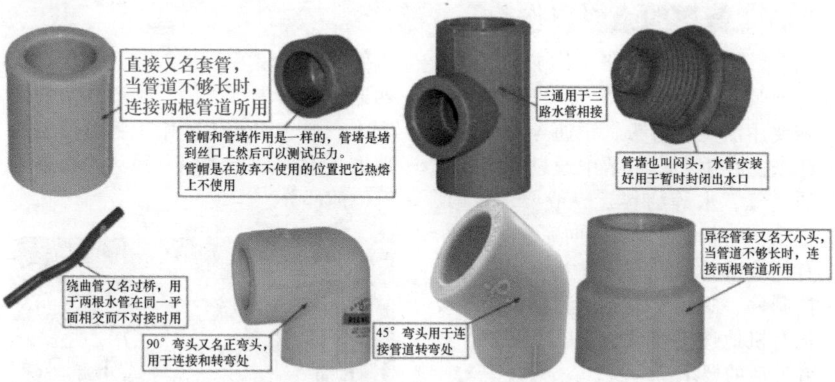

直接又名套管，
当管道不够长时，
连接两根管道所用
管帽和管堵作用是一样的，管堵是堵到丝口上然后可以测试压力。
管帽是在放弃不使用的位置把它热熔上不使用
三通用于三路水管相接
管堵也叫闷头，水管安装好用于暂时封闭出水口
绕曲管又名过桥，用于两根水管在同一平面相交而不对接时用
90°弯头又名正弯头，用于连接和转弯处
45°弯头用于连接管道转弯处
异径管套又名大小头，当管道不够长时，连接两根管道所用

图 3-2 PPR 水管管件与附件（续）

3.2 管道施工图

管道施工图属于建筑、石化、化工、机电、石油天然气安装工程图的范畴。管道施工图是一种根据正投影或轴测投影原理，以及国家有关规定绘制的图样。管道施工图能够清楚地反映出物体的形状、大小。根据管道施工图，可以对物体进行加工、制作、安装。

管道施工图是管道工程中用来表达、交流技术思想的一种重要工具。设计人员用它来表达设计意图，施工人员根据它来进行预制、施工。设计人员对施工人员，通过管道施工图进行非面对面的交流。

管道作为建（构）筑物或工业民用设备的一部分，在图纸上有的是示意性画出来的。管道施工图的特点为：线条简单、图形复杂，不仅具有示意性、附属性，还具有方向性等特点。

管道施工图一般是一种用图线、图例、符号、代号，根据正投影或轴测投影原理、国家有关规定绘制而成的图。

tips：要想看懂管道施工图，首先必须认识管道施工图中的各种图线、图例、符号、代号。

根据专业，管道施工图可以分为给水排水管道施工图、工艺管道施工图、采暖通风管道施工图、动力管道施工图、自控仪表管道施工图等。每一个专业里，又可以分为许多具体的专业施工图，或者具体的工程施工图。其中，给水排水管道施工图，又可以分为给水管道施工图、排水管道施工图、卫生工程施工图等。采暖通风管道施工图，又可以分为采暖、通风、空气调节、制冷管道施工图等。

根据图形及其作用，管道施工图可以分为基本图和详图。基本图又包括图纸目录、施工图说明、设备材料表、流程图、平面图、系统轴测图、立面图、剖面（视）图等。详图又包括节点图、大样图、标准图等。

[举例] 给排水管道施工图是由基本图、详图两部分组成的。其中基本图包括工艺流程图、设备布置图、

管路布置图（平面图、立面图、管段图）、图样目录、施工图说明。另外，设备材料表属于基本图的范畴。给排水管道详图也包括节点图、大样图、标准图。

tips：管道标准图——标准图是由国家有关部委批准颁发的具有通用性质的详图，用以表示管道与设备、附件连接或安装的详细尺寸、具体要求。工程中采用标准图的图号会在有关设计图中说明。

3.3 工艺管道图

工艺管道图的特点是：线条简单、图形复杂，不仅具有机械图的两大要素，还具有方向性等特点。

工艺管道图是一种用图线、图例、符号、代号，根据正投影或轴测投影原理绘制而成的象形图。工艺管道图也是由基本图、详图等组成的。其中基本图也包括工艺流程图、设备布置图、管道布置图、图样目录、施工图说明等。设备材料表也属于基本图的范畴。详图也包括节点图、大样图、标准图。

3.4 液体与气体管道代号

管道施工图中输送液体、气体的管道，一般是用粗实线来表示的，图线的宽度 b 一般在 0.4~1.2mm。为了区别各类管道，在线的中间一般标注上了汉语拼音字母，如图 3-3 所示。液体与气体管道的代号见表 3-1。

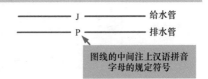

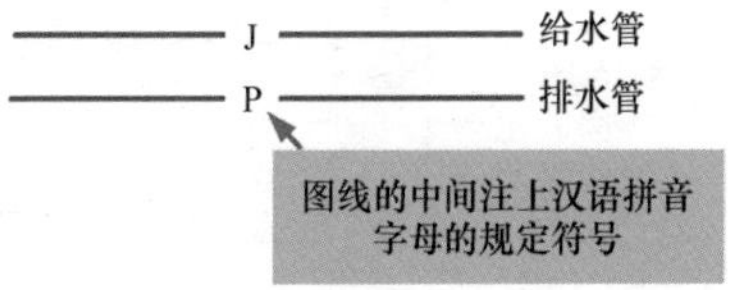

图 3-3　为区别各类管道注上了汉语拼音字母

表 3-1　液体与气体管道的代号

名称	规定符号	名称	规定符号	名称	规定符号
给水管	J	煤气管	M	乙炔管	YI
排水管	P	压缩空气管	YS	二氧化碳管	E
循环水管	XH	氧气管	YQ	鼓风管	GF
污水管	W	氮气管	DQ	通风管	TF
热水管	R	氢气管	QQ	真空管	ZK
凝结水管	N	氩气管	YA	乳化剂管	RH
冷冻水管	L	氨气管	AQ	油管	Y
蒸汽管	Z	沼气管	ZQ		

tips：施工图中，如果仅有一种管道或同一图上大多数是相同的管道，其符号有的略去不标，但是一般会在图样中加以说明。

管道图中常见有各种字母符号，每个字母一般会表示一定的意义：

De——塑料管的外径。

DN——焊接钢管、阀门、管件的公称通径。

d——钢筋混凝土管或非金属管的内径。

D——焊接钢管的内径。

G——管螺纹。

i——管道的坡度。

R（*r*）——管道的弯曲半径。

δ——管材、板材的厚度。

Φ——无缝钢管的外径，机器设备的直径。

3.5 管道的图例

管道的图例见表 3-2。

表 3-2 管道的图例

名称	图例	名称	图例
伴热管		热媒回水管	—— RMH ——
保温管		热水给水管	—— RJ ——
地沟管	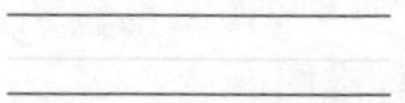	热水回水管	—— RH ——
多孔管		生活给水管	—— J ——
防护套管	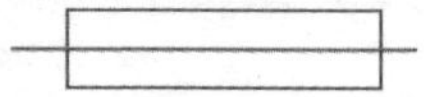	生活污水管	—— SW ——
废水管	—— F ——	通气管	—— T ——
管道立管 - 平面	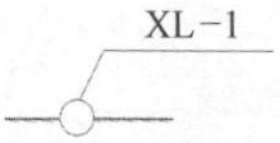	循环给水管	—— XJ ——
管道立管 - 系统	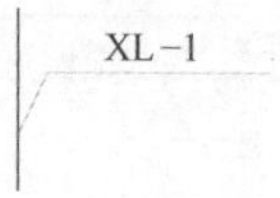	循环回水管	—— XH ——
空调冷凝水管	—— UN ——	压力废水管	—— YF ——
凝结水管	—— N ——	压力污水管	—— YW ——
排水暗沟		压力雨水管	—— YY ——
排水明沟	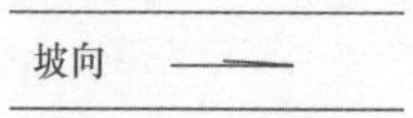	雨水管	—— Y ——
膨胀管	—— PZ ——	蒸汽管	—— Z ——
热媒给水管	—— RM ——	中水给水管	—— ZJ ——

3.6 管件的图例

施工图上的管件、阀件多半采用规定的图例来表示的。这些简单图样，不能完全反映实物的形象，仅只是示意性地表示。各种专业施工图，会有各自不同的图例符号。但是也有一些图例符号是通用的。

管件的图例见表 3-3。

表 3-3 管件的图例

名称	图例	名称	图例
偏心异径管	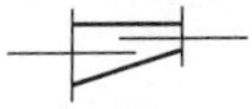	90° 弯头	
同心异径管	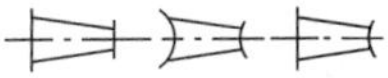	斜三通	
乙字管		正四通	
喇叭口		斜四通	
转动接头	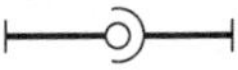	浴盆排水管	
S 形存水弯		正三通	
P 形存水弯		TY 三通	

3.7 阀门的图例

阀门的图例见表 3-4。

表 3-4 阀门的图例

名称	图例	名称	图例
闸阀		气动蝶阀	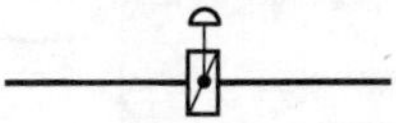
角阀		减压阀	 左侧为高压端
三通阀		旋塞阀	 平面 系统
四通阀	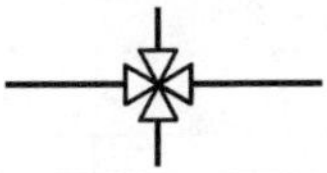	底阀	 平面 系统
截止阀		球阀	
蝶阀	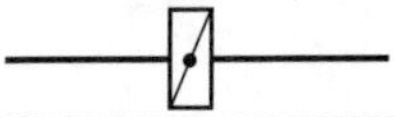	隔膜阀	

（续）

名称	图例	名称	图例
电动闸阀		气开隔膜阀	
液动闸阀		气闭隔膜阀	
气动闸阀		温度调节阀	
电动蝶阀		压力调节阀	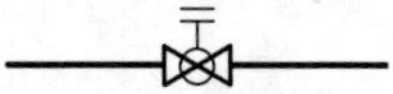
液动蝶阀	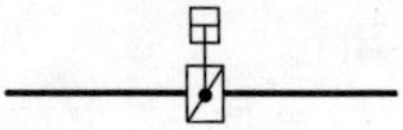	电磁阀	
电动隔膜阀		止回阀	
消声止回阀	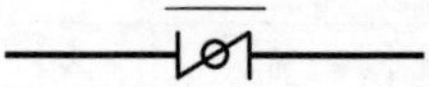	浮球阀	 平面 系统
持压阀		水力液位控制阀	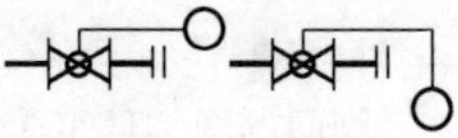 平面 系统
泄压阀	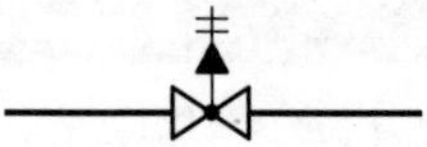	延时自闭冲洗阀	
弹簧安全阀	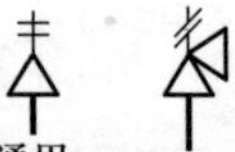 通用	感应式冲洗阀	
平衡锤安全阀		吸水喇叭口	 平面 系统
自动排气阀	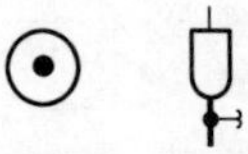 平面 系统	疏水器	

3.8 给水配件的图例

给水配件的图例见表 3-5。

表 3-5 给水配件的图例

名称	图例	名称	图例
水嘴		脚踏开关水嘴	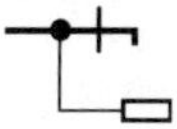
皮带水嘴		混合水嘴	
洒水（栓）水嘴		旋转水嘴	
化验水嘴		浴盆带喷头混合水嘴	
肘式水嘴	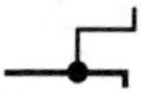	蹲便器脚踏开关	

3.9 管道附件的图例

管道附件的图例见表 3-6。

表 3-6 管道附件的图例

名称	图例	名称	图例
管道伸缩器	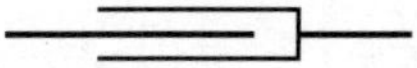	排水漏斗	
方形伸缩器		圆形地漏	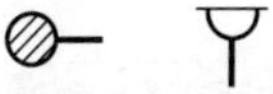
刚性防水套管	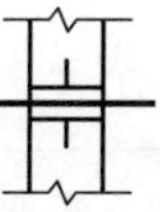	方形地漏	
柔性防水套管	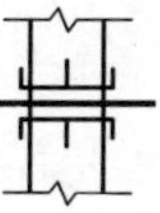	自动冲洗水箱	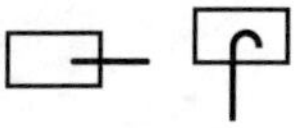
波纹管		可曲挠橡胶接头	

（续）

名称	图例	名称	图例
管道固定支架		挡墩	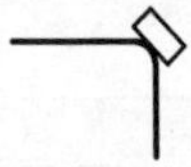
立管检查口		减压孔板	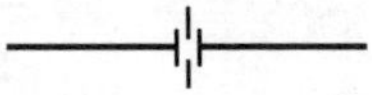
清扫口	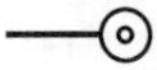 平面  系统	Y 形除污器	
通气帽	 成品  蘑菇形	毛发聚集器	 平面  系统
雨水斗	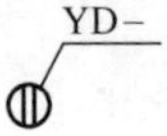 平面 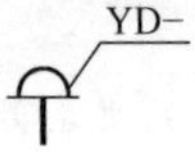 系统	倒流防止器	
吸气阀		防虫网罩	
真空破坏器		金属软管	

3.10 管道连接的图例

管道连接的图例见表 3-7。

表 3-7 管道连接的图例

名称	图例	名称	图例
法兰连接	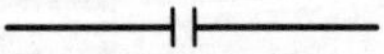	盲板	
承插连接		弯折管	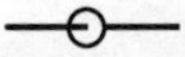 高 低  低 高
活接头	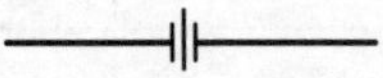	管道丁字上接	高  低
管堵		管道丁字下接	高  低
法兰堵盖		管道交叉	低 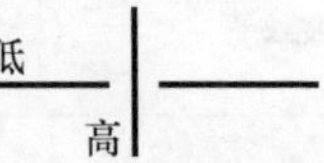 高

3.11 消防设施的图例

消防设施的图例见表 3-8。

表 3-8 消防设施的图例

名称	图例	名称	图例
消火栓给水管	——XH——	自动喷洒头（闭式）下喷	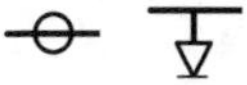 平面 系统
自动喷水灭火给水管	——ZP——	自动喷洒头（闭式）上喷	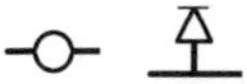 平面 系统
雨淋灭火给水管	——YL——	自动喷洒头（闭式）上下喷	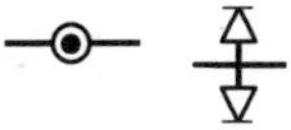 平面 系统
水幕灭火给水管	——SM——	侧墙式自动喷洒头	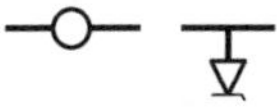 平面 系统
水炮灭火给水管	——SP——	水喷雾喷头	 平面 系统
室外消火栓		直立型水幕喷头	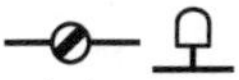 平面 系统
室内消火栓（单口）	 平面 系统	下垂型水幕喷头	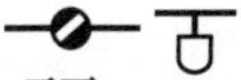 平面 系统
室内消火栓（双口）	 平面 系统	信号蝶阀	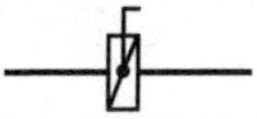
水泵接合器	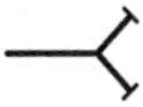	消防炮	 平面 系统
自动喷洒头（开式）	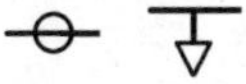 平面 系统	水流指示器	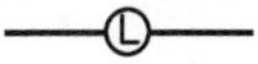
干式报警阀	 平面 系统	水力警铃	
湿式报警阀	 平面 系统	预作用报警阀	 平面 系统

（续）

名称	图例	名称	图例
雨淋阀	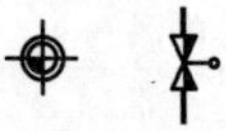 平面　系统	末端试水装置	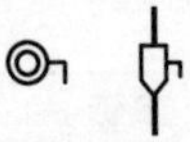 平面　系统
信号闸阀		推车式灭火器	
手提式灭火器			

3.12 卫生设备及水池的图例

卫生设备及水池的图例见表 3-9。

表 3-9　卫生设备及水池的图例

名称	图例	名称	图例
立式洗脸盆		污水池	
台式洗脸盆	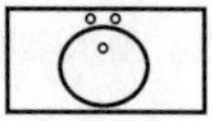	妇女净身盆	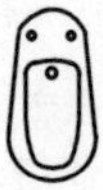
挂式洗脸盆		立式小便器	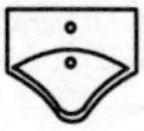
浴盆	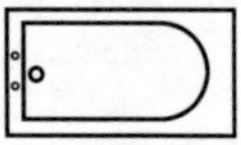	壁挂式小便器	
化验盆、洗涤盆		蹲式大便器	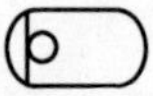
厨房洗涤盆	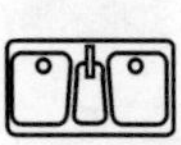	坐式大便器	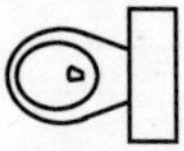
带沥水板洗涤盆	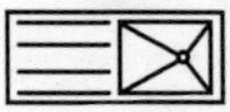	小便槽	
盥洗槽	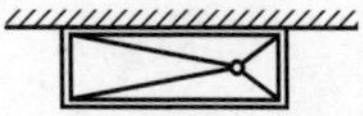	淋浴喷头	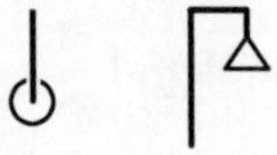

3.13 小型给水排水构筑物的图例

小型给水排水构筑物的图例见表 3-10。

表 3-10 小型给水排水构筑物的图例

名称	图例	备注
矩形化粪池	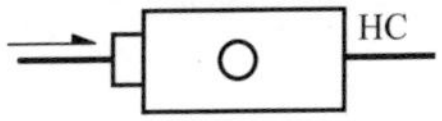	HC 为化粪池
隔油池	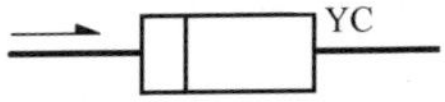	YC 为隔油池代号
沉淀池	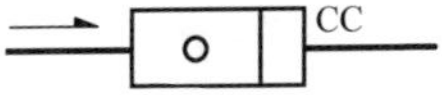	CC 为沉淀池代号
降温池	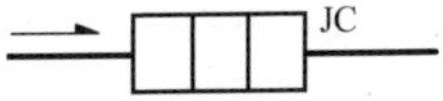	JC 为降温池代号
中和池	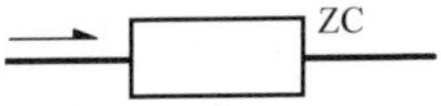	ZC 为中和池代号
雨水口（单箅）		—
雨水口（双箅）		—
阀门井及检查井	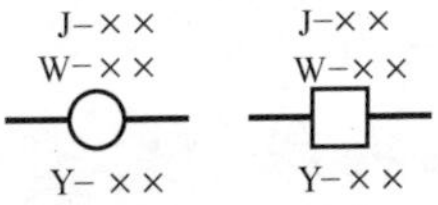	以代号区别管道
水封井		—
跌水井		—
水表井		—

3.14 给水排水设备的图例

给水排水设备的图例见表 3-11。

表 3-11 给水排水设备的图例

名称	图例	名称	图例
卧式水泵		开水器	
立式水泵	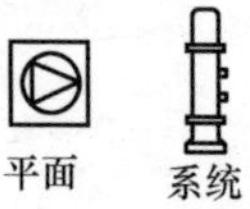	喷射器	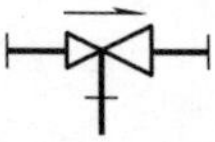
潜水泵		除垢器	
定量泵		水锤消除器	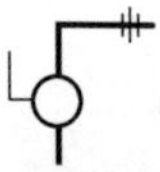
管道泵		搅拌器	
卧式容积热交换器	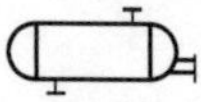	紫外线消毒器	
立式容积热交换器		板式热交换器	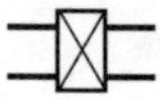
快速管式热交换器	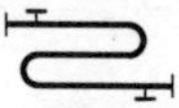		

3.15 给水排水专业所用仪表的图例

给水排水专业所用仪表的图例见表 3-12。

表 3-12 给水排水专业所用仪表的图例

名称	图例	名称	图例
温度计		真空表	
压力表		温度传感器	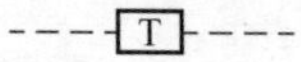

（续）

名称	图例	名称	图例
自动记录压力表		压力传感器	---[P]---
压力控制器		pH 传感器	---[pH]---
水表		酸传感器	---[H]---
自动记录流量表	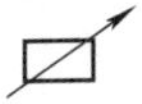	碱传感器	---[Na]---
转子流量计	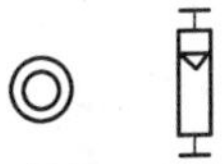 平面 系统	余氯传感器	---[Cl]---

3.16 管道的平面图、立面图、侧面图

管道的平面图、立面图、侧面图的形成如下。

（1）**平面图（也称为俯视图）**——其是将管道或管子、管件，从上向着下面的水平投影面投影，得到该管道或管子、管件在水平投影面上的图形。

（2）**正立面图（也称为主视图）**——其是将管道或管子、管件，从前向后面的正立投影面投影，得到该管道或管子、管件在正立投影面上的图形。

（3）**右侧立面图（也称为左视图）**——其是将管道或管子、管件，从右侧向着左侧的立面投影面投影，得到该管道或管子、管件在左侧立面投影面上的图形。

（4）**左侧立面图（也称为左视图）**——其是将管道或管子、管件，从左侧向着右侧的立面投影面投影，得到该管道或管子、管件在右侧立面投影面上的图形。

3.17 管道的单线图、双线图

根据管道的图形来分，管道工程图分为两种：一种是用一根线条画成的管子（件）的图样，称作单线图。另一种是用两根线条画成的管子（件）的图样，称作双线图。管道的各种施工图中，常使用的是单线图。在大样图或详图中，有使用双线图的。

[举例] 直管的单线图、双线图表示如图 3-4 所示。

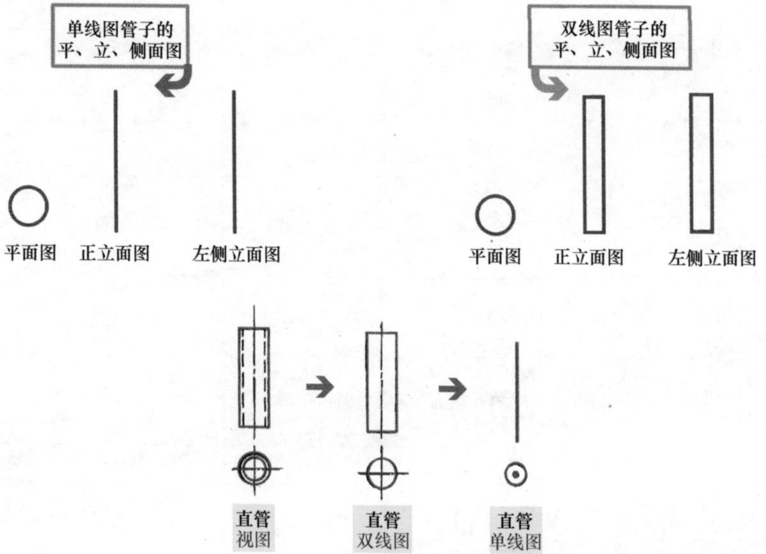

图 3-4　直管的单线图、双线图表示

3.18 管道的表示方法

管道的表示方法有多种，有的在管道进入建筑物入口处进行编号。如果管道立管较多时，为了方便识读与便于表示，有的图样进行立管编号。

当建筑物的给排水进、出口数量多于 1 个时，一般用阿拉伯数字来编号，如图 3-5 所示。

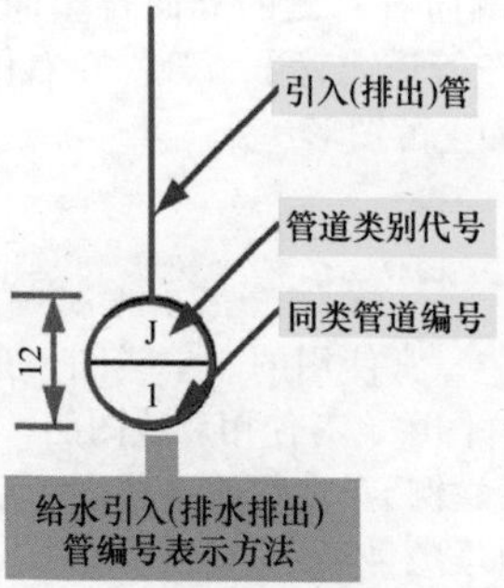

图 3-5　给排水管道的编号

建筑物内穿过一层、多于一层楼层的立管，其数量多于 1 个时，一般是用阿拉伯数字来编号。阀门井、检查井、水表、化粪池等给排水附属构筑物多于 1 个时，一般图样应编号。给水阀门井的编号顺序，一般是从水源到用户，从干管到支管再到用户。排水检查井的编号顺序，一般是从上游到下游，先支管后干管。

管道立管较多时，一般会进行立管的编号。立管编号标志，许多图样是在 8~10mm 直径的圆圈内注明立管性质、编号。竖向布置的垂直采暖立管编号，在不引起误解时，圆圈内有的图样只标注序号。

管道的表示方法图例如图 3-6 所示。

tips：给水立管一般用 JL 来表示，采暖立管一般用 L 表示。

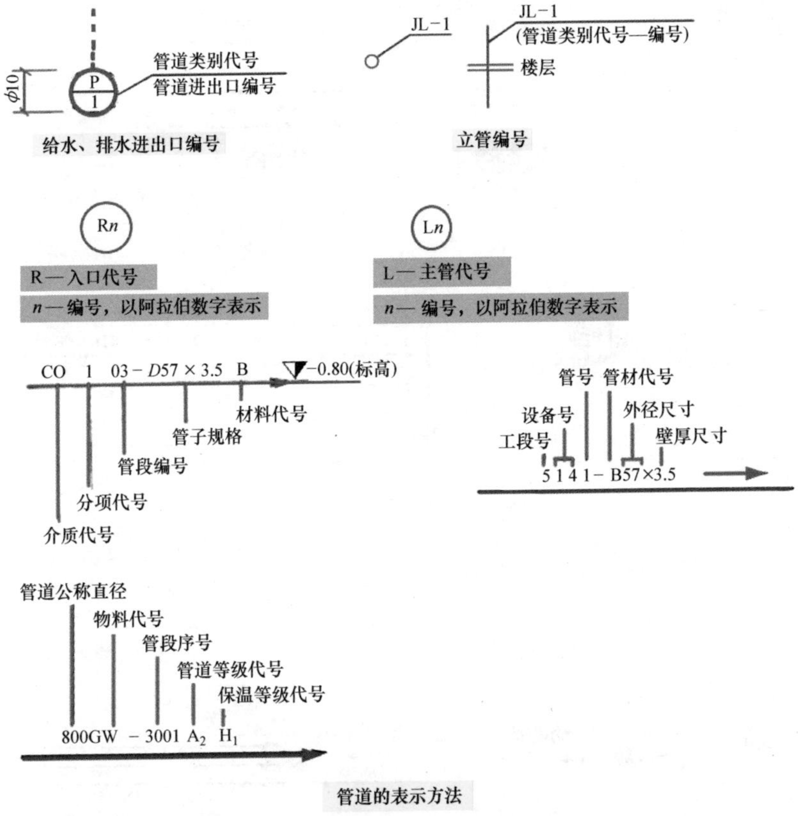

图 3-6 管道的表示方法图例

3.19 管径的标注

管径一般是以 mm 为单位。无缝钢管、直缝或螺旋缝焊接钢管、铜管、不锈钢管等管材，管径一般是以外径 $D\times$壁厚来表示的。镀锌或非镀锌的水煤气输送钢管、铸铁管等管材，管径一般是以公称直径 DN 来表示的。钢筋混凝土或混凝土管、陶土管、耐酸陶瓷管、缸瓦管等管材，管径一般是以内径 d 来表示的。塑料管材，管径一般是根据产品标准的方法来表示的。

当设计用公称直径 DN 表示的管径时，则需要用公称直径 DN 与相应产品规格对照表来对照转换。

单管与多管的标注如图 3-7 所示。

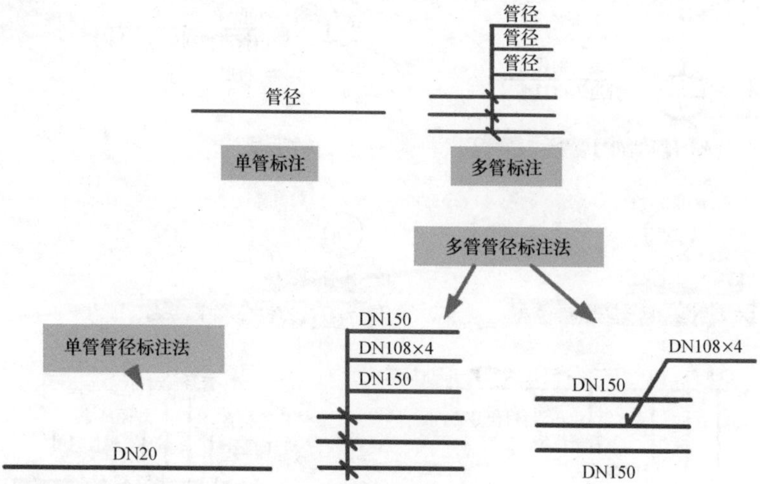

图 3-7　单管与多管的标注

[举例]　管径的识图实例与技巧如图 3-8 所示。

图 3-8　管径的识图实例与技巧

3.20　管道的坡度与坡向

管道的坡度与坡向表示图例如图 3-9 所示。

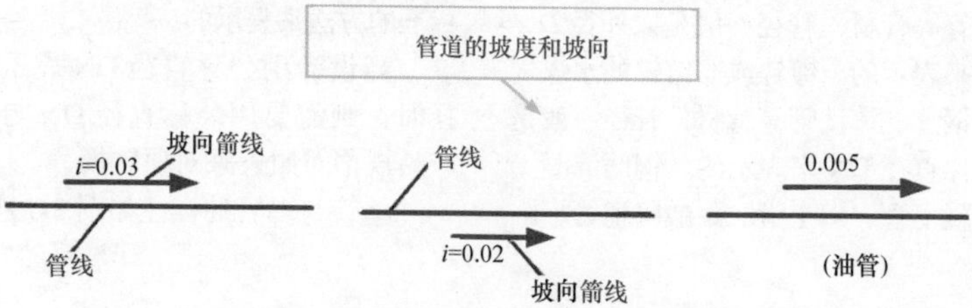

图 3-9　管道的坡度与坡向表示图例

3.21 管子的重叠

管子的重叠就是长短相等、直径相同的两根或两根以上的管子，如果叠合在一起，其投影会完全重合，则反映在投影面上如同是一根管子的投影。

工程图中，为了使重叠管线表达清楚，有的图样采用折断显露法来表示。也就是假想将前（或上）面的管子截去一段，并画上折断符号，从而可以显露出后（或下）面的管子。为此，该种方法也叫作折断显露法。

管道在平面图上的重叠表示如图 3-10 所示。

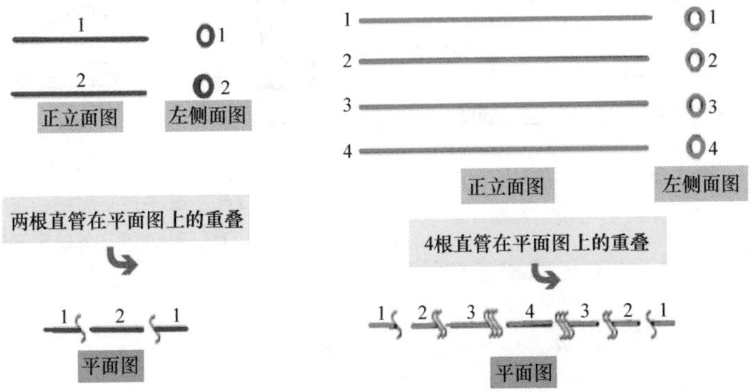

图 3-10　管道在平面图上的重叠表示

管道在正立面图上的重叠表示如图 3-11 所示。

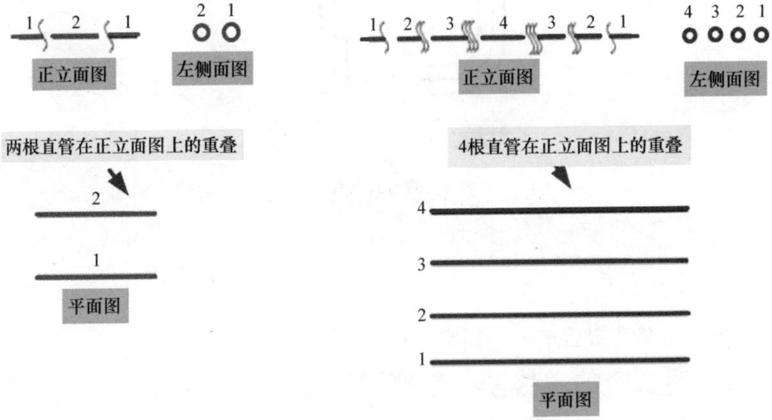

图 3-11　管道在正立面图上的重叠表示

3.22 管道工程图的习惯画法与规定画法

单线图管子在正立面图上的交叉的习惯画法与规定画法如图 3-12 所示。

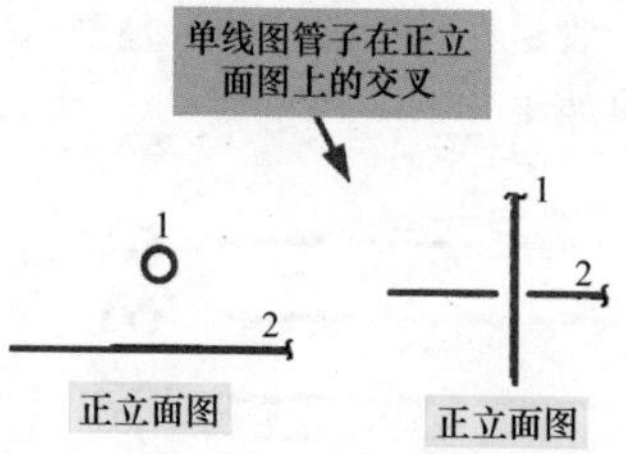

图 3-12 单线图管子在正立面图上的交叉的习惯画法（左）与规定画法（右）

双线图管子在平面图和正立面图上的交叉的习惯画法与规定画法如图 3-13 所示。

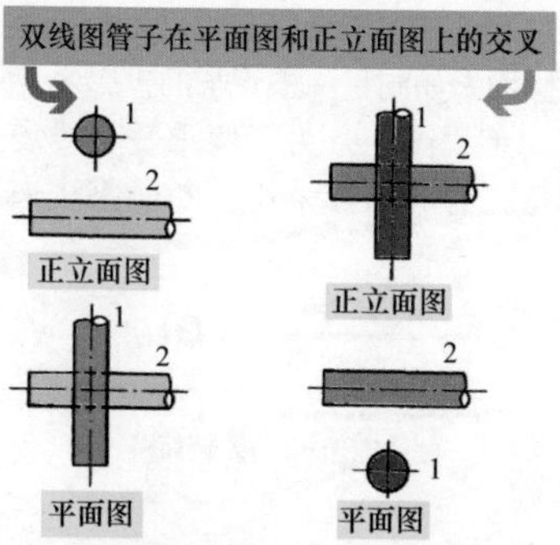

图 3-13 双线图管子在平面图和正立面图上的交叉的习惯画法（左）与规定画法（右）

3.23 弯管的积聚

弯管的积聚表示如图 3-14 所示。

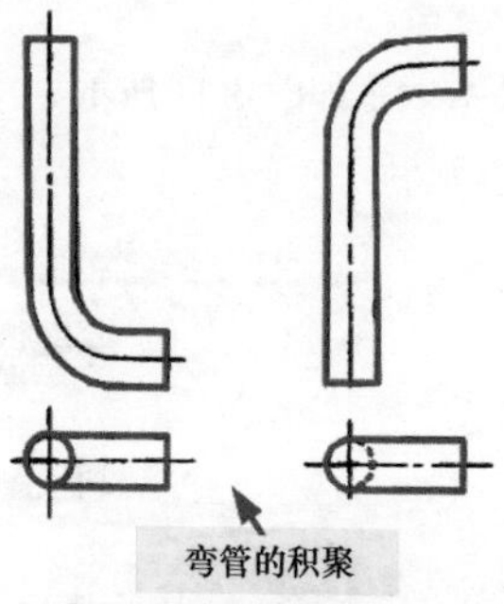

图 3-14 弯管的积聚表示

tips：直管积聚后是一个小圆。

3.24 摇头弯的单线图、双线图

摇头弯的单线图、双线图表示如图 3-15 所示。

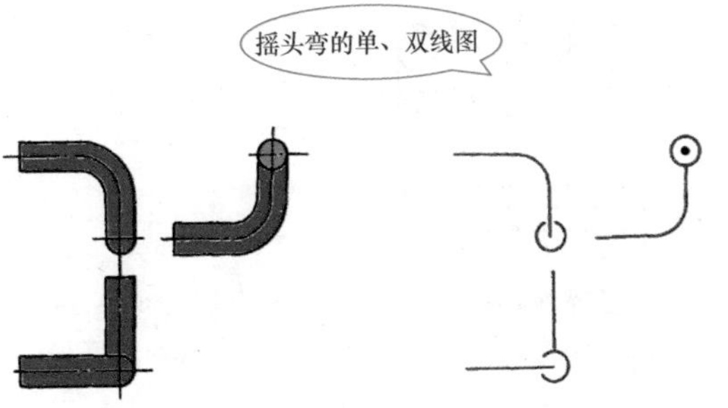

图 3-15　摇头弯的单线图、双线图表示

tips：识读管线正投影图的一般方法的顺口溜：看视图、想形状；对线条、找关系；合起来、想整体。

3.25　90° 弯头的单线图、双线图

90° 弯头的单线图、双线图的表示如图 3-16 所示。

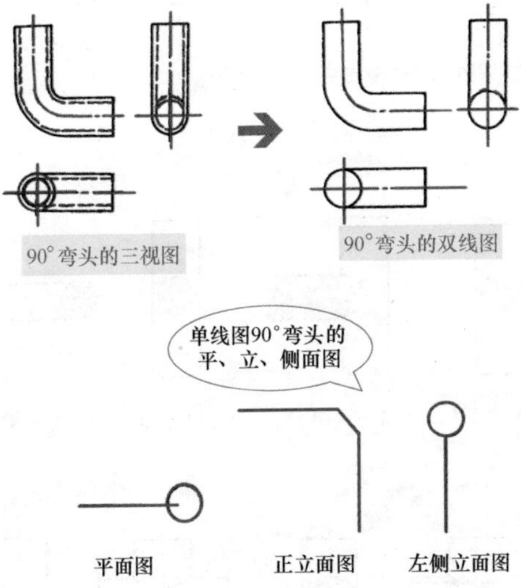

图 3-16　90°　弯头单线图、双线图的表示

3.26　45° 弯头的单线图、双线图

45°　弯头的单线图、双线图的表示如图 3-17 所示。

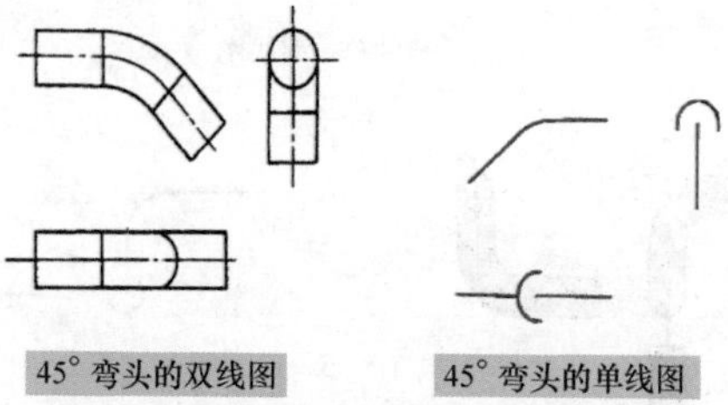

图 3-17　45° 弯头单线图、双线图的表示

3.27 异径正三通的单线图、双线图

异径正三通的单线图、双线图的表示如图 3-18 所示。

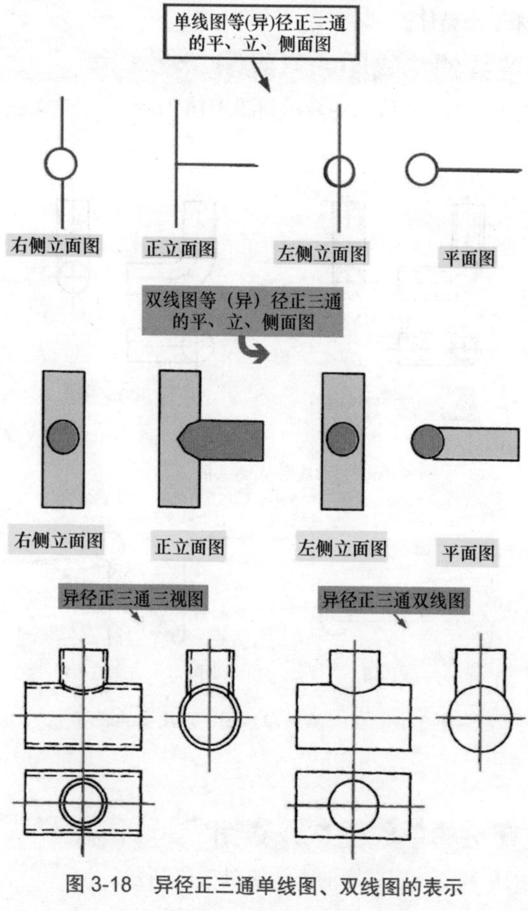

图 3-18　异径正三通单线图、双线图的表示

3.28 同径正三通的单线图、双线图

同径正三通的单线图、双线图的表示如图 3-19 所示。

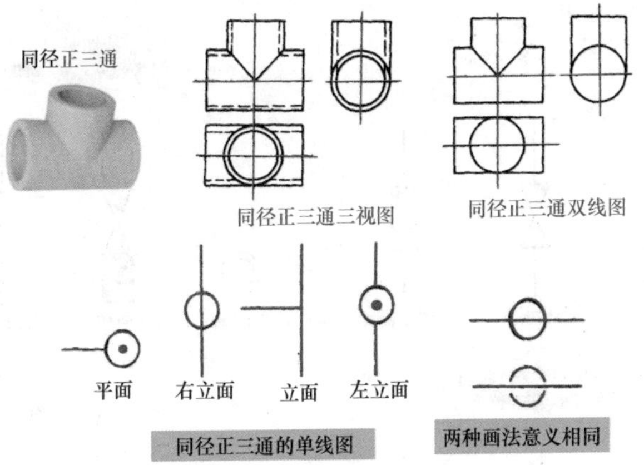

图 3-19　同径正三通单线图、双线图的表示

3.29 同径正四通的单线图、双线图

同径正四通的单线图、双线图的表示如图 3-20 所示。

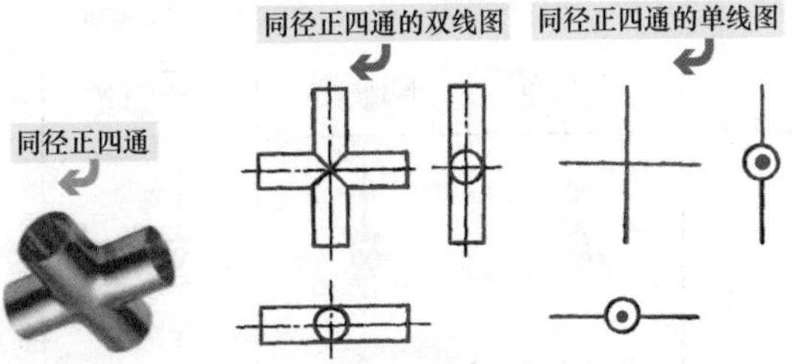

图 3-20　同径正四通的单线图、双线图的表示

3.30 大小头的单线图、双线图

大小头的单线图、双线图的表示如图 3-21 所示。

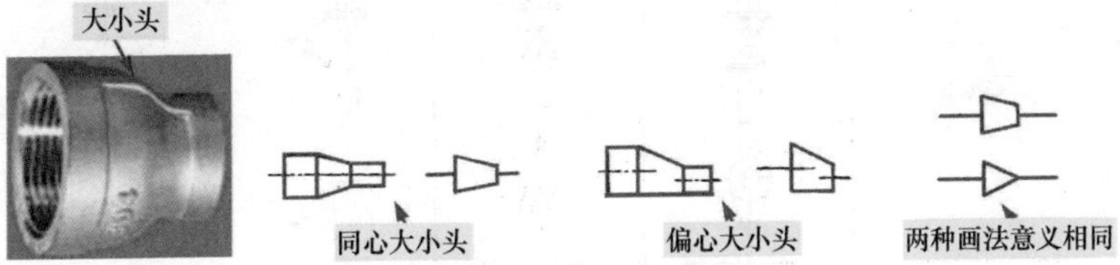

图 3-21　大小头的单线图、双线图的表示

3.31 阀门的画法

阀门的画法如图 3-22 所示。

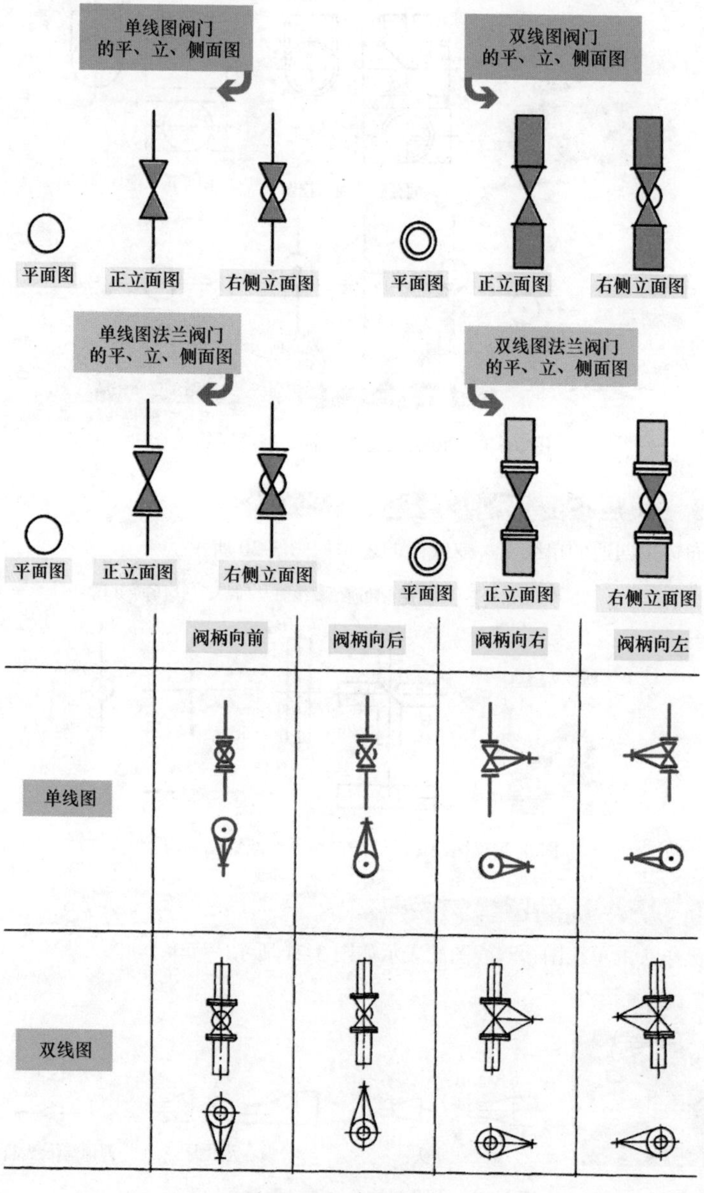

图 3-22 阀门的画法

3.32 管子与阀门的积聚

管子与阀门的积聚的画法如图 3-23 所示。

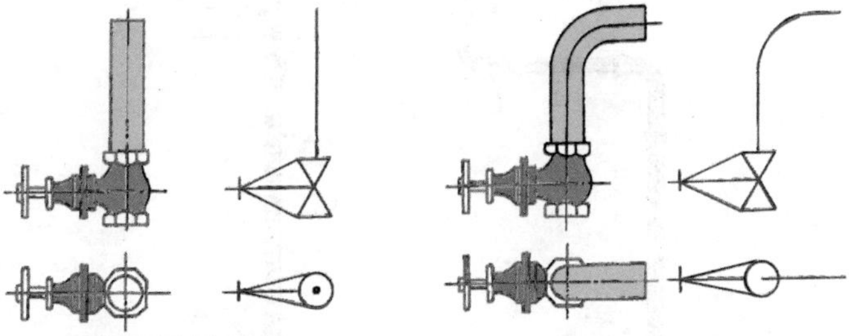

直管与阀门的积聚　　弯管与阀门的积聚

图 3-23　管子与阀门的积聚的画法

3.33 管道连接的表示方法

管道连接形式有多种，其中最常见的有法兰连接、承插连接、螺纹连接、焊接连接等，它们的连接符号见表 3-13。

表 3-13　管道连接的连接符号

管道连接形式	图例	符号
法兰连接		
承插连接		
螺纹连接		
焊接连接		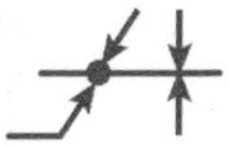

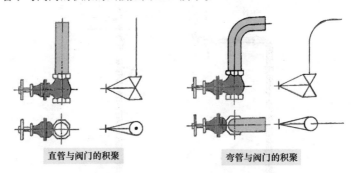

承插连接管线的识读图解如图 3-24 所示。

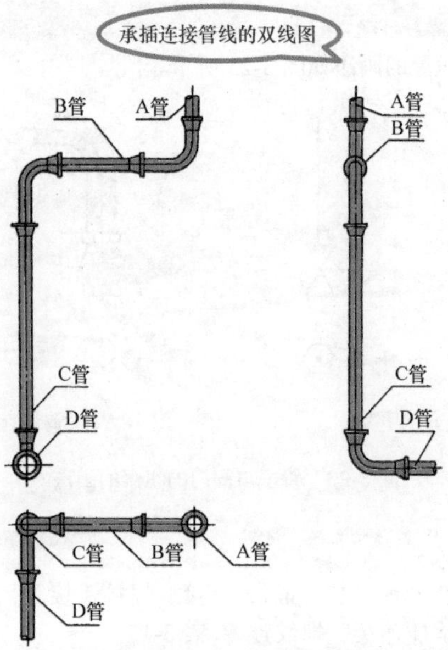

图 3-24　承插连接管线的识读图解

螺纹连接管线的识读图解如图 3-25 所示。

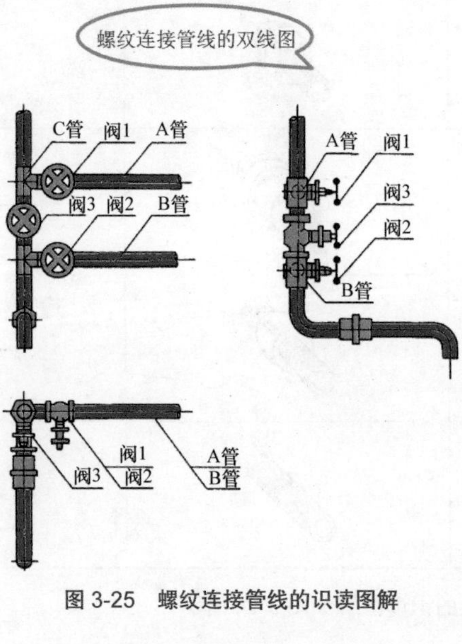

图 3-25　螺纹连接管线的识读图解

3.34 管道轴测图

轴测图也称为管段图、系统图、透视图，其是一种立体图，能够反映管道系统的空间布置形式。识读轴测图时，需要对照平面图、立面图或剖面图，以便建立起管道系统的立体概念。

轴测图一般除了标注管径、立管编号、主要位置的标高外，有的图样还示意性地标明管道穿越建筑物基础、楼板、地面、屋面。

一般民用建筑、高层建筑的地上部分的给水排水、雨水等管道，由于平面布置比较简单，有的图样只提供了平面图、轴测图或系统图，只在设备层的机房配管图样中提供了局部的剖面图或立面图。

管道轴测图如图 3-26 所示。

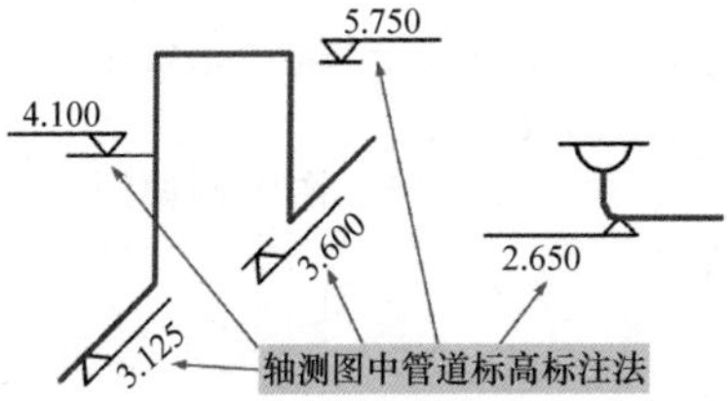

图 3-26　管道轴测图

给水、排水系统图（轴测图），其绘法取水平、轴测、垂直方向，完全与平面布置图比例相同。给水、排水系统图（轴测图）上，一般标明管道的管径、坡度，以及标出支管与立管的连接处、管道各种附件的安装标高，并且标高的 ±0.00 一般是与建筑图一致的。

tips：给水、排水系统图（轴测图）主要标明管道系统的立体走向。

给水、排水系统图（轴测图）上各种立管的编号，一般是与平面布置图相一致的。给水、排水系统图（轴测图）均是根据给水、排水、热水等各系统单独绘制的，以便于施工安装等应用。

给水、排水系统图（轴测图）中对用水设备、卫生器具的种类、数量、位置完全相同的支管、立管，一般是不重复完全绘出的，只是有相关的应用文字标明。

当给水、排水系统图（轴测图）立管、支管在轴测方向重复交叉影响识图时，有的图样会断开移到图面空白处绘制。

给水、排水系统图（轴测图）上，卫生器具一般不画出来，只需画出水龙头、冲洗水箱、淋浴器莲蓬头等符号。如锅炉、热交换器、水箱等用水设备，许多图样只画出示意性的立体图，以及会在旁边注以文字说明。

排水系统图（轴测图）上，许多图样只画出相应的卫生器具的存水弯或器具排水管。

建筑居住小区给排水管道一般排水系统图（轴测图），一般会提供管道纵断面图。

在识读给水、排水系统图（轴测图）时，一般应掌握的主要内容、注意事项如下。

（1）系统图上对各楼层标高一般都会有注明，识读时，可以据此分清管路是属于哪一层的。

（2）识读出给水管道系统的具体走向、干管的布置方式、管径尺寸、管径变化情况、阀门的设置、引入管的标高、干管的标高、各支管的标高。

（3）识读出排水管道的具体走向、管路分支情况、管径尺寸、横管坡度、管道各部分标高、存水弯的形式、清通设备的设置情况、弯头及三通的选用等。

（4）识读排水管道系统图时，一般根据卫生器具或排水设备的存水弯、器具排水管、横支管、立管、排出管的顺序进行。

3.35 施工详图

凡是平面布置图、系统图中局部构造因受图面比例限制而表达不完善或无法表达的，为使施工不出现失误，许多图样会提供施工详图。常见的施工详图有卫生器具安装详图、排水检查井详图、雨水检查井详图、水表井详图等，各种施工标准图。

施工详图，一般首先采用标准图。

施工详图的比例，一般以能够清楚绘出构造为根据选用。施工详图，一般尽量详细注明尺寸，一般不会以比例代替尺寸。

[举例 1] 室内给排水工程的详图包括节点图、大样图、标准图。室内给排水工程的详图主要是管道节点、水表、消防栓、卫生器具、套管、水加热器、开水炉、排水设备、管道支架等的安装图、卫生间大样图等。这些图，一般是根据实物用正投影法画出来的，图上一般有详细尺寸，可供安装时直接使用。

管道大样图与节点图属于详图。

管道图样的大样图与节点图，一般用于表示管道密集部位的连接方法、相互关系的局部详图。管道图样的大样图与节点图，也是对一些图样的补充和局部细化。

管道节点图，能够清楚地表示某一部分管道的详细结构及尺寸，也是对平面图、其他施工图所不能反映清楚的某点图形的放大。管道的节点图，也就是管道图某个局部（通常称为节点图）的放大图。

[举例 2] 节点图图例如图 3-27 所示。

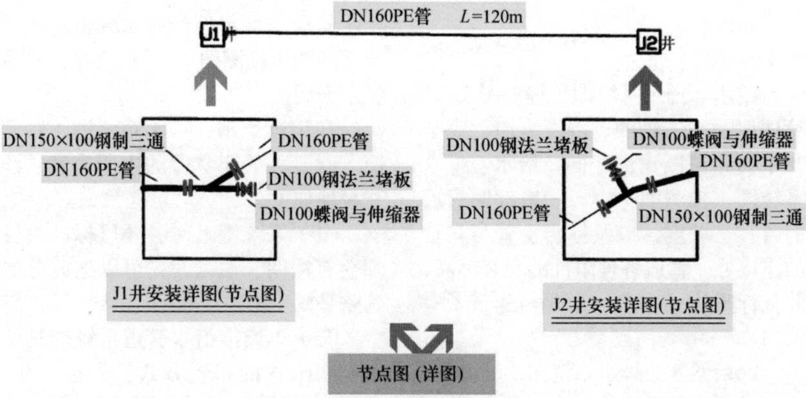

图 3-27 节点图图例

节点，一般会用代号来表示它的所在部位。

大样图是表示一组设备的配管或一组管配件组合安装的一种详图。大样图，一般是用双线图来表示，对物体有真实感。

[举例 3]　大样图图例如图 3-28 所示。

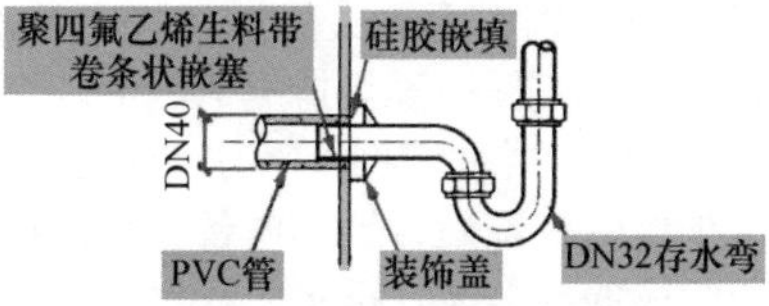

图 3-28　大样图图例

3.36　管道剖面图

管道剖面图是利用平面将物体某处切断，只画出被切断处的断面形状，以及在被切断面上画出剖面符号。

[举例]　剖面图图例如图 3-29 所示。

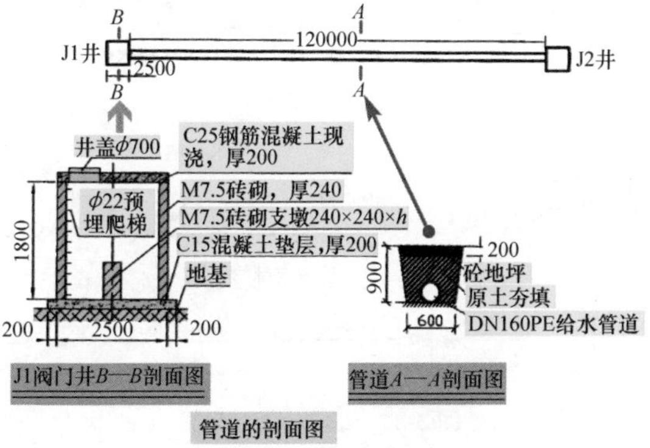

图 3-29　剖面图图例

3.37　补视图

补视图是运用正投影原理、三视图的投影关系，通过“对线条、找关系”的方法对管线的平面图进行分析，画出正立面图、侧立面图，逐步形成对管线的立体概念图。

[举例]　补视图图例如图 3-30 所示。

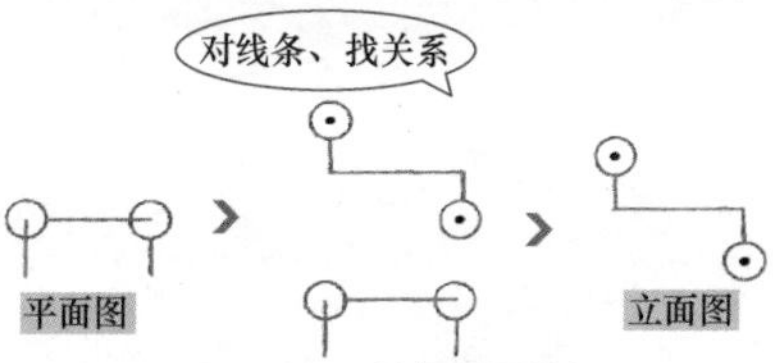

图 3-30　补视图图例

3.38　给排水图

给水工程一般是指自水源取水，将水净化处理后，经输配水系统送往用户，直至到达每一个用水点的一系列构筑物、设备、管道、管道附件所组成的综合体。给水工程，可以分为室外给水工程、室内给水工程两大部分。

排水工程一般是指生活、生产污（废）水、雨水管网、污水处理、污水排放的一系列管道、设备、构筑物所组成的综合体。排水工程也可以分为室外排水工程、室内排水工程两大部分。

根据图样内容来分，给水排水工程施工图大致可以分为：室外管道及附属设备图、室内管道及卫生设备图、水处理工艺设备图。

［举例］ 给排水图工程图如图3-31所示。

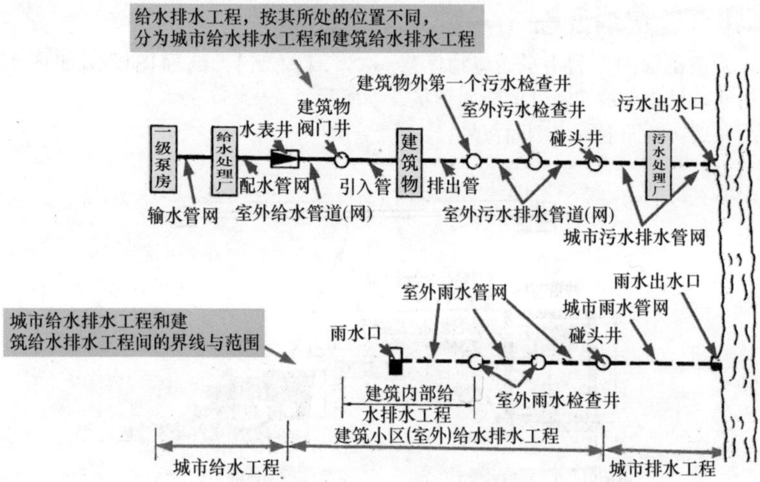

图3-31 给排水图工程图

第 4 章

学透识读——电气图

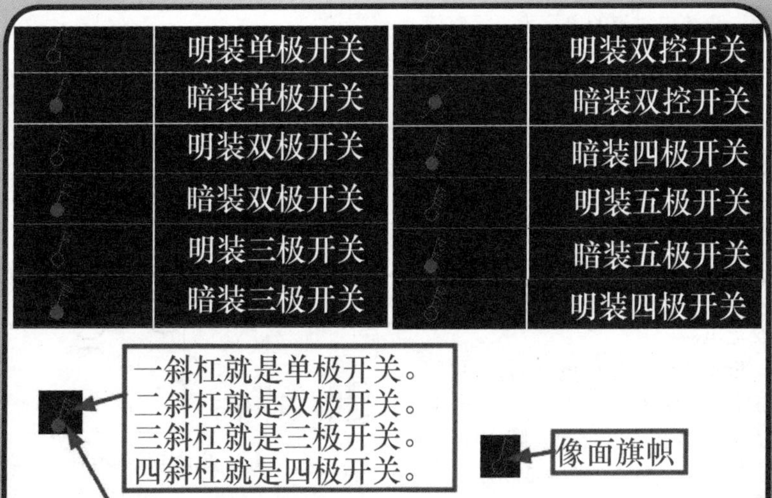
明装单极开关
暗装单极开关
明装双极开关
暗装双极开关
明装三极开关
暗装三极开关
明装双控开关
暗装双控开关
暗装四极开关
明装五极开关
暗装五极开关
明装四极开关
一斜杠就是单极开关。
二斜杠就是双极开关。
三斜杠就是三极开关。
四斜杠就是四极开关。
像面旗帜
实心圆为暗装的开关。
空心圆为明装的开关。

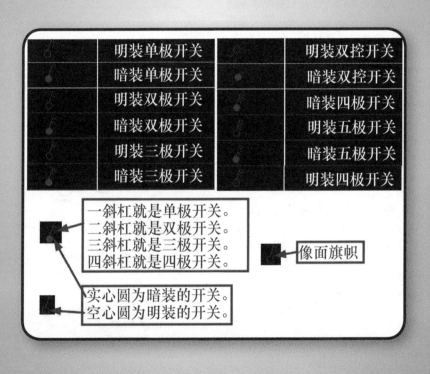

4.1 电气控制图

电气控制图包括电气控制原理图、电气控制接线图等。电气控制原理图是用以指导电气设备的安装与控制系统调试运行工作的。

电气控制图又可以分为直流电气控制图、交流电气控制图。装修强电电气图是交流电气控制图。直流电气控制图在一些装修智能设备电路中应用。

电气控制图，往往也是电流系统的控制图。交流电对应的电流为交流电流。直流电对应的电流为直流电流。

电流的形成原理图图解识读如图 4-1 所示。带电粒子（电子、离子等）的定向运动，称为电流。电池外部，电流是正极流到负极。电池内部，是从负极流到正极，如图 4-2 所示。当电流的大小和方向都不随时间变化时，称为直流电流，简称直流。量值和方向随着时间按周期性变化的电流，称为交流电流。

tips：识读分析电路时，可任意规定某一方向作为电流的参考方向或正方向，然后可以得知实际方向与参考方向是否一致，如图 4-3 所示。

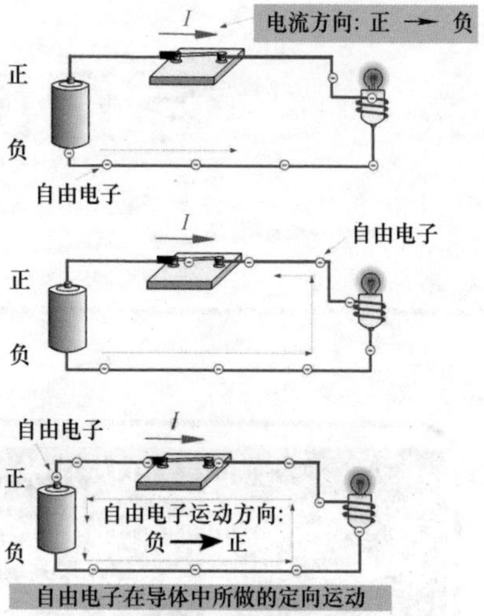

图 4-1 电流的形成原理图图解识读

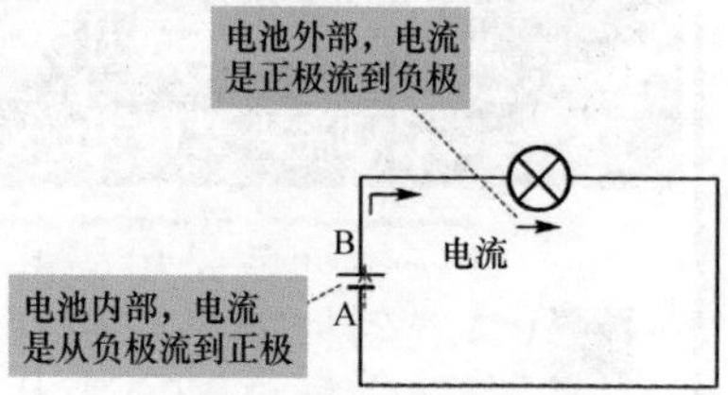

图 4-2 电池电流的特点

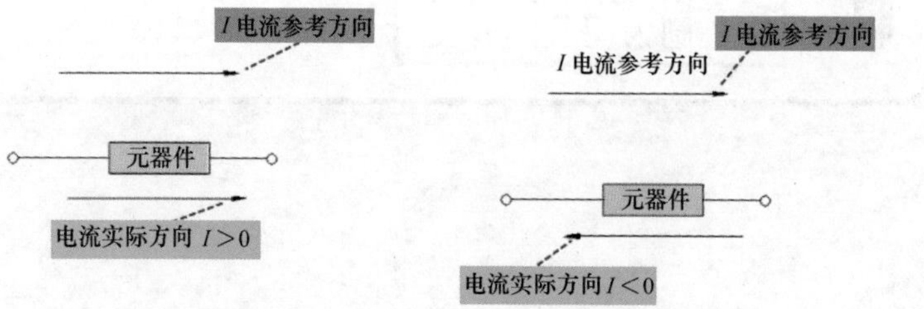

图 4-3 识读分析电路时的参考方向

[举例] 电气控制图——电动机 电动点动控制图解识读如图 4-4 所示。

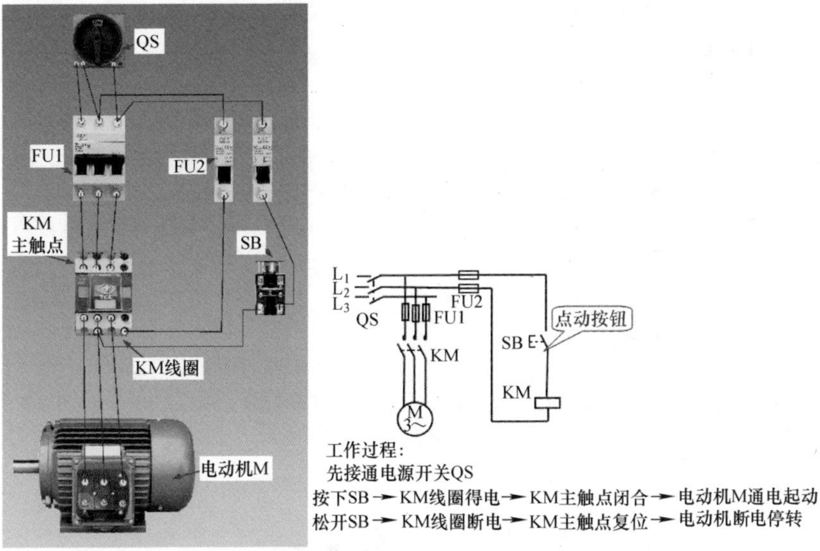

图 4-4 电动机电动点动控制图解识读

tips：识读电气图二次接线图的技巧顺口溜如下：

先一次，后二次。

先交流，后直流。

先电源，后接线。

先线圈，后触点。

先上后下，先左后右。

4.2 电路

会识读电气图，其实也就是会识读电路。基本基础电路就是由各种元器件或电工设备根据一定方式连接起来的一个总体，其为电流的流通提供了路径。复杂的电路呈网状，又称为网络。电路和网络这两个术语是通用的。基本基础电路图解识读如图 4-5 所示。

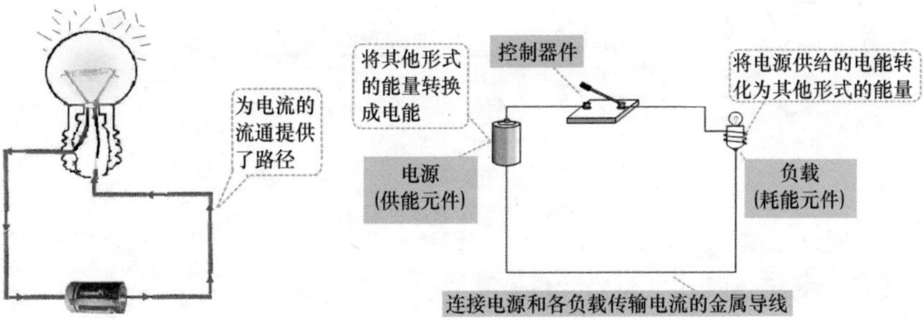

图 4-5 基本基础电路图解识读

电路的基本组成包括四个部分：

（1）**电源**——供能元件，为电路提供电能的设备与器件。

（2）**负载**——耗能元件，使用(消耗)电能的设备、器件。

（3）**控制器件**——控制电路工作状态的器件、设备，例如开关等。

（4）**连接导线**——将电器设备与元器件按一定方式连接起来的导线，例如各种铜、铝电缆线等。

电路的常见状态有哪几种？

（1）**通路**——电源与负载接通，电路中有电流通过，电气设备或元器件获得一定的电压和电功率，进行能量转换。

（2）**短路**——电源两端的导线直相连接，输出电流过大，对电源来说属于严重过载，如没有保护措施，电源或电器会被烧毁或发生火灾。

（3）**开路**——电路中没有电流通过，也称为空载状态。

电路的状态图解识读如图 4-6 所示。

tips：电路种类如下：

直流电路——流过恒定电流的电路。

交流电路——通过交变电流的电路。

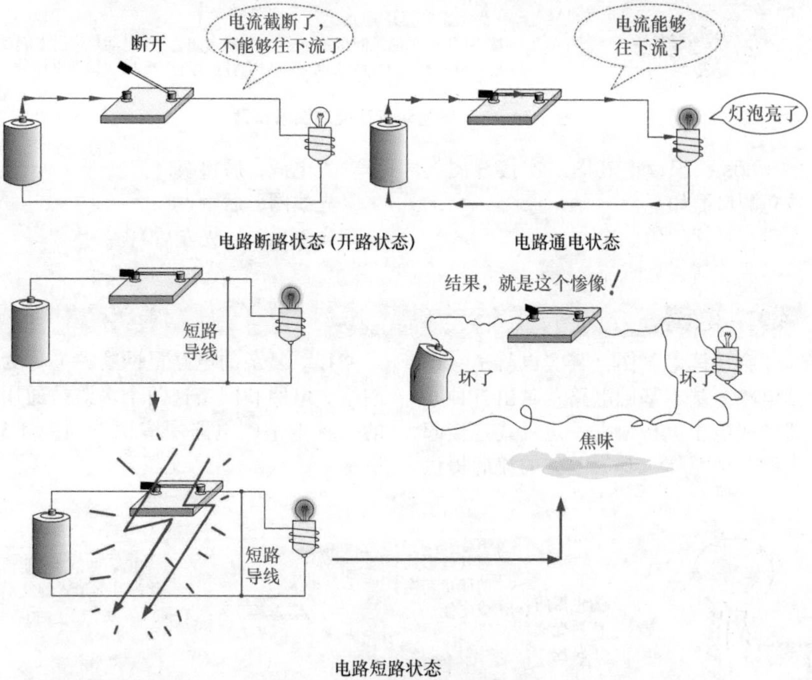

图 4-6 电路的状态图解识读

4.3 电路常见元器件与符号

由实物组成连接的电路叫作实物连接电路。识读实物连接电路，比较直观，容易理解。但是，由于复杂一些的电路图或者电气图，无法采用实物，而只能够采用电路模型。

实际电路的电路模型，就是由理想元器件构成的电路。实际电路的电路模型也叫作实际电路的电路原理图，简称为电路图，如图 4-7 所示。

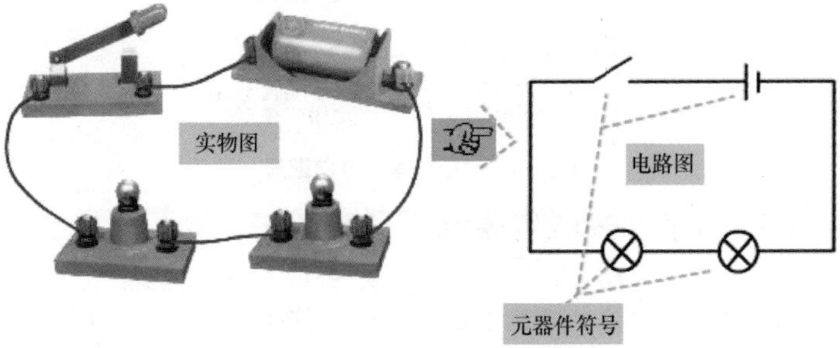

图 4-7　电路图

电路模型，常采用元器件符号表示实物。为此，要想读懂电路图或者电气图，则必须首先掌握元器件符号。常见元器件与符号对应关系见表 4-1。

表 4-1　常见元器件与符号对应关系

名称	符号	名称	符号
电压表	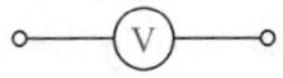	电阻	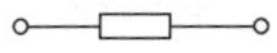
接地	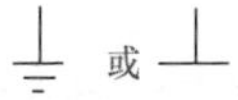	电池	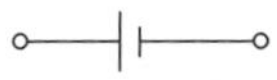
电容		开关	
电感		电流表	
熔断器	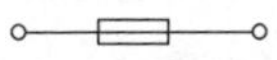	灯泡	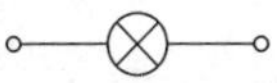

4.4 电位与电压

电路图或者电气图中，除了电流参数外，还有电位、电压、功率、频率等重要参数。其中，电位与电压的特点如下：

电位——电子带负电荷，导体中电子越多电位越低。

电压——电位差称为电压。

电压的实际方向是使正电荷电能减少的方向。电压的方向：高电位指向低电位。大小、方向都不随时间变化的电压为直流电压。大小、方向都随时间变化的电压为交流电压。家装强电一般电压是市电交流 220V 电压。

电压的参考方向图解如图 4-8 所示。

tips：如果元器件的电压参考方向与电流参考方向是一致的，则称为关联参考方向。

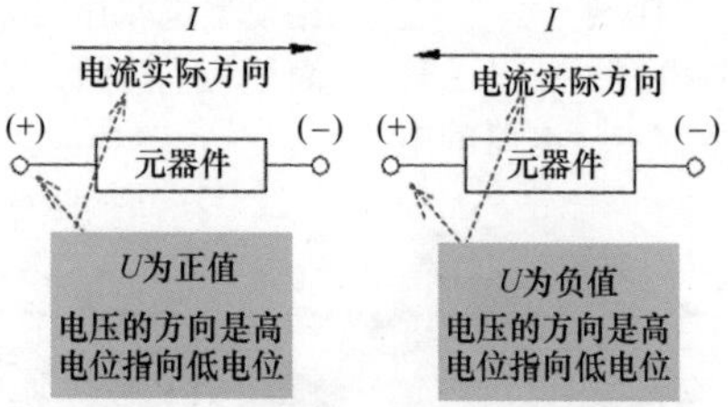

图 4-8 电压的参考方向图解

4.5 串联电路、并联电路与混联电路

串联电路、并联电路与混联电路，在直流电路中有，在交流电路中也有。它们的特点如下：

串联——就是若干个元器件一个接一个地连接起来。

并联——就是两个或多个元器件的一端连在一起，另一端连在一起。

串联电路、并联电路图解识读如图 4-9 所示。

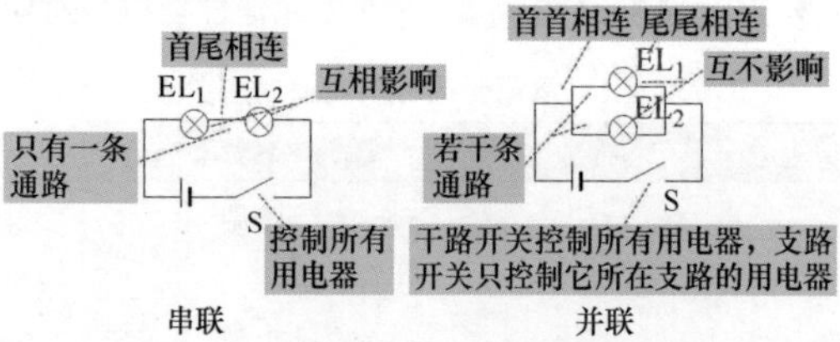

图 4-9 串联电路、并联电路图解识读

混联电路就是电路中既有电器元器件的串联又有电器元器件的并联。因此，混联是由串联电路与并联电路组合在一起的特殊电路。

混联电路可以单独使某个用电器件工作或不工作。混联电路的主要特征就是串联分压，并联分流。

混联电路的缺点：如果干路上有一个用电器损坏或断路会导致整个电路无效。

[举例] 混联电路图例如图 4-10 所示。

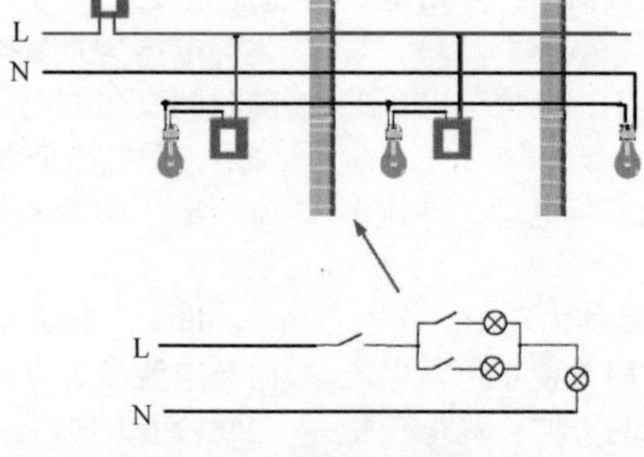

图 4-10 混联电路图例

4.6 建筑电气工程图的特点

建筑电气工程图，是用规定的图形符号、文字符号来表示系统的组成、连接方式、装置与线路的具体的安装位置、走向的一种图样。

建筑电气工程图的特点如下。

（1）建筑电气工程图多数图样是采用统一的图形符号，以及加注文字符号绘制的。

（2）建筑电气工程所包括的设备、器具、元器件间是通过导线连接起来，构成一个整体。

（3）建筑电气工程图的导线可长可短，一般以能够比较方便地表达较远的空间距离即可。

（4）电气线路都必须构成闭合回路，但是有的图样并没有全部画出来。

（5）电气设备、线路在平面图中，一般不是根据比例画出它们的形状、外形尺寸，一般是用图形符号来表示的，并且线路中的长度是根据规定的线路的图形符号按比例绘制的。

（6）建筑电气工程图对于设备的安装方法、质量要求、使用维修方面的技术要求等往往不能完全反映出来。因此，阅读图样时，有关安装方法、技术要求等问题，需要参照相关图集、规范。

（7）在进行建筑电气工程图识读时，有时，需要阅读相应的土建工程图，及其他安装工程图，以便了解它们相互间的配合关系。

建筑电气工程图的一些类别如下：系统图、平面图、原理图、接线图、电气安装大样图、电气安装接线图等。一些建筑电气工程图的特点如下：

原理图——表示控制原理的图样。施工过程中，指导调试工作。

接线图——表示系统的接线关系的图样。施工过程中，指导调试工作。

电气安装大样图——安装大样图是详细表示电气设备安装方法的图样，对安装部件的各部位有具体图形和详细尺寸。

电气安装接线图——包括电气设备的布置、接线，一般需要与相应的控制原理图对照阅读。

平面图——是用设备、器具的图形符号与敷设的导线（电缆），或穿线管路的线条画在建筑物或安装场所，用来表示设备、器具、管线实际安装位置的一种水平投影图。

建筑电气平面图，包括强电平面图与弱电平面图。强电平面图，常包括电力平面图、照明平面图、防雷接地平面图等。弱电平面图，常包括消防电气平面布置图、综合布线平面图等。

平面布置图是用来表示电气设备的编号、名称、型号、安装位置、线路起始点、线路敷设部位、线路敷设方式，以及所用导线型号、规格、根数、管径大小等信息的。

识读平面图的一般顺序如图 4-11 所示。

图 4-11　识读平面图的一般顺序

标准图集——是指导施工、验收的依据。

电气工程施工图样，一般的组成包括:首页、电气系统图、平面布置图、安装接线图、大样图、标准图。其中，首页主要包括目录、设计说明、图例、设备器材图表等。

tips：图例也就是图形符号。一般图样只列出该图样中涉及的图形符号，在图例中可以标注装置、器具的安装方式、器具安装高度等。

[举例 1]　单体住宅建筑工程电气施工图设计深度图样是一套完整的施工图。其主要包括图样目录、施工图设计说明、低压配电系统图、配电箱接线图、电气平面图、照明平面图、防雷平面图、有线电视系统图、访客对讲系统图、表具数据远传系统图、弱电系统平面图、主要设备材料表等。

[举例 2]　一只开关控制一盏灯的平面图与接线图的对照见表 4-2。

[举例 3]　一只开关控制多盏灯的平面图与接线图的对照见表 4-3。

表 4-2　一只开关控制一盏灯的平面图与接线图的对照

照明平面图	透视接线图
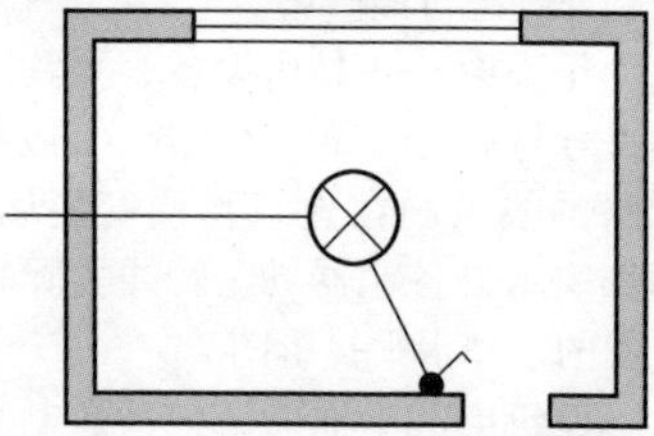	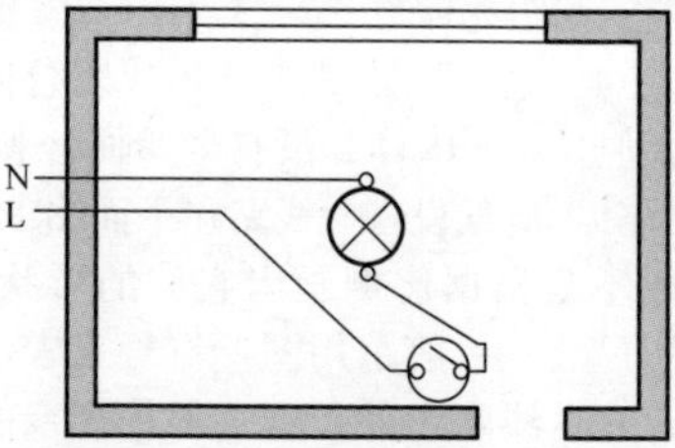

表 4-3　一只开关控制多盏灯的平面图与接线图的对照

照明平面图	透视接线图
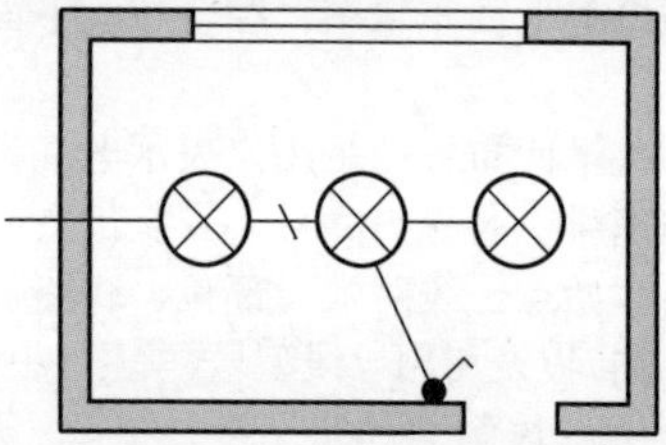	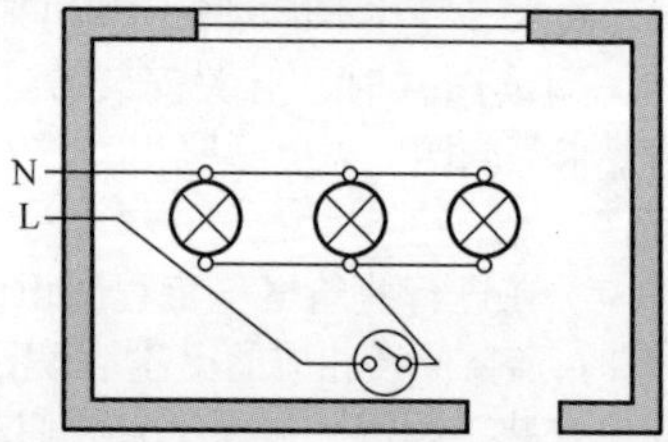

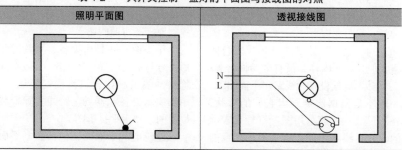

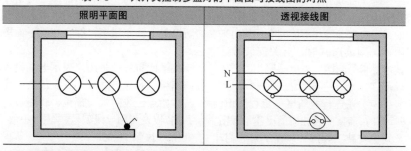

4.7　电气施工图的阅读

电气施工图的一些阅读方法与要点如下。

（1）需要熟悉电气图例符号，弄清图例、符号所代表的内容。如果图样没有提供图例符号与含义，则需要根据常用的电气工程图例、文字符号来判断。

（2）针对一套电气施工图，一般

应先根据看标题栏→看图样目录→看设计说明→看图例→看系统图→看平面图→看标准图等顺序阅读（如图4-12所示），然后对某部分内容进行重点识读。

（3）识图时，需要抓住要点进行识读。

1）明确负荷等级的基础上，了解供电电源的来源、路数和引入方式。

2）了解电源的进户方式是由室外低压架空引入，还是电缆直埋引入。

3）明确各配电回路的相序、路径、管线敷设部位、敷设方式、导线的型号、导线的根数。

4）明确电气设备、元器件的平面安装位置等。

（4）电气施工与土建施工结合得非常紧密，施工中常常涉及各工种间的配合问题。

（5）熟悉施工顺序，便于阅读电气施工图。

（6）识读时，施工图中各图样需要协调配合阅读。

tips：识读建筑电气施工图，一般遵循“六先六后”的原则：先强电后弱电、先系统后平面、先动力后照明、先下层后上层、先室内后室外、先简单后复杂。

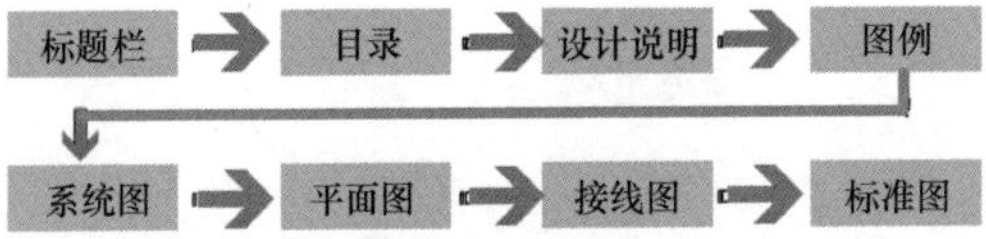

图4-12 识图顺序

4.8 电气系统图

系统图是用规定的符号表示系统的组成及连接关系。电气系统图，一般是用单线将整个工程的供电线路示意连接起来，以表示整个工程或某一项目的供电方案、方式，或者表示某一装置各部分的关系。

常见的电气系统图包括供配电系统图（强电系统图）、弱电系统图。

供配电系统图（强电系统图）表示供电方式、进户方式、标注回路个数、供电回路、电压等级、设备容量、计量方式、线路敷设方式等。强电系统图有高压系统图、低压系统图、电力系统图和照明系统图等。

弱电系统图表示元器件的连接关系。弱电系统图包括通信电话系统图、广播线路系统图、火灾报警系统图、共用天线系统图、安全防范系统图等。

[举例] 弱电系统图图例如图4-13所示。

看系统图，可以了解系统的基本组成，例如主要电气设备、元器件间的连接关系、规格、型号、参数，以及掌握系统的组成概况等信息。

电气工程系统图识读的一些技巧如下。

（1）识读程序顺口溜：先看图样目录，再看施工说明。了解图例符号，系统结合平面。

（2）识读脉络：进户线→总配电箱→干线→分配电箱→支线→用电设备。

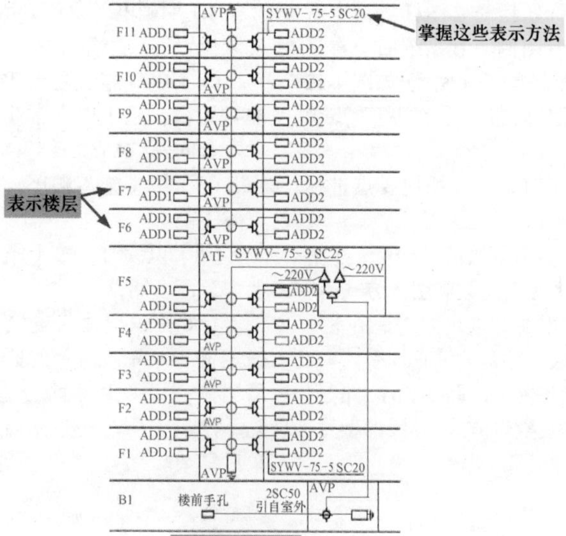

有线电视系统图

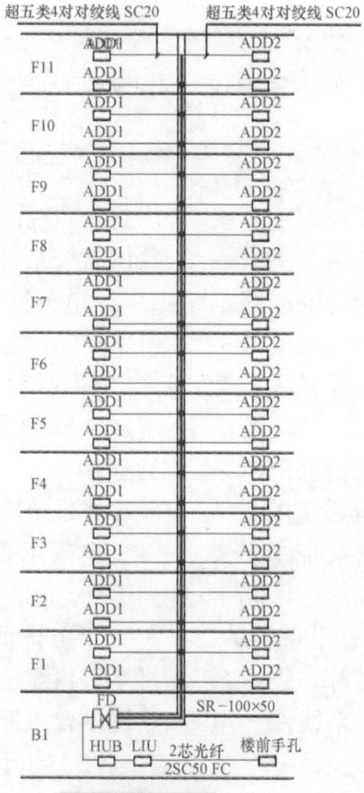

网络布线系统图

图 4-13　弱电系统图图例

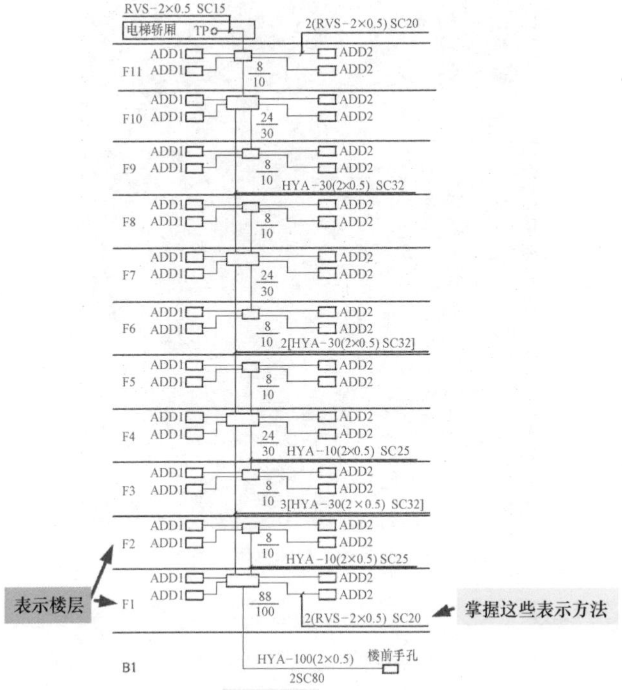

电话系统图

图 4-13 弱电系统图图例（续）

4.9 电气施工图的说明

电气施工图的设计说明一般是一套电气施工图的第一张图样，其主要包括以下一些内容：工程概况、设计依据、设计范围、工程概况、负荷等级、保安方式、接地要求、负荷分配、供配电设计、计量方式、照明设计、线路敷设方式、设备安装、防雷接地、弱电系统、施工图未能表明的特殊要求、施工注意事项、业主的要求、施工原则、应遵循的技术标准等。

为了进一步对设计意图进行说明，在电气工程图上往往还有文字标注、文字说明，对设备的容量、安装方式、线路的敷设方法等进行补充说明。

不同的图，说明项目与具体内容会存在差异。

识读一套电气施工图，一般首先需要仔细阅读设计说明。

看设计说明，可以了解工程概况、设计依据等内容，更重要的是可以了解图样中不能够表达清楚的一些有关事项。

[举例] 一装修工程电气施工图的说明如图 4-14 所示。

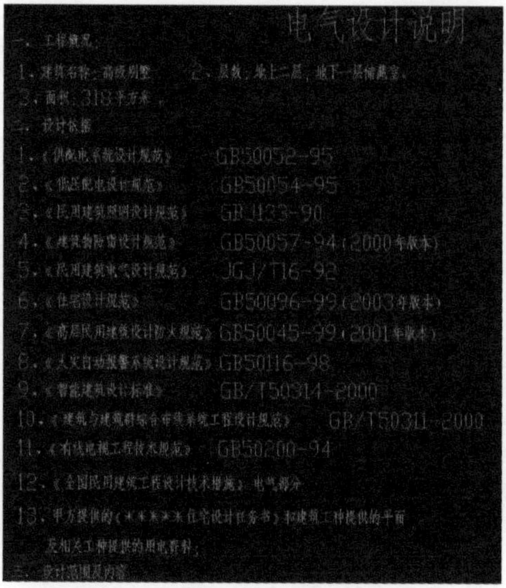

图 4-14 一装修工程电气施工图的说明

4.10 材料表

材料表，不同图样名称有差异。有的为设备材料表，有的为设备器材表等。

材料表，一般图样会列出工程项目所需的设备、主要材料的型号、规格、数量（明细），以供建设单位、施工单位和阅读者参考。

识读设备材料表，可以了解工程中所使用的设备和材料的型号、规格和数量。

4.11 导线的多线与单线表示

导线的表示，可以采用多线、单线的表示方法。每根导线均绘出为多线表示，如图 4-15 所示。多线表示中导线上的短斜线边的数字为导线的根数，也可以用短斜线加数字的方法来表示。

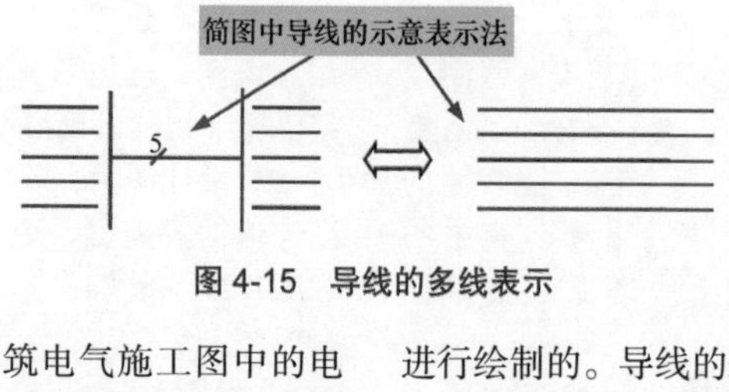

图 4-15 导线的多线表示

tips：在建筑电气施工图中的电气元器件、电气设备并不采用比例画其形状和尺寸，一般是采用图形符号进行绘制的。导线的表示，也是一样。

［举例］ 同一幅图导线多线与单线表示的对比如图 4-16 所示。

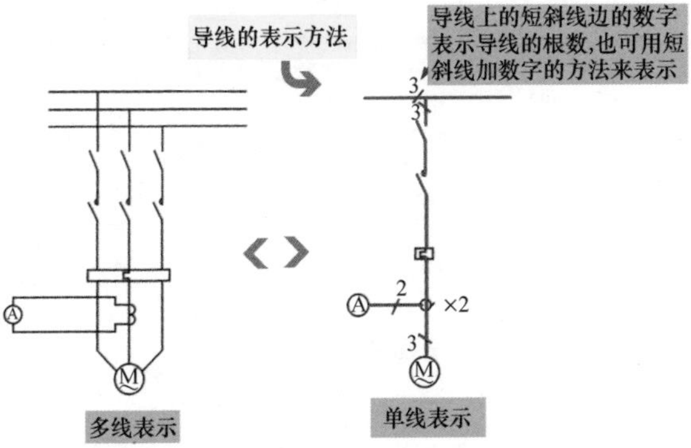

图 4-16　同一幅图导线多线与单线表示的对比

4.12 导线离开或汇入

图样用单线表示的多根导线，其　示。有的会加一段短斜线来表示。中有导线离开或汇入时，如图 4-17 所

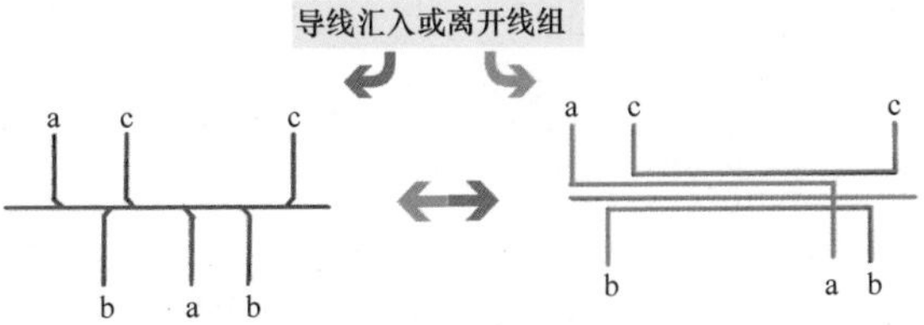

图 4-17　导线的离开或汇入

4.13 电气工程图常用的文字符号

电气工程图常用的文字符号见表 4-4。

表 4-4　电气工程图常用的文字符号

名称	符号	说　　明
相序	A	A 相（第一相）涂黄色
	B	B 相（第二相）涂绿色
	C	C 相（第三相）涂红色
	N	N 相为中性线，涂黑色
	L1	交流系统电源第一相
	L2	交流系统电源第二相
	L3	交流系统电源第三相
	U	交流系统设备端第一相
	V	交流系统设备端第二相
	W	交流系统设备端第三相
	N	中性线

（续）

名称	符号	说　　明
线路的标注方式	WP	电力（动力回路）线路
	WC	控制回路
	WL	照明回路
	WEL	事故照明回路
	PG	配电干线
	LG	电力干线
	MG	照明干线
	PFG	配电分干线
	LFG	电力分干线
	MFG	照明分干线
敷设部位	F	沿地敷设
	W	沿墙敷设
	B	沿梁敷设
	CE	沿天棚敷设或顶板敷设
	BE	沿屋架或跨越屋架敷设
	CL	沿柱敷设
	CC	暗设在天棚或顶板内
	ACC	暗设在不能进入的吊顶内
器具安装方式	CP	线吊式
	CP1	固定线吊式
	CP2	防水线吊式
	CH	链吊式
	P	管吊式
	W	壁装式
	S	吸顶或直敷式
	R	嵌入式（嵌入不可进人的顶棚）
	CR	顶棚内安装（嵌入可进人的顶棚）
	WR	墙壁内安装
	SP	支架上安装
	CL	柱上安装
	HM	座装
	T	台上安装
线路敷设方式	E	明敷
	C	暗敷
	SR	沿钢索敷设
	SC	穿水煤气钢管敷设
	TC	穿电线管敷设
	CP	穿金属软管敷设
	PC	穿硬塑料管
	FPC	穿半硬塑料管
	CT	电缆桥架敷设
标写计算用的代号	P_e	设备容量 (kW)
	P_{js}	计算负荷 (kW)
	I_{js}	计算电流 (A)
	I_z	整定电流 (A)
	K_x	需要系数
	$\Delta U\%$	电压损失
	$\cos\phi$	功率因数

4.14 火灾自动报警器系统符号与图例

火灾自动报警器系统符号与图例见表 4-5。

表 4-5 火灾自动报警器系统符号与图例

图形符号	名 称	图形符号	名 称
	消防控制中心		感光探测器
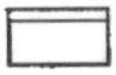	火灾报警装置		可燃气体探测器
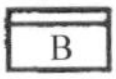	火灾报警控制器		手动报警按钮
	差定温探测器	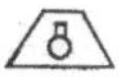	火灾光信号装置
	感烟探测器		火灾警报扬声器（广播）
	离子感烟探测器		指示灯
	光电感烟探测器		水流指示器
	感温探测器		报警电话
	定温探测器		火灾警铃
	差温探测器		火灾报警器

4.15 开关的图例

电气工程图开关的图例的特点如下：一斜杆就是单极开关。二斜杆就是双极开关。三斜杆就是三极开关。四斜杆就是四极开关。实心圆为暗装的开关。空心圆为明装的开关，如图 4-18 所示。

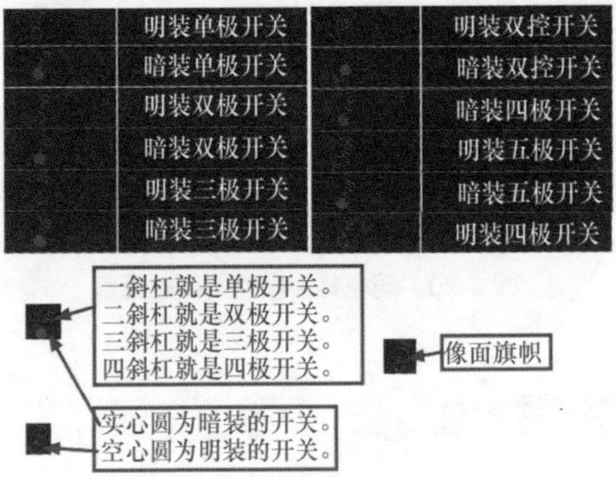

图 4-18 开关的图例

4.16 强电插座图例与标注

强电插座图例与标注图解如图 4-19 所示。

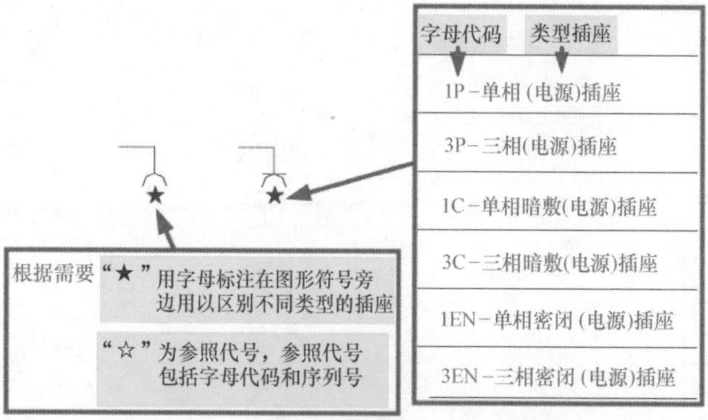

图 4-19 强电插座图例与标注图解

4.17 弱电插座图例与标注

弱电插座图例与标注图解如图 4-20 所示。

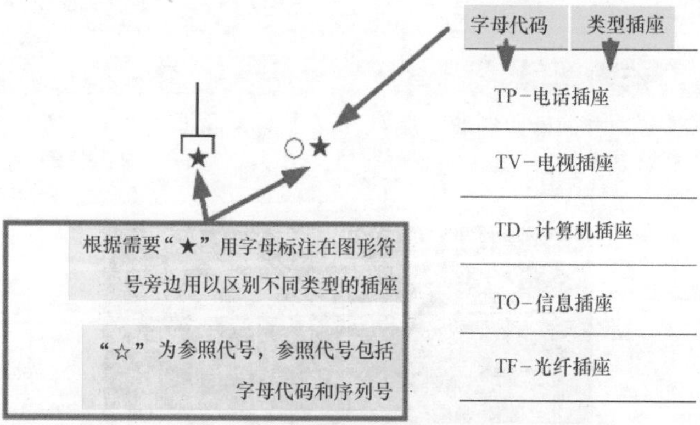

图 4-20 弱电插座图例与标注图解

4.18 其他图例与标注

其他图例与标注见表 4-6。

表 4-6 其他图例与标注

图形符号	名 称	图形符号	名 称
	缆线连接		水流指示器
			单口室内消火栓（系统）
A B C D E	单根连接线汇入线束示例		单口室内消火栓（平面）
			双口室内消火栓（系统）
	电缆桥架线路		双口室内消火栓（平面）
V	视频线路	SE	排烟口
R	射频线路		增压送风口
F	电话线路		空气过滤器
B	广播线		电加热器
	光纤或光缆		加湿器
E	接地极	70°C	表示 70℃动作的常开防火阀
PE	保护接地线	280°C	表示 280℃动作的常开排烟阀
LP	避雷线、带、网	280°C	表示 280℃动作的常闭排烟阀

4.19 电线型号的识读

系统图中导线的横截面积与所承受的电流大小有关，需要根据经验具体计算。

电线型号的一些识读技巧与方法如图 4-21 所示。

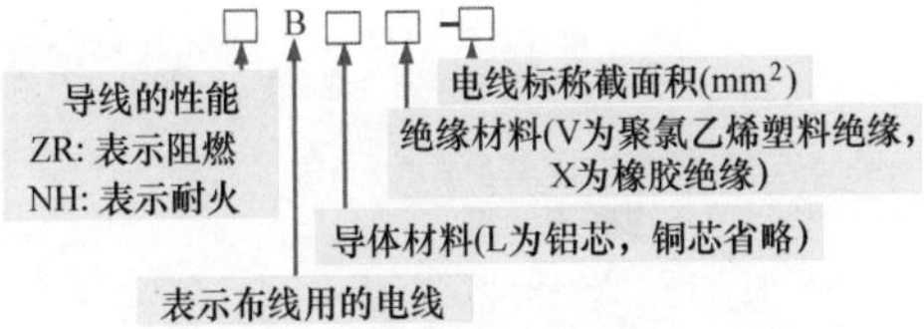

图 4-21 电线型号的一些识读技巧与方法

举例：

AF-205、AFS-250、AFP-250——镀银聚氯乙氟塑料绝缘耐高温 −60~250°C 连接软线。

ARVV——镀锡铜芯聚氯乙烯绝缘聚氯乙烯护套平形连接软电缆。

AVR——镀锡铜芯聚乙烯绝缘平形连接软电缆（电线）。

BLVV——铝芯塑料绝缘护套线。

BLV——铝芯塑料绝缘线。

BLX——橡胶绝缘铝芯线。

BVR——聚氯乙烯绝缘铜（铝）芯软线。

BVV——铜芯塑料绝缘护套线。

BV——铜芯塑料绝缘线。

BXF（BLXF）——氯丁橡胶绝缘铜（铝）芯线。

BXR——铜芯橡胶软线。

BX——铜芯橡胶绝缘线。

HYY、HYV——电话电缆。

KVV、KVLV——常用控制电缆。

LMY——硬铝母线。

RV-105——铜芯耐热 105℃聚氯乙烯绝缘聚氯乙烯绝缘连接软电缆。

RVB——铜芯聚氯乙烯绝缘平行线。

RVS——铜芯聚氯乙烯绞形连接电线。

RVVB——铜芯聚氯乙烯绝缘聚氯乙烯护套平形连接软电缆。

RVV——铜芯聚氯乙烯绝缘聚氯乙烯护套圆形连接软电缆。

RV——铜芯氯乙烯绝缘连接电缆（电线）。

RX、RXS——铜芯、橡胶棉纱编织软线。

STV-75-4——同轴射频电缆。

TMY——硬铜母线。

VV、VLV——聚氯乙烯绝缘聚氯乙烯护套电力电缆。

[举例] BV-2×2.5 表示的意思为：BV 是指铜芯塑料绝缘线。2× 是指两根。2.5 是指电线截面积为 $2.5mm^2$。

BVR-1×2.5-MR/PC20/WC 表示的意思为：BVR 是指线型。1 是指 1 根。2.5 是指电线截面积为 $2.5mm^2$。MR/PC20 是指聚氯乙烯硬质管、管径是 20mm。WC 是指暗敷设在墙内。

ZR-BV-1×2.5 表示的意思为：ZR 是指国家电线标注里面的阻燃的意思。BV 是指铜芯塑料绝缘线。1 是指 1 根。2.5 是指电线截面积为 $2.5mm^2$。

图解一些电缆型号的识读如图 4-22 所示。

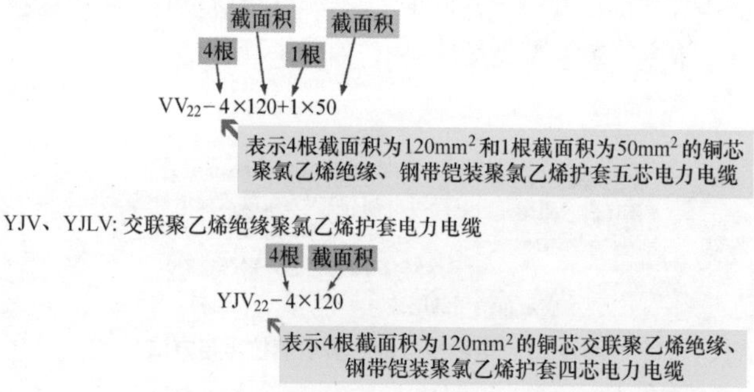

图 4-22 图解一些电缆型号的识读

4.20 配电线路标注的识读

配电线路的标注格式如图 4-23 所示。

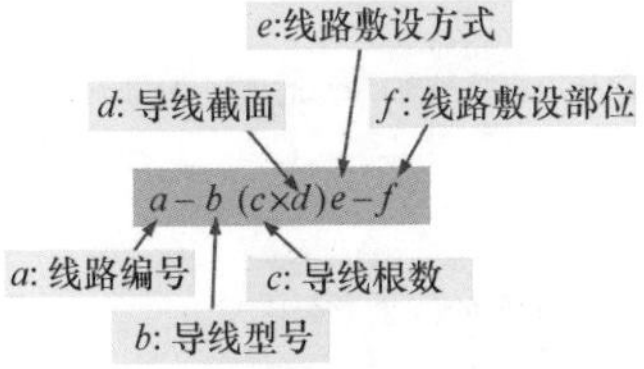

图 4-23 配电线路的标注格式

其中，线路敷设方式代号如下：

TC——表示用电线管敷设。

SC——表示用焊接钢管敷设。

SR——表示用金属线槽敷设。

CT——表示用桥架敷设。

PC——表示用硬塑料管敷设。

PEC——表示用半硬塑料管敷设。

线路敷设部位代号如下：

WE——表示沿墙明敷。

WC——表示沿墙暗敷。

CE——表示沿顶棚明敷。

CC——表示沿顶棚暗敷。

BE——表示沿屋架明敷。

BC——表示沿梁暗敷。

CLE——表示沿柱明敷。

CLC——表示沿柱暗敷。

FC——表示沿地板暗敷。

SCC——表示在吊顶内敷设。

[举例] BV-3×2.5-PC-CC，WC 的识读——BV 是指电线，3×2.5 是指进线是 3 根 2.5mm^2 的铜芯电线，PC/CC 是指电线在室内的敷设方式，PC 是指电缆穿难燃硬质塑料管敷设，CC 是指电线暗敷设在顶板内。

RVVP2*32/0.2，其中 RVV2 表示的意思为：R 是指软线，VV 是指双层护套线，P 为屏蔽，2 是指 2 芯多股线，32 是指每芯有 32 根铜丝，0.2 是指每根铜丝直径为 0.2mm。

SYV 75-5-1（A、B、C）表示的意思为：S 是指射频，Y 是指聚乙烯绝缘，V 是指聚氯乙烯护套，75 是指 75Ω，5 是指线径为 5mm，1 是指单芯，A 是指 64 编，B 是指 96 编，C 是指 128 编。

SYWV 75-5-1 表示的意思为：S 是指射频，Y 是指聚乙烯绝缘，W 是指物理发泡，V 是指聚氯乙烯护套，75 是指 75Ω，5 是指线缆外径为 5mm，1 是指单芯。

VV-4×95+1×50 表示的意思为：4 根 95mm^2 与一根 50mm^2 聚氯乙烯绝缘电力电缆。

BV-2×35+1×16/JDG40 表示的意思为：两根 35mm^2 与一根 16mm^2 的铜芯线穿直径为 40mm^2 的薄壁镀锌钢管。

ZR-RVS2*24/0.12 表示的意思为：ZR 是指阻燃，R 是指软线，S 是指双绞线，2 是指 2 芯多股线，24 是指每芯有 24 根铜丝，0.12 是指每根铜丝直径为 0.12mm。

图解一些配电线路的标注格式识读如图 4-24 所示。

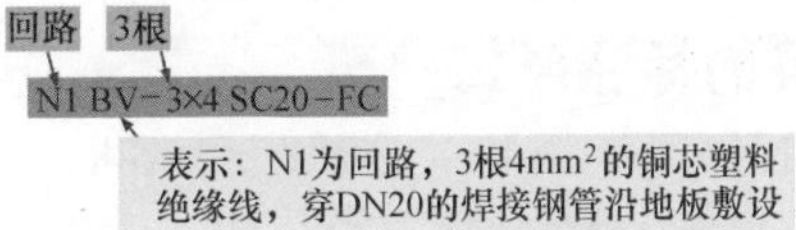

图 4-24 图解一些配电线路的标注格式识读

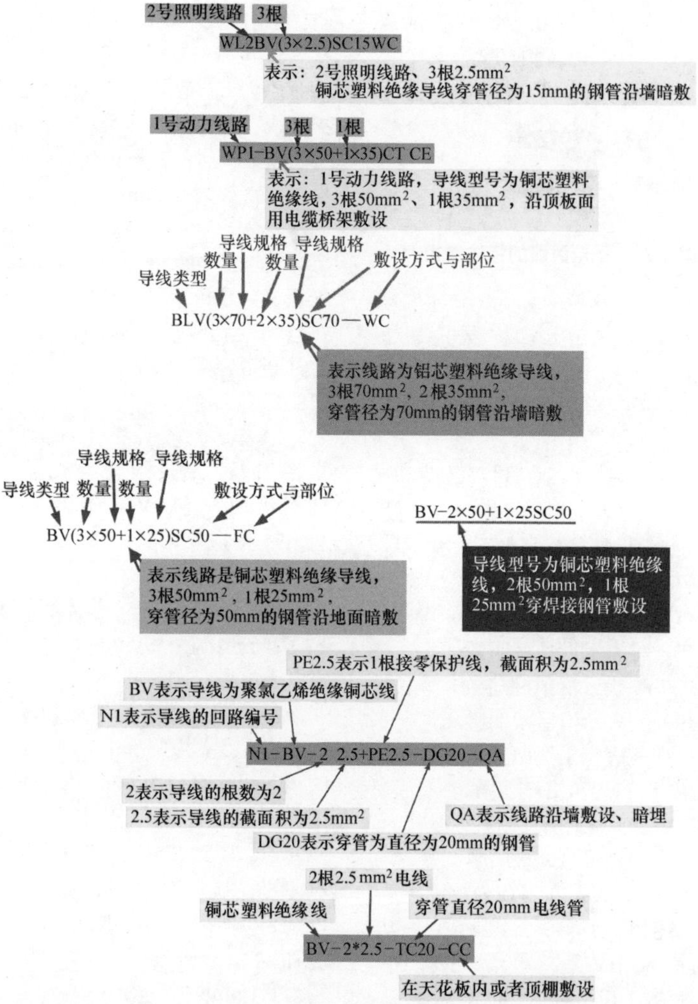

图 4-24 图解一些配电线路的标注格式识读（续）

4.21 照明灯具的标注形式

灯具的标注（灯具在平面图上的表示）是在灯具旁，根据灯具标注规定标注灯具数量、型号、灯具中的光源数量与容量、悬挂高度与安装方式等信息。

根据发光原理，灯具光源可以分

为白炽灯、卤钨灯等的热辐射光源、荧光灯、高压汞灯、金属卤化物灯等的气体放电光源。

照明灯具的标注格式如图 4-25 所示。

$b(c\times d\times L)/e\,f$

或者

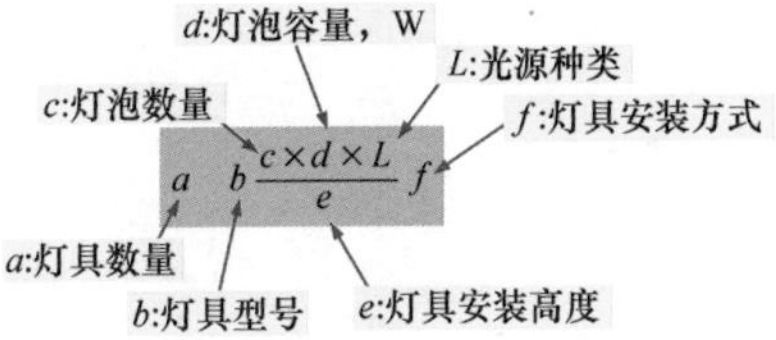

其中：

对壁灯，安装高度是指灯具中心与地的距离。对吊灯，安装高度为灯具底部与地的距离。如果灯具为吸顶安装，安装高度可用“一”号来表示。

图 4-25　照明灯具的标注格式

tips：如果灯具符号内已标注编号的情况，一般不再注明型号。同一房间内的多盏相同型号、相同安装方式、相同安装高度的灯具，可以标注一处。

灯具安装方式如下：

X——吸顶安装方式。

B——墙壁安装方式。

G——吊杆安装方式。

L——链吊安装方式。

R——嵌入安装方式。

表示照明灯具安装方式标注的文字代号见表 4-7。

表 4-7　表示照明灯具安装方式标注的文字代号

表达内容	标注代号对照		
	英文代号	汉语拼音代号	一些图集代号
线吊式	CP	-	-
自在器线吊式	CP	X	X
固定线吊式	CP1	X1	X1
防水线吊式	CP2	X2	X2
吊线器式	CP3	X3	X3
链吊式	CH	L	L
管吊式	P	G	G
吸顶式或直敷式	S	D	D
嵌入式（嵌入不可进人的顶棚）	R	R	R
顶棚内安装（嵌入可进人的顶棚）	CR	DR	DR
墙壁内安装	WR	BR	BR
台上安装	T	T	T
支架上安装	SP	J	J
壁装式	W	B	B
柱上安装	CL	Z	Z
座装	HM	ZH	ZH

光源种类代号见表 4-8。

表 4-8 光源种类代号

光源的类型	拼音代号	英文代号
白炽灯	B	IN
荧光灯	Y	FL
卤（碘）钨灯	L	IN
汞灯	G	Hg
钠灯	N	Na
氖灯	Ne	
电弧灯	ARC	
红外线灯	IR	
紫外线灯	UV	

[举例] 照明灯具标注形式图例如图 4-26 所示。

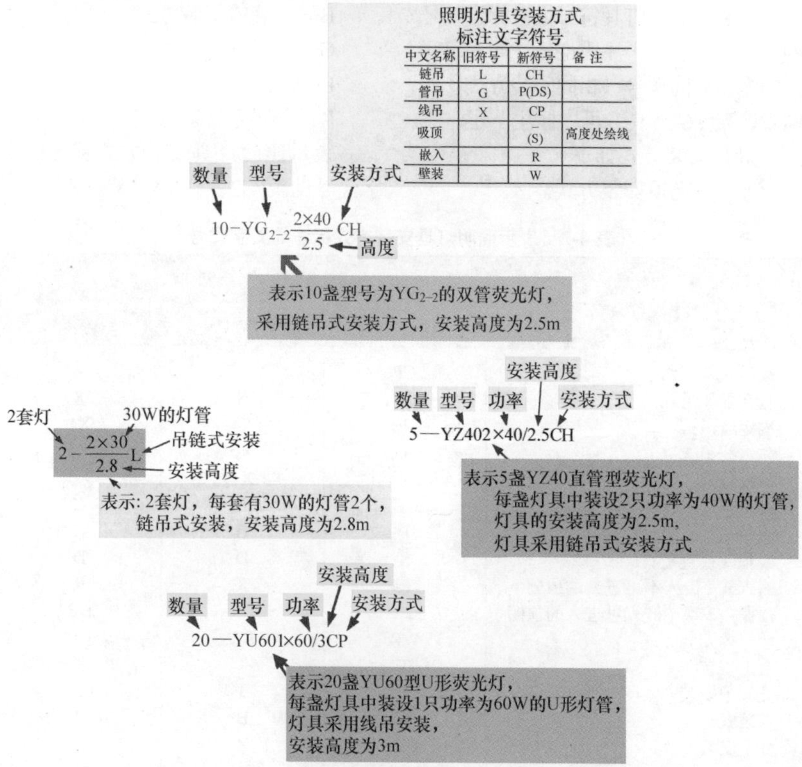

图 4-26 照明灯具标注形式图例

4.22 照明灯具标注的含义

照明灯具标注的含义图解如图 4-27 所示。

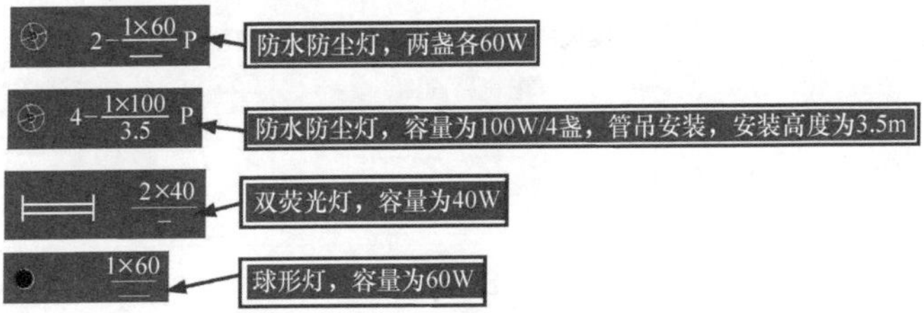

图 4-27 照明灯具标注的含义图解

4.23 照明灯具接线根数的关系

导线根数的表示方法：只要走向相同，无论导线的根数是多少，都可以用 1 根图线表示一束导线，同时在图线上打上短斜线表示根数；也可以画 1 根短斜线，在旁边标注数字表示根数，所标注的数字应不小于 3，对于 2 根导线，可用 1 条图线表示，不必标注根数。

照明灯具接线根数的关系如图 4-28 所示。

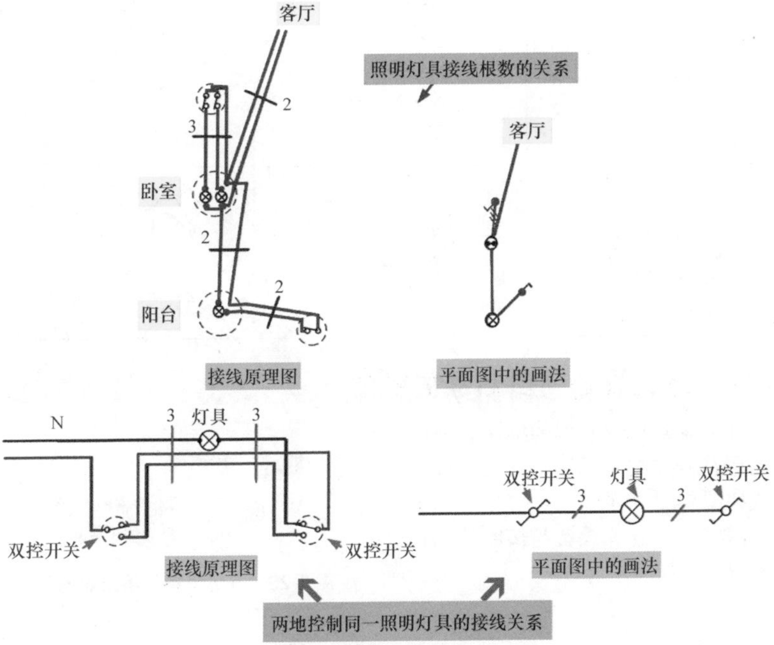

图 4-28 照明灯具接线根数的关系

4.24 开关的灯具电气平面图与实际接线图

开关的灯具电气平面图与实际接线图的对比与转换见表 4-9 所示。

表 4-9 开关与灯具电气平面图与实际接线图的对比与转换

	电气平面图	实际接线图
两个开关分别控制两盏灯	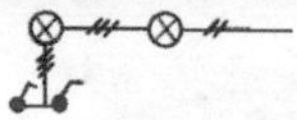	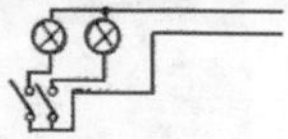
分别在两地控制同一盏灯	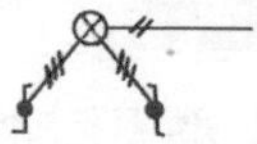	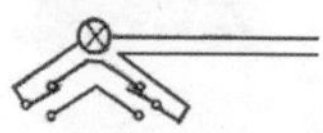
在三处控制同一盏灯		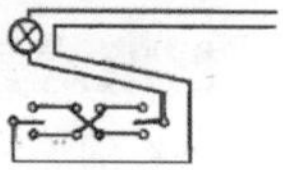
一个开关控制一盏灯	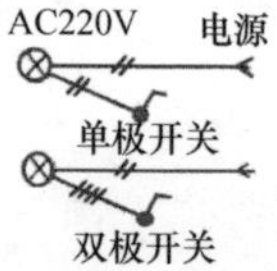	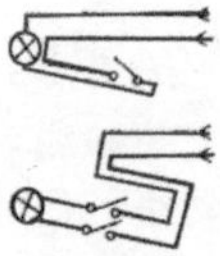
一个开关同时控制两盏灯	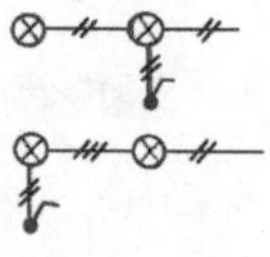	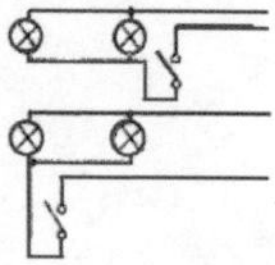
在用一个开关同时控制两盏灯的线路中再加一个插座	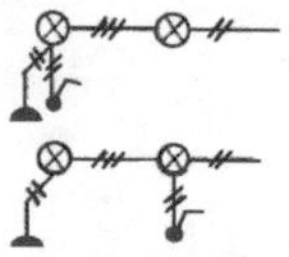	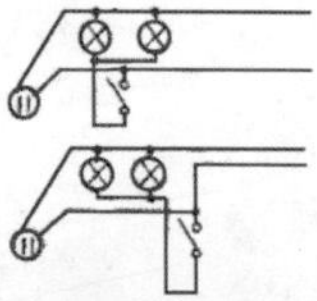

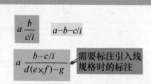

4.25 开关设备与熔断器的标注

开关设备与熔断器的标注，一般为图形符号加文字标注，其文字标注格式如图 4-29 所示。

[举例] 开关设备与熔断器的标注图解识读如图 4-30 所示。

$$a\,\frac{b}{c/i} \qquad a\text{-}b\text{-}c/i$$

$$a\,\frac{b\text{-}c/i}{d(e\times f)\text{-}g}$$ ← 需要标注引入线规格时的标注

图 4-29 开关设备与熔断器的标注

a—设备编号 b—设备型号 c—额定电流 d—进线导线型号 e—导线根数 f—导线截面积 g—导线敷设方式 i—整定电流

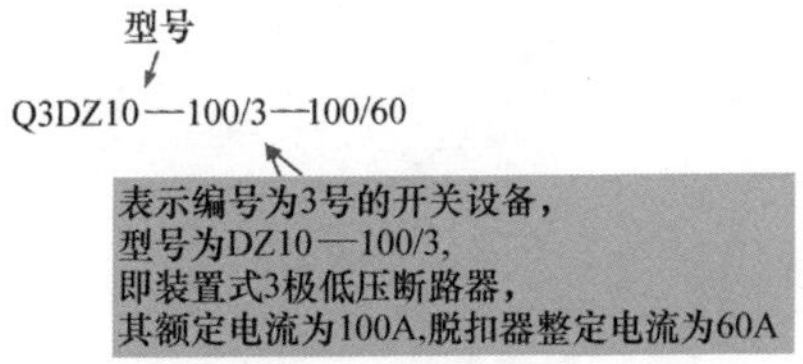

型号
Q3DZ10—100/3—100/60
表示编号为3号的开关设备，
型号为DZ10—100/3，
即装置式3极低压断路器，
其额定电流为100A,脱扣器整定电流为60A

图 4-30　开关设备与熔断器的标注图解识读

4.26 断路器型号的识读

一厂家提供的断路器的特点见表 4-10。

表 4-10　一厂家提供的断路器的特点

名称	电压 /V	接线方式	灭弧方式	占位（1 位 = 18mm）
1P 断路器	230/400	只接相线	磁吹式	1 位
2P 断路器	400	接相线、零线	磁吹式	2 位
3P 断路器	400	三相四线电	磁吹式	3 位
4P 断路器	400	三相四线电	磁吹式	4 位
1P+N 漏保断路器	230	接相线、零线	磁吹式	10~32A：2.5 位；40~63A：3 位
2P 漏保断路器	400	接相线、零线	磁吹式	10~32A：3.5 位；40~63A：4 位
3P+N 漏保断路器	400	三相四线电	磁吹式	10~32A：5.5 位；40~63A：6.5 位
4P 漏保断路器	400	三相四线电	磁吹式	10~32A：6.5 位；40~63A：7.5 位

ZB1-63/1/C/16 意思为：断路器型号为 ZB1-63，1 是指 1 极单相即 1P，C 是指照明用，16 是指额定电流为 16A。

其他一些断路器型号的图解识读如图 4-31 所示。

［举 例］ TBB1-63C16/1P+N 的识读——TBB1 是指小型断路器型号，电流是指 16A，1P 极数是指一极。

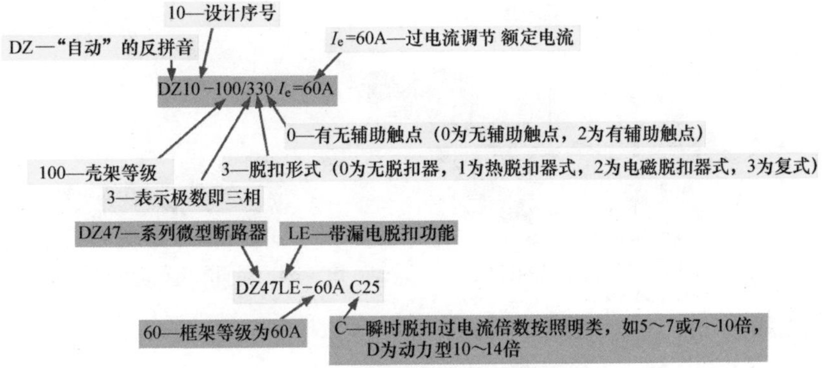

图 4-31　一些断路器型号的图解识读

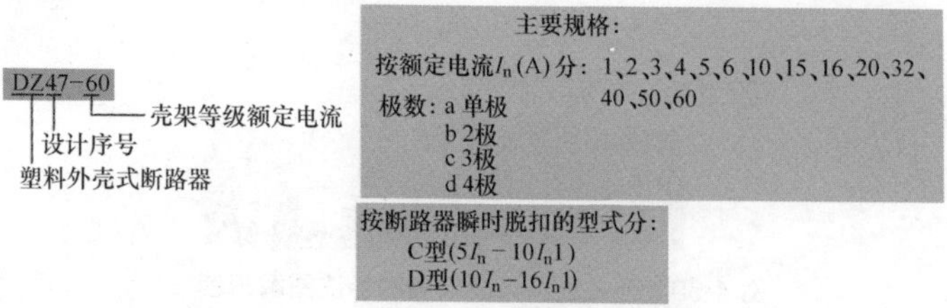

DZ47-60
壳架等级额定电流
设计序号
塑料外壳式断路器
主要规格：
按额定电流I_n(A)分：1、2、3、4、5、6、10、15、16、20、32、40、50、60
极数：a 单极
b 2极
c 3极
d 4极
按断路器瞬时脱扣的型式分：
C型($5I_n-10I_n$1)
D型($10I_n-16I_n$1)

图 4-31　一些断路器型号的图解识读（续）

4.27　用电设备的文字标注的识读

用电设备的文字标注的识读如图 4-32 所示。

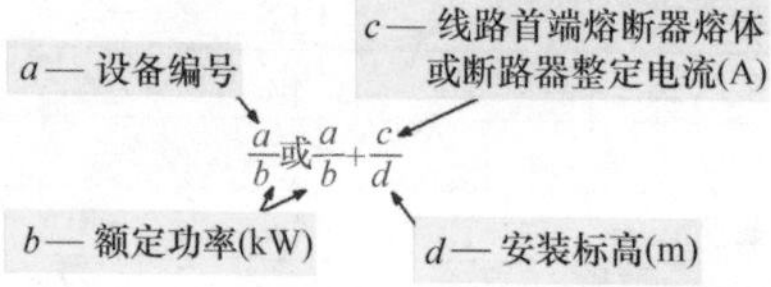

图 4-32　用电设备的文字标注的识读

[举例 1]　配电箱的文字标注图解识读如图 4-33 所示。

照明配电箱的标注如图 4-34 所示。

[举例 2]　照明配电箱的标注图解识读如图 4-35 所示。

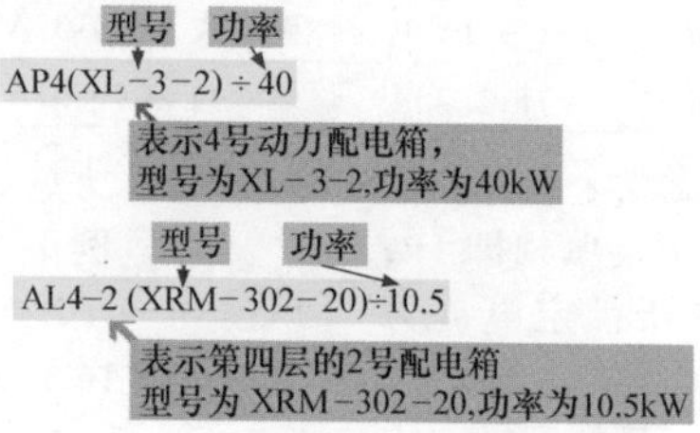

图 4-33　配电箱的文字标注图解识读

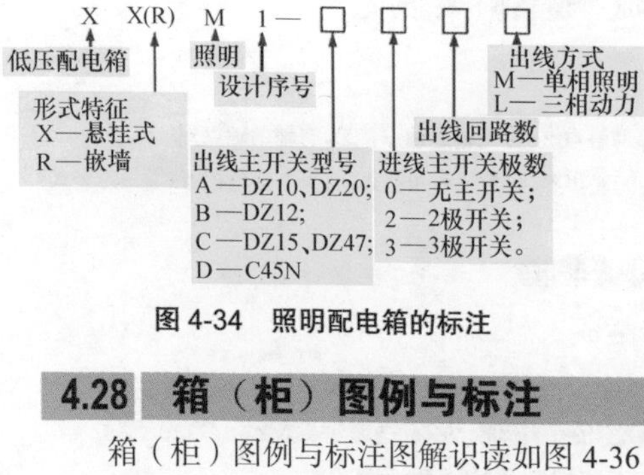

图 4-34　照明配电箱的标注

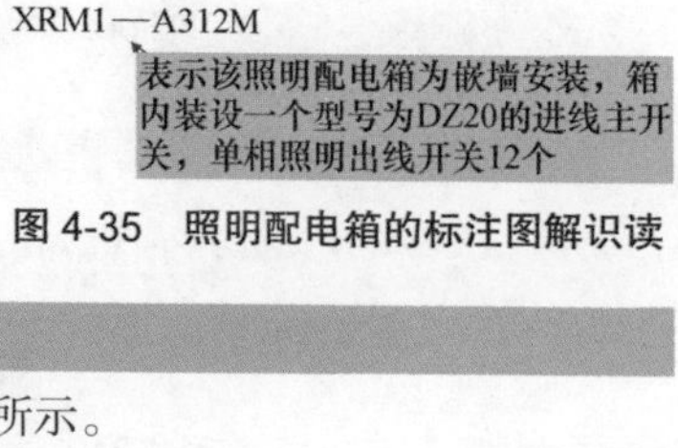

XRM1—A312M
表示该照明配电箱为嵌墙安装，箱内装设一个型号为DZ20的进线主开关，单相照明出线开关12个

图 4-35　照明配电箱的标注图解识读

4.28　箱（柜）图例与标注

箱（柜）图例与标注图解识读如图 4-36 所示。

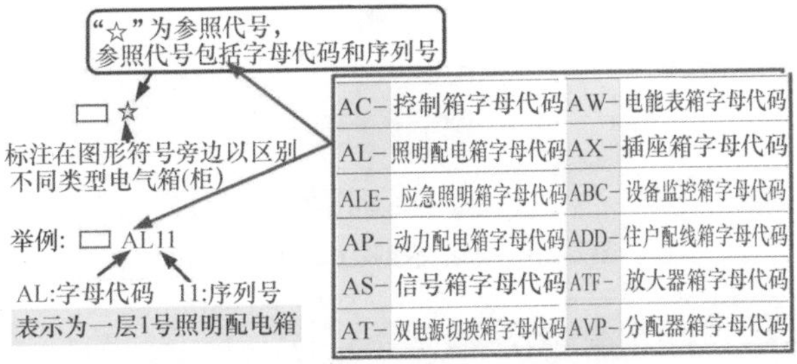

图 4-36 箱（柜）图例与标注图解识读

4.29 计量电表箱的电气识图

计量电表箱的电气识图图解识读如图 4-37 所示。

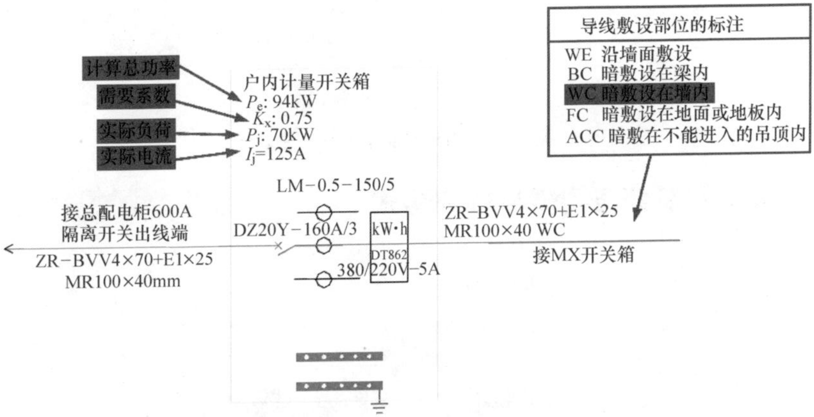

P_e: 94 kW — 计算总功率为94kW。

K_x: 0.75 — 需要系数为0.75。

P_j: 70kW — 实际功率为70kW。

I_j=125A — 实际电流为125A。

图 4-37 计量电表箱的电气识图图解识读

电能表图形符号如图 4-38 所示。

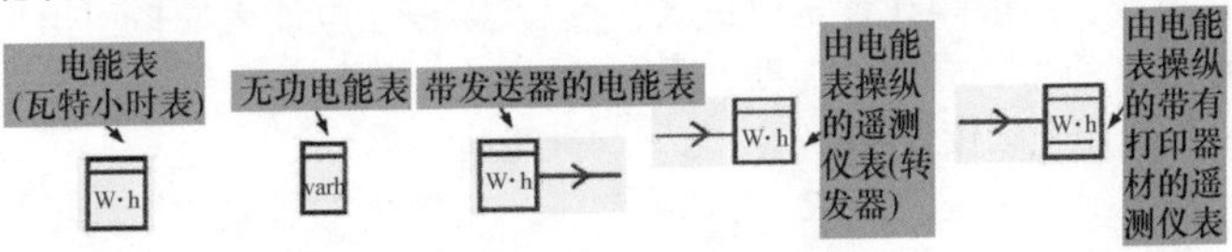

图 4-38 电能表图形符号

4.30 电话交接箱上的标注格式

电话交接箱上的标注格式如图 4-39 所示。

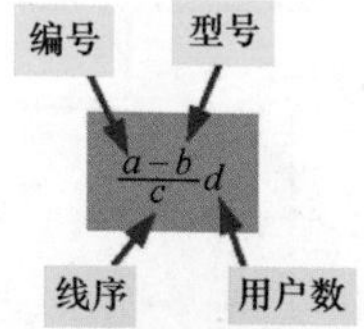

图 4-39　电话交接箱上的标注格式

4.31 电话线路上的标注格式

电话线路上的标注格式如图 4-40 所示。

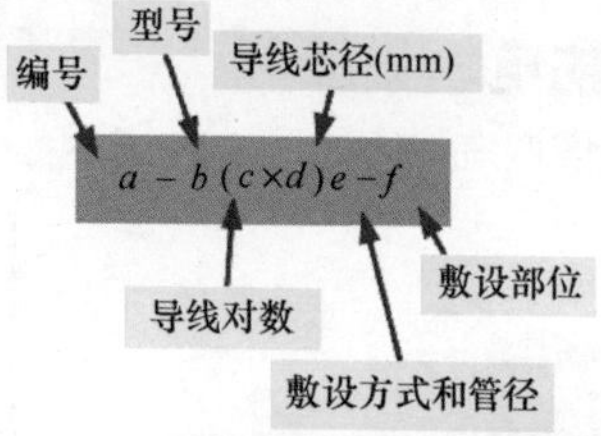

图 4-40　电话线路上的标注格式

4.32 照明变压器规格标注格式

照明变压器规格标注格式如图 4-41 所示。

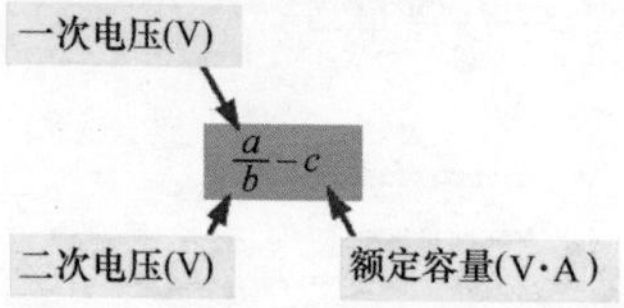

图 4-41　照明变压器规格标注格式

4.33 电能表的直接接线识读

电能表的接线图的识读，就是读懂三口的问题：入口、接口、出口。入口是几根线，一般相线肯定要进入表的，零线有的需要有的不需要，具体可以从接线图上来读懂：

L 一般表示相线，L1、L2、L3 则表示有三相。

N 一般表示零线。如果接线图中无 N 线进入电能表，则说明该电能表不需要接零线。再看电能表接口，需要具体了解哪根线接在哪个端口上，以及哪根从电能表端口引出出口。电路图中，进线与出线往往是在一条直线上。

电能表的接线图往往不会把具体实际零件画出，如图 4-42 所示。但是，看图时，需要看着图，联想起实际物体。

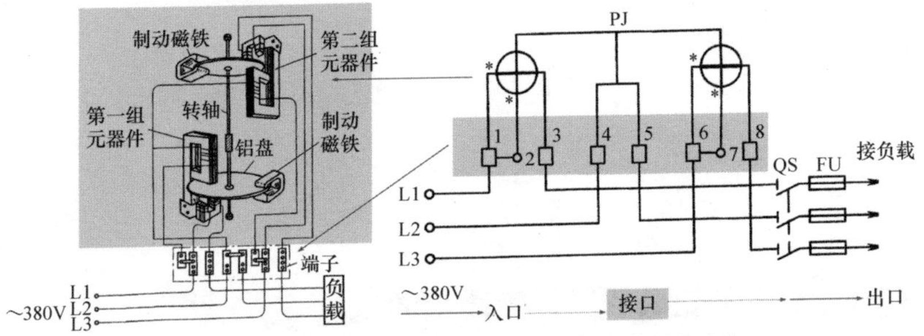

图 4-42　电能表的直接接线识读（三相三线制电路）

4.34　电能表与交流稳压器连接电路识读

电能表与交流稳压器的连接电路识读如图 4-43 所示，该电路采用了交流稳压器，可以实现负载的供电稳定与分组。图中的熔断器目前一般采用断路器代替。采用断路器以便保护与维修更换。

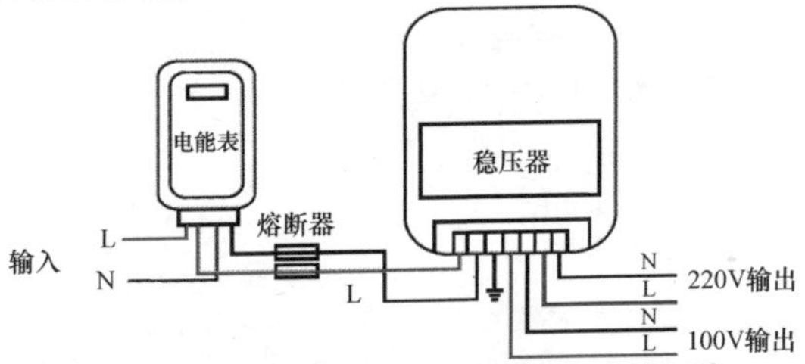

图 4-43　电能表与交流稳压器的连接电路识读

需要说明的是，具体的电能表有其具体的接线特点，本书有关图例仅表示有这种接线方式，并不能代表具体电能表的接线特点与要求。这点也适合其他相关电路，不再重叙。

4.35　电能表的带互感器接线识读

电能表的带电流互感器（或者电压互感器）接线示意图识图如图 4-44 所示。识读时，需要注意相线需要进入电能表内部。因此，需要与电能表的端子连接。

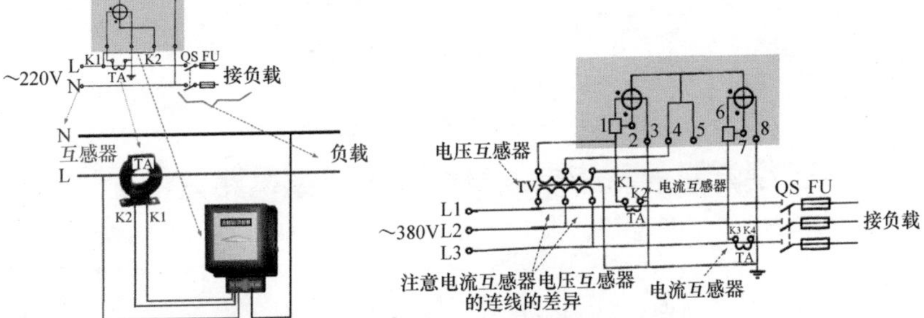

图 4-44　电能表的带互感器接线示意图识读

由于线路电流大，电能表额定电流小于线路电流，因此，采用电流互感器把大电流变换成小电流，从而使小电流进入电能表。

电流互感器一般是让相线穿过其线圈中，具体穿几圈，需要根据要求来考虑。然后，从电流互感器上次绕组两接线端分别引线到电能表相应端子上。

tips：电压互感器常用PT、TV表示。电流互感器常用CT、TA表示。电压互感器是把高电压根据比例变换成标准低电压，以便实现电能表的测量。

4.36 专用电能表的连线电路识读

专用电能表的连线电路识读如图4-45所示。不同的专用电能表的连线电路有所差异。因此，识读连接时，需要了解具体专用电能表的要求与特点。

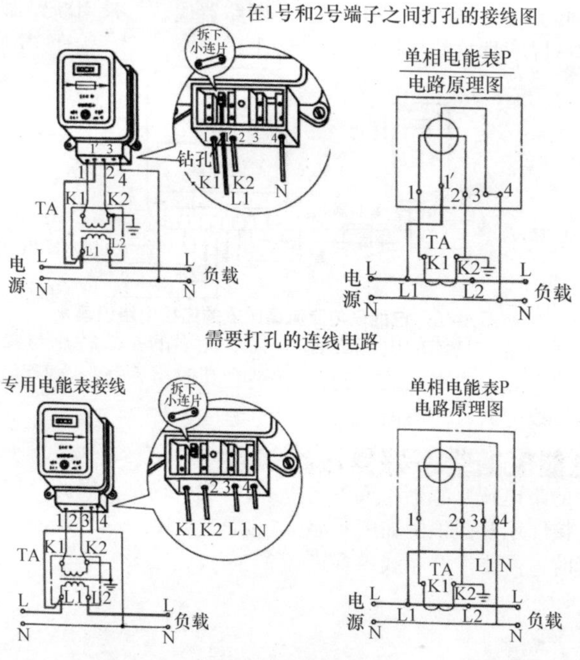

图 4-45 专用电能表的连线电路识读

4.37 带熔断器的单相电能表的基本接线电路识读

带熔断器的单相电能表的基本接线电路识读如图4-46所示。图中熔断器接在单相电能表后面，如果后续负载出现过电流现象时，则熔断器熔断，达到保护的作用。目前一般采用具有过载过电流保护的断路器代替熔断器。

采用断路器可以便于检修时需要断开电源电路以及起保护作用。

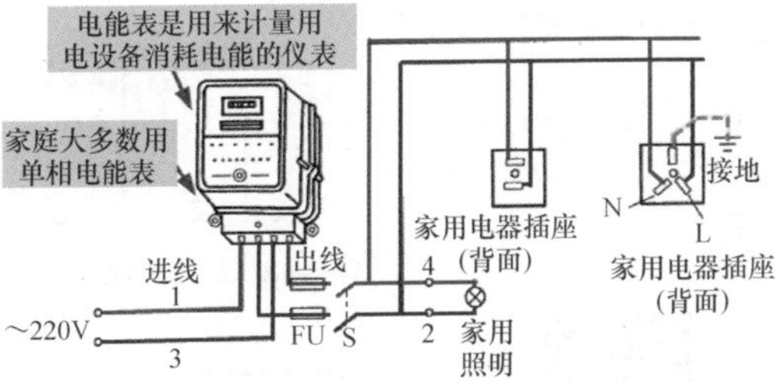

图 4-46　带熔断器的单相电能表的基本接线电路识读

4.38　单相电能表与互感器的连接电路识读

单相电能表与电流互感器的连接电路识读如图 4-47 所示。单相电能表电流与电压的量限是有一定限度的，电流最高可达到几十安培，电压最高为几百伏特。

低压小电流的单相电路中，电能表可以直接接在线路上。如果负载电流很大或电压很高，则电能表需要通过互感器才能够接入电路中。

单相电能表与互感器的连接电路中互感器连接的特点如下：

（1）电流互感器的一次侧与负载串联。

（2）电压互感器的二次侧与电能表的电压线圈连接。

（3）电流互感器的二次侧与电能表的电流线圈连接。

（4）电压互感器的一次侧与负载并联。

tips：低压供电线路，一般只用电流互感器即可。选择电流互感器时，其一次电流标定值需要在被测量线路最大电流的 1.1 倍左右。

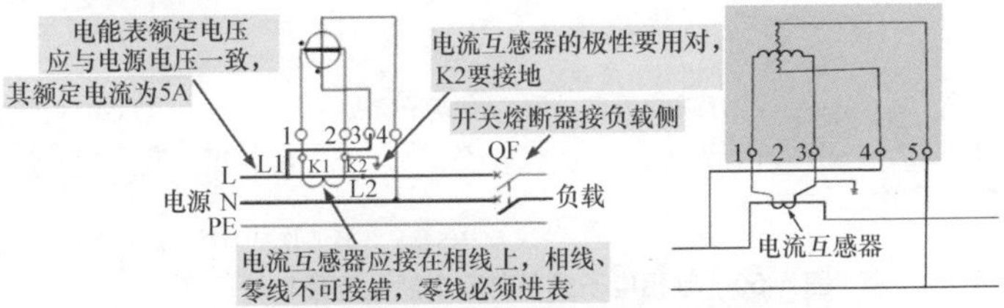

图 4-47　单相电能表与电流互感器的连接电路识读

4.39　单相电能表线路连接识读

单相电能表配电箱线路的识读如图 4-48 所示。图中电能表线圈 1 端接进线的电源相线，电能表线圈 2 端经控制开关接用户负载的相线。电能表线圈 3 端接进线的零线，电能表线圈的 4 端经控制开关（以前常用刀开关，现在常用断路器）接用户负载的零线。

tips：电能表采用直接接入法，需要负载的电流大小与电能表相匹配才可以采用。

［举例］ 单相电能表线路连接图例如图 4-49 所示。

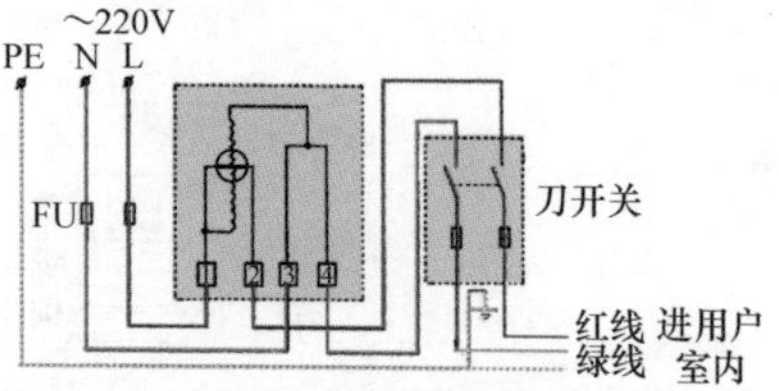

图 4-48 单相电能表配电箱线路连接的识读

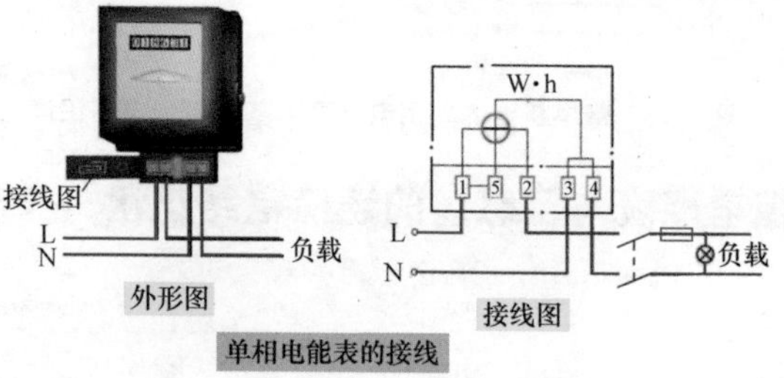

图 4-49 单相电能表线路连接图例

4.40 单相电子式多费率电能表连接电路识读

单相电子式多费率电能表连接电路识读如图 4-50 所示。多费率电能表一般是在普通电子式电能表的基础上增加了微处理器、时钟芯片、数码管显示器或液晶显示器、通信接口电路等。其能够根据设置的时段参数对电能进行分时计量。

多费率电能表为实现用户电量分时计费提供了手段。单相电子式多费率电能表连接电路识读：图中具有电源的连接端子与负载的连接端子，以及连接功能的端子（测试脉冲、RS485 端）。

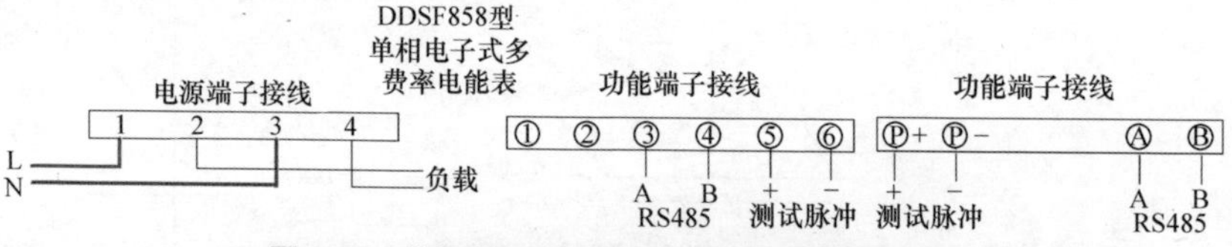

图 4-50 单相电子式多费率电能表连接电路识读

4.41 单相电子式载波电能表直接式电路识读

单相电子式载波电能表直接式电路识读如图 4-51 所示，该类电能表具有脉冲输出端，有利于校表、采集电能量。

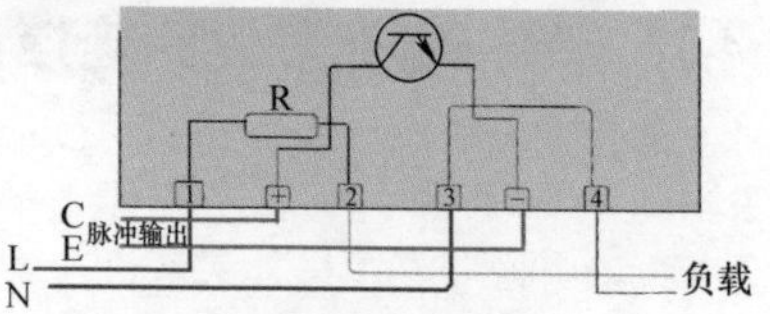

图 4-51 单相电子式载波电能表直接式电路识读

4.42 单相电子式载波电能表互感式电源端子接线电路识读

单相电子式载波电能表互感式电源端子接线电路识读如图 4-52 所示，该图比单相电子式载波电能表直接式电路中多了与互感器的连接。

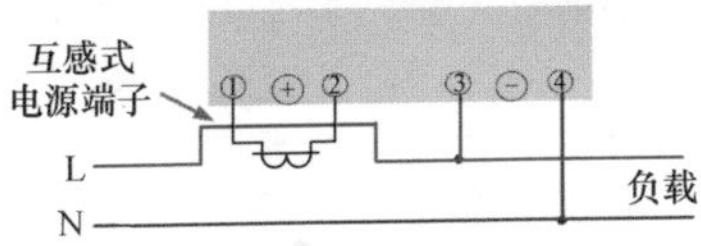

图 4-52　单相电子式载波电能表互感式电源端子接线电路识读

4.43 三相电子式有功电能表直接接入式接线电路识读

三相电子式有功电能表直接接入式接线电路识读如图 4-53 所示。三相电子式有功电能表接线分为三线接线、四线接线。三线接线就是需要接 3 根相线，四线接线就是需要接 3 根相线与 1 根零线。

tips：三相四线有功电能表的零线必须进入电能表，并且零线与相线不得反接。三相电子式有功电能表直接接入式接线时，需要根据正相序接线。

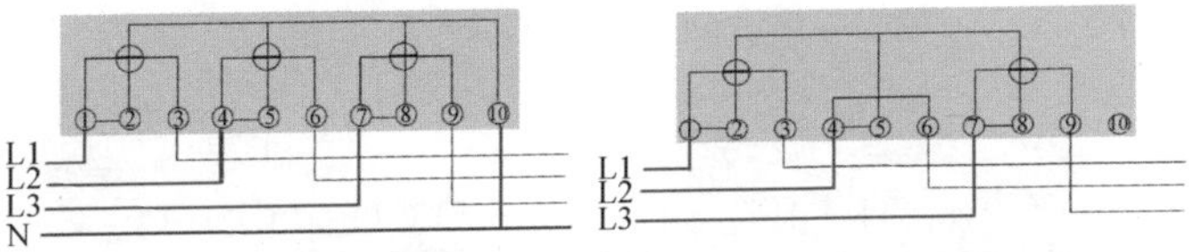

图 4-53　三相电子式有功电能表直接接入式接线电路识读

4.44 三相电子式有功电能表经电压电流互感器接入式接线电路识读

三相电子式有功电能表经电压和电流互感器接入式接线电路识读如图 4-54 所示。图中既采用了电压互感器，又采用了电流互感器，主要是把电压、电流降到电能表能够承受的范围内。

tips：电流互感器一次额定电流需要满足负荷电流的需要，电流互感器的电流比需要相同，K2 端需要接地或接零。电流互感器的极性需要正确，不能反接，电压互感器的相序要接正确。

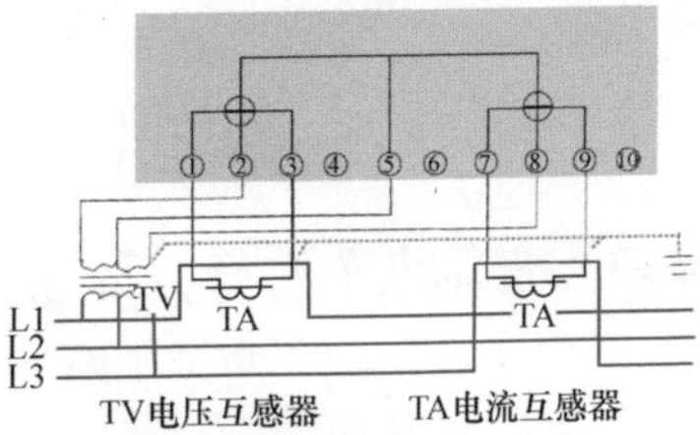

图 4-54　三相电子式有功电能表经电压和电流互感器接入式接线电路识读

4.45 三相电子式有功电能表经电流互感器接入式接线电路识读

三相电子式有功电能表经电流互感器接入式接线电路识读如图 4-55 所示。电能表测量大电流的三相电路的用电量时，因线路流过的电流大。因此，三相电子式有功电能表不能够采用直接接入法接入，而是需要使用电流互感器进行电流变换，把大电流变换成小电流，使电能表能够承受的电流。这样的电路，就需要采用三相电子式有功电能表经电流互感器接入式接线电路。

该类电路，电能表的额定电压需要与电源电压一致。因此，电路中就不需要再采用电压互感器。

tips：电能表的金属外壳一般需要接地。

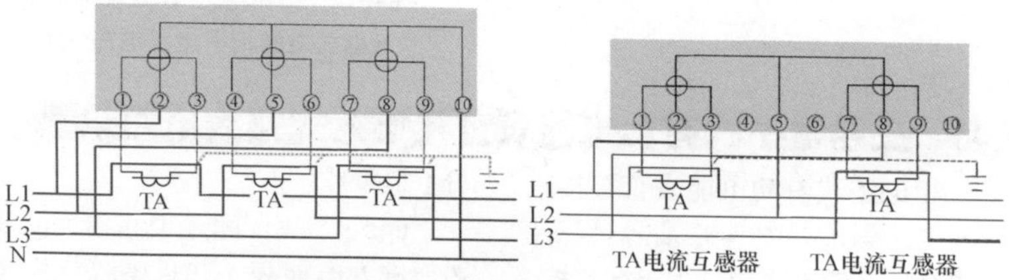

图 4-55　三相电子式有功电能表经电流互感器接入式接线电路识读

4.46　三相电子式有功无功组合电能表经电流互感器接入式电路识读

三相电子式有功无功组合电能表经电流互感器接入式电路识读如图 4-56 所示，该电路需要根据有功、无功选择有功、无功脉冲输入。

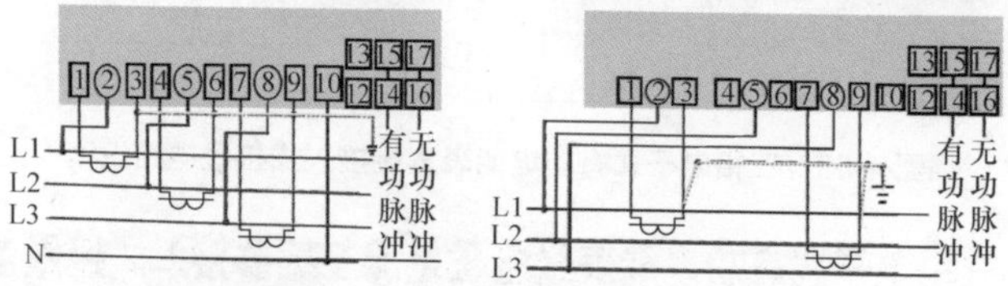

图 4-56　三相电子式有功无功组合电能表经电流互感器接入式电路识读

tips：三相三线有功电能表，只可以对三相三线对称或不对称负载做有功电量的计量。三相四线有功电能表，可以对三相四线对称或不对称负载做有功电量的计量。

4.47　三相电子式有功无功组合电能表直接接入式接线电路识读

三相电子式有功无功组合电能表直接接入式接线电路识读如图 4-57 所示。

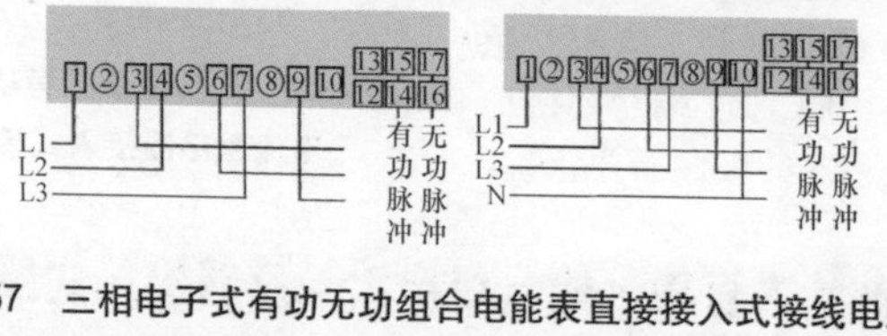

图 4-57　三相电子式有功无功组合电能表直接接入式接线电路识读

4.48　三相电子式载波电能表接线电路识读

三相电子式载波电能表接线电路识读如图 4-58 所示。三相电子式载波电能表接线电路也分为直接接入式、 互感器接入式。

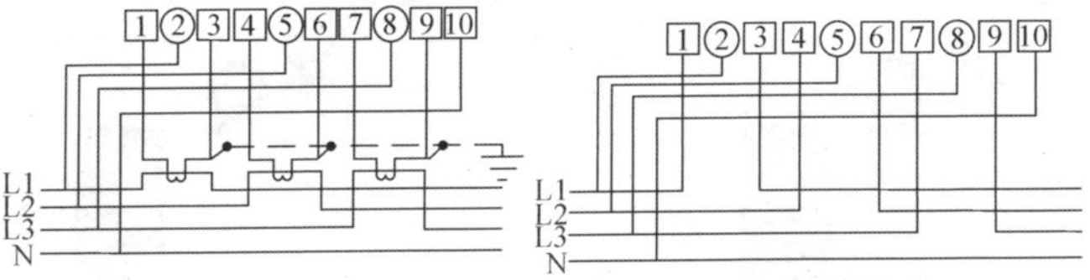

三相四线经外用电流互感器接入式　　三相四线直接接入式

图 4-58　三相电子式载波电能表接线电路识读

4.49　三相电子式有功无功组合电能表经电压、电流互感器接入电路识读

电能可以转换成各种能量。这些转换中，所消耗的电能是有功电能。记录有功电能的电能表就是有功电能表。

有的电器装置，在做能量转换时需要先建立一种转换的环境，例如磁场、电场等，才能够做能量转换。这种需要建立磁场、电场所需的电能是无功电能。记录无功电能的电能表就是无功电能表。

一般只有较大的用电单位才安装无功电能表。三相电子式有功无功组合电能表经电压、电流互感器接入电路如图 4-59 所示。

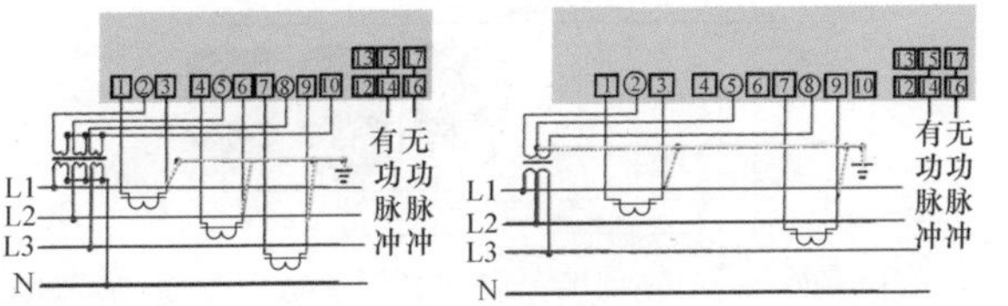

图 4-59　三相电子式有功无功组合电能表经电压、电流互感器接入电路识读

4.50　电能表接线图的识读

一些电能表接线图图解识读如图 4-60 所示。电流互感器的一次侧一进一出两个端子或进出线面（穿孔式）一般分别标注为 P1、P2。P1 是一次侧进线端子或进线面，或者是一次电源侧的标注。P2 是一次侧出线端子或出线面，或者负荷侧的标注。电流互感器二次侧的标注一般为 S1、S2。

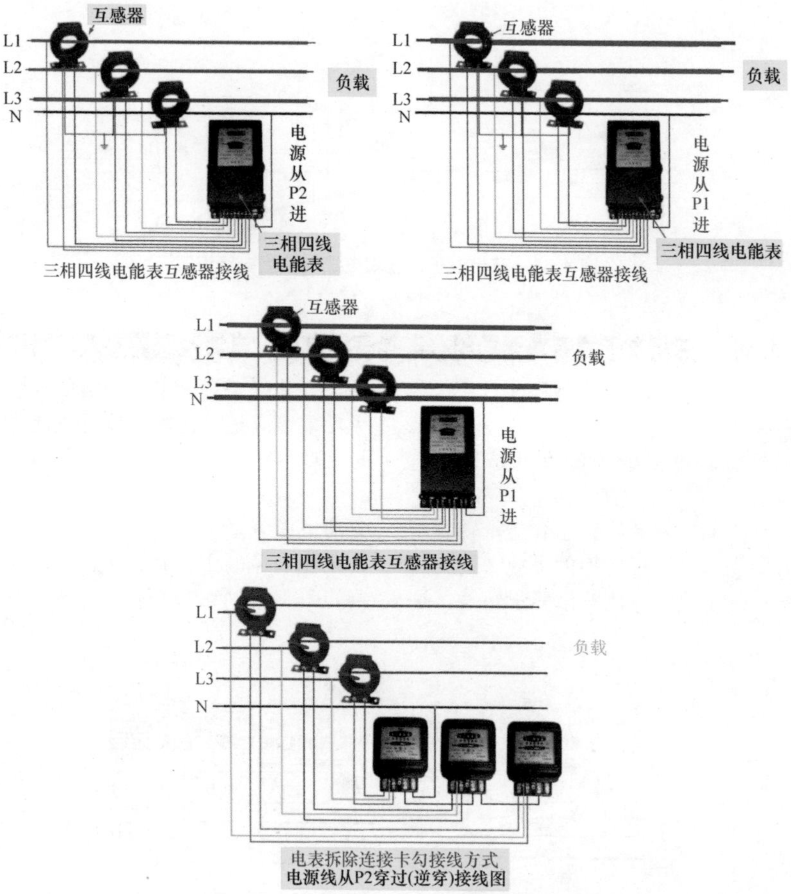

图 4-60　一些电能表接线图图解识读

4.51　三表自动抄收系统

如图 4-61 所示为一典型的三表自动抄收系统。三表出户是指电能表、水表、煤气表通过传感器将计量信号集中传输到一个集中的计量箱，集中显示管理数据。该图中电能表在智能电表箱内，两块水表一块为冷水表，另一块为热水表，也可以是位于不同给水干管的用水计量。

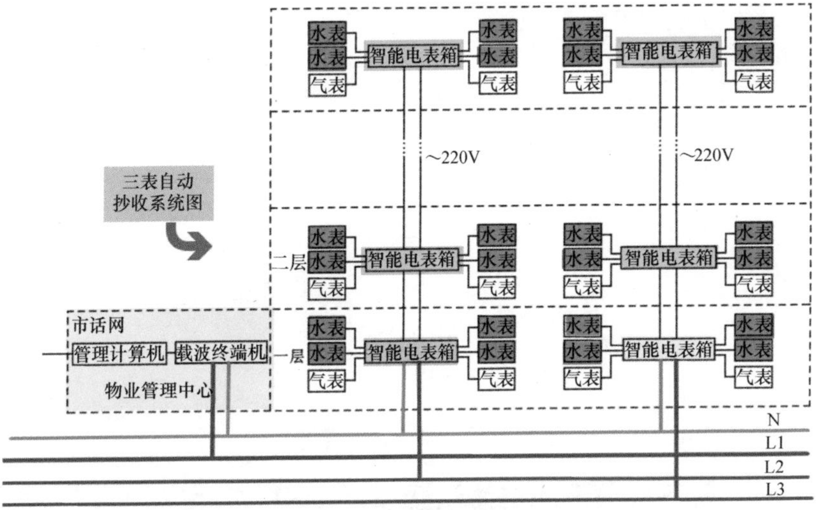

图 4-61　三表自动抄收系统

4.52 开关控制插座接线图的识读

开关控制插座接线图的识读图解如图 4-62 所示。图中 5 孔两个开关墙壁面板控制电路要求：5 孔插座要正确连线，两个开关需要分别控制两盏灯，面板开关不控制插座。电源引进线 3 根。

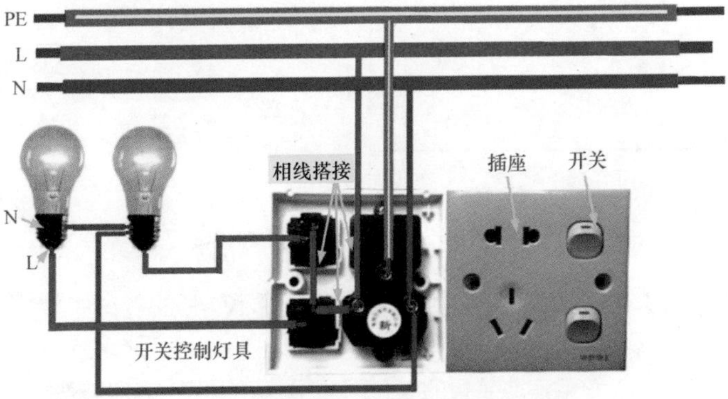

图 4-62　开关控制插座接线图的识读图解

4.53 电源插座电路识读

电源插座电路识读如图 4-63 所示，其中插座 L 端接相线（用红色或者黄色、绿色导线连接，本图例采用红色线），N 端接零线（用蓝色或者黑色导线连接，本图例采用蓝色线），接地端应用黄绿相间色导线连接。

面对插座，需要根据左零（N）右相（L）上接地（PE）的方法，正确接线。单相2孔式插座，需要左极接N线（零线），右极接L线（相线）。三相4孔式插座，需要左极接L3线（相线3），右极接L1线（相线1），上极接地E线，下极接L2线（相线2）。

tips： 凡外壳是金属的家用电器，都需要采用单相三线制电源插头以及与之配套的插座。

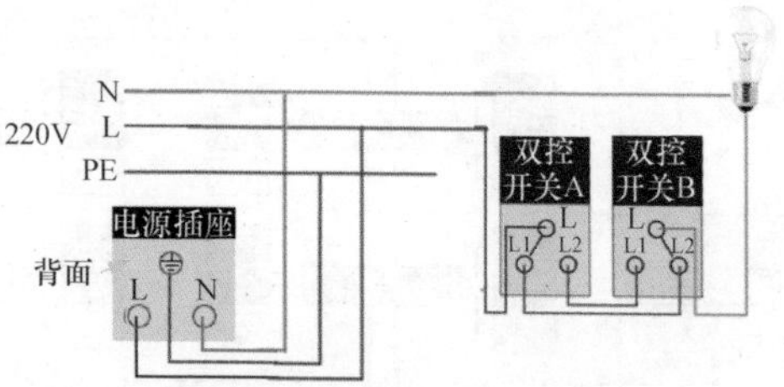

图4-63 电源插座电路识读

4.54 带开关插座的电路识读

带开关插座的电路识读如图4-64所示，根据具体连接要求，分为开关控制灯、开关控制插座电路。

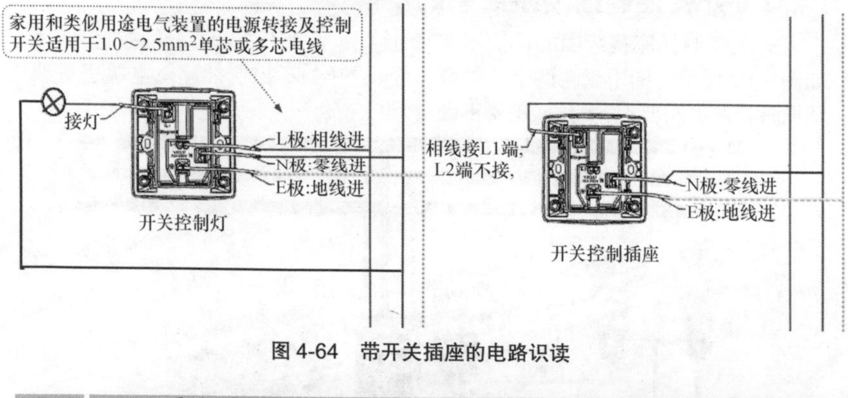

图4-64 带开关插座的电路识读

4.55 16A空调插座开关接线电路识读

16A空调插座开关接线电路识读如图4-65所示，该插座与普通的3孔插座基本一样，具体差异只是选择插座的种类不同而已。

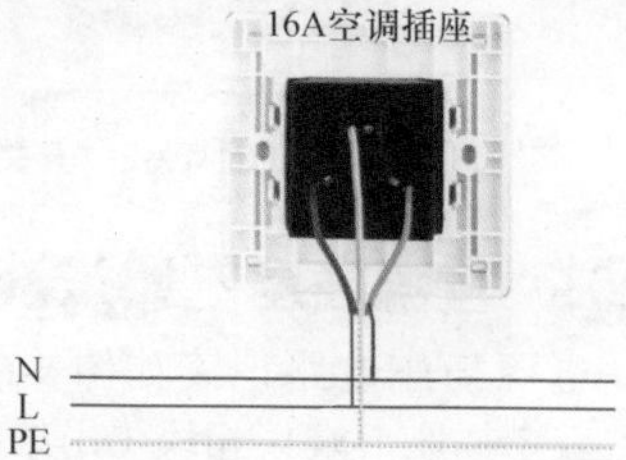

图4-65 16A空调插座开关接线电路识读

4.56 断路器接线电路识读

漏电保护断路器接线电路识读如图 4-66 所示。当被保护电路发生漏电或触电故障时，零序电流互感器电流的矢量和不等于零，互感器二次输出端产生电压，使晶闸管导通，脱扣电磁系统吸合，连杆推动断路器脱扣，在 0.2s 内切断电流，从而起到漏电保护作用。

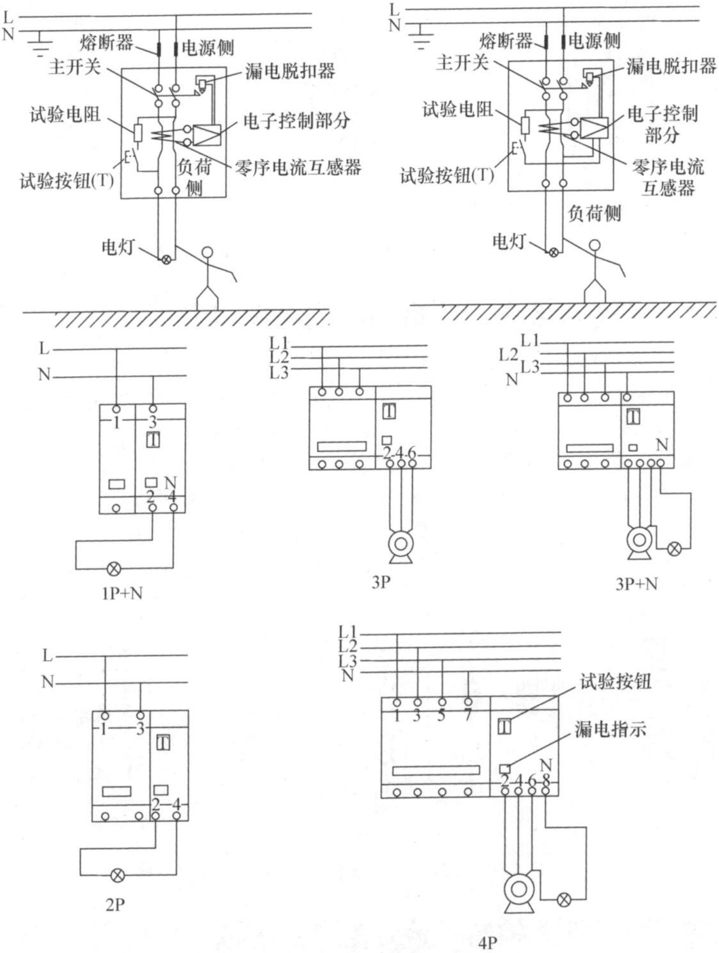

图 4-66　漏电断路器接线电路识读

4.57 开关型电源防雷器接线电路识读

开关型电源防雷器接线电路识读如图 4-67 所示。安装电源防雷器时，必须把PE端可靠接地。因防雷器的两极各有两个接线孔，内部已接通。安装时，只需要在其中一个孔上接线。

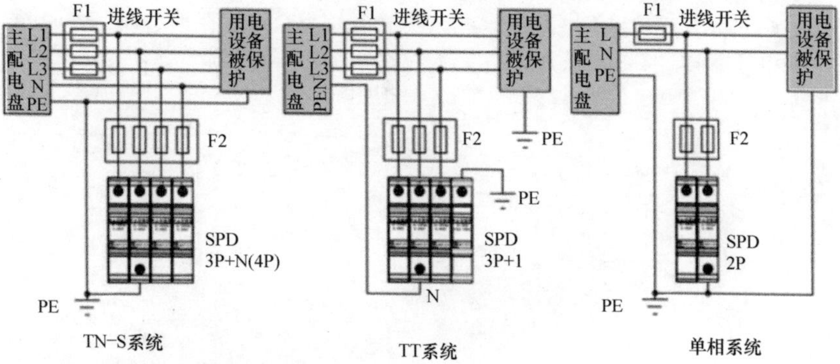

图 4-67 开关型电源防雷器接线电路识读

4.58 220V 直流电源防雷器接线电路识读

220V直流电源防雷器接线电路识读如图4-68所示。有的220V直流电源防雷器接线电路通流容量较一级稍小，属于二级电源防雷保护器。二级电源防雷保护器是根据防雷原理，雷电能量经过一次释放后，在电源线上仍存在较高的残压。因此，需要通过防雷系统前、后级防雷器配合，使雷电能量逐级释放，才能够有效地保护终端用电设备。

使用直流电源防雷器时，对直流电源系统一般可以用2只防雷器并接在被保护端两线与大地线间，并且PE端的接地必须可靠。

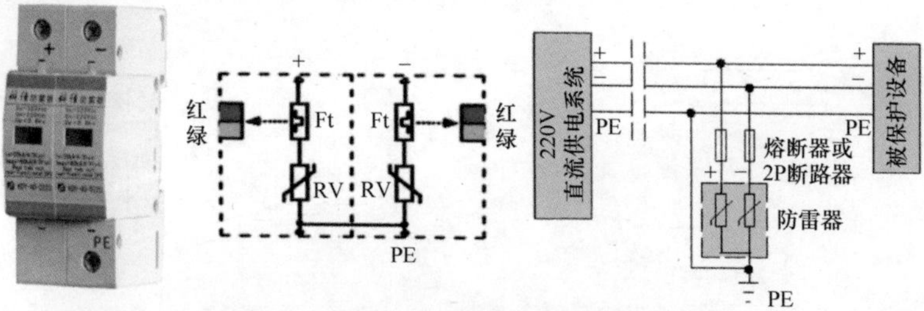

图 4-68 220V 直流电源防雷器接线电路识读

4.59 两只开关控制一盏灯的电路识读

两只开关控制一盏灯的电路识读如图4-69所示，两只开关控制一盏灯可以实现两只开关安放在不同的位置或者地方，从而可以实现至多两个不同的位置或者地方控制一盏灯的亮灭。

两只开关控制一盏灯常见的场所有楼梯上下控制一盏灯，也就是需要楼上、楼下都能够控制照明灯的亮、灭。

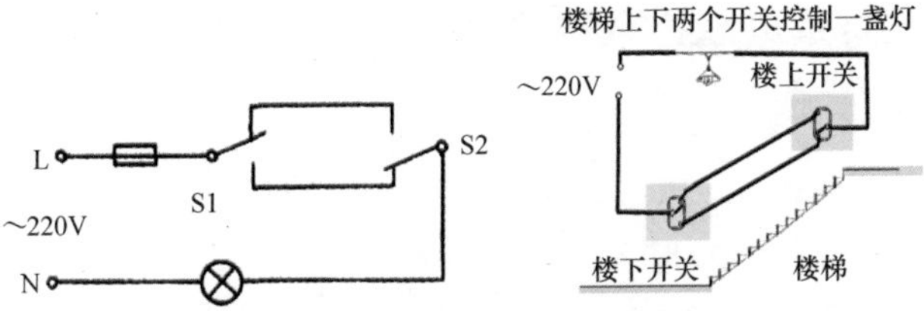

图 4-69 两只开关控制一盏灯的电路识读

4.60 两灯一开关白炽灯并联照明电路识读

两灯一开关白炽灯并联照明电路识读如图 4-70 所示。两灯一开关白炽灯并联照明电路就是把两只白炽灯并联，用一只开关控制。两灯一开关白炽灯并联照明电路的支电路间电压是相等的，但具有分流作用。两灯一开关白炽灯并联照明电路的开关可以同时控制两灯——同时亮，或者同时灭的效果。tips：与两灯一开关白炽灯并联照明电路相类似的多灯一开关白炽灯并联照明电路的特点，就是并联白炽灯的支路为 3 路或者 3 路以上。

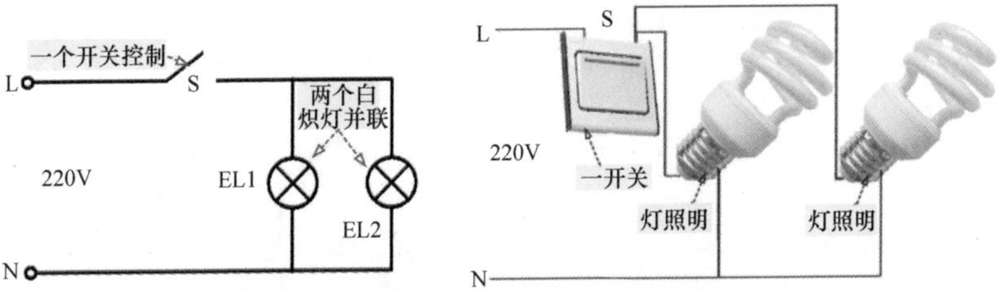

图 4-70 两灯一开关白炽灯并联照明电路识读

4.61 三只开关控制一盏灯电路识读

三只开关控制一盏灯电路识读如图 4-71 所示。三只开关控制一盏灯可以采用两只单刀双掷开关与一只双刀双掷开关，或者两只一位双控开关与一只一位三控开关，或者两只一位双控开关与改造的一只两位双控开关来实现。

三只开关控制一盏灯可以实现三只开关安放在不同的位置，从而可以实现至多 3 个不同的位置控制一盏灯的亮灭。

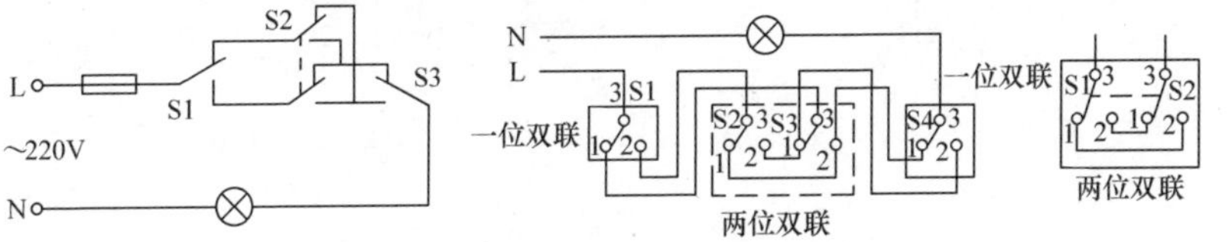

图 4-71 三只开关控制一盏灯电路识读

4.62 三灯双联双控电路识读

三灯双联双控电路识读如图 4-72 所示。三灯双联双控电路就是用两只双联双控开关控制三盏灯的电路接法。

用双联双控的开关 S1、S2 控制灯 A、B、C 时，S1 开关需要控制 A 灯，其控制 B 灯时需要 S2 开关配合实现，S2 开关需要控制 B、C 灯。

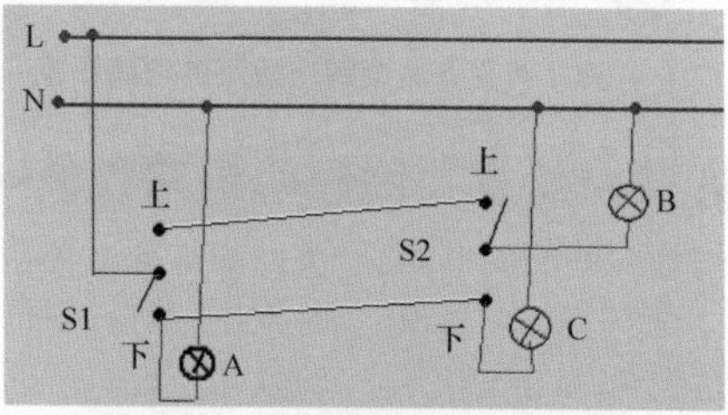

图 4-72　三灯双联双控电路识读

4.63 带荧光指示双控开关的电路识读

带荧光指示双控开关的电路识读如图 4-73 所示，该开关的接线电路与普通的双控开关的接线电路是一样的，其指示功能一般是通过开关面板上带的荧光来实现的。

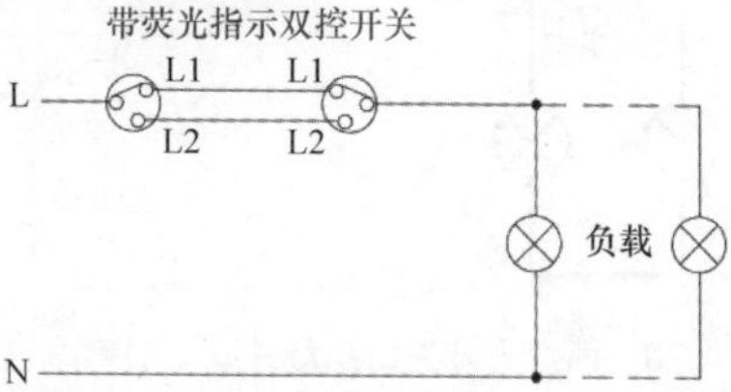

图 4-73　带荧光指示双控开关的电路识读

4.64 中间开关的电路识读

中间开关一般是为了实现多地控制而采用的，其应用电路识读如图 4-74 所示。

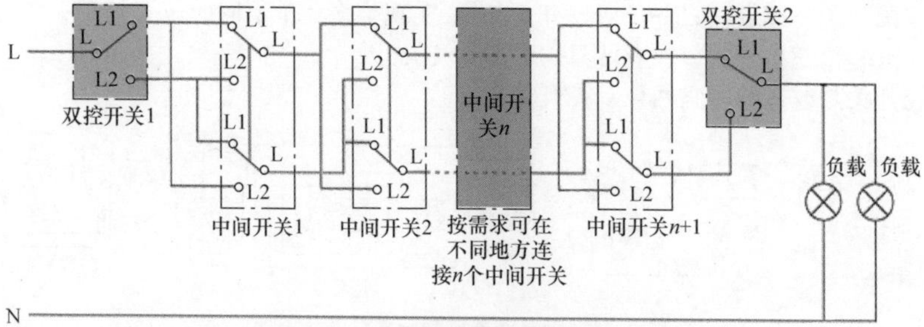

图 4-74　中间开关的电路识读

4.65 单极开关并联控制电路识读

单极开关并联控制电路识读如图4-75所示，电路中任何一只开关闭合，白炽灯均亮。电路中所有开关均断开，白炽灯才灭。开关并联也就是开关1的出线与开关2、3、…的出线相连。开关1的进线与开关2、3、…的进线相连。这样把开关并在一起使用的电路就是开关的并联电路。单极开关并联控制电路也就是开关并联电路中的开关使用的是单极开关。

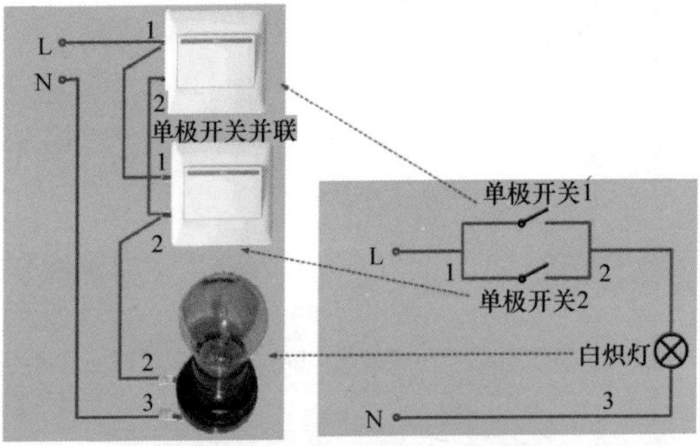

图4-75 单极开关并联控制电路识读

4.66 单极开关串联控制电路识读

单极开关串联控制电路识读如图4-76所示，电路中任何一只开关断开，白炽灯均灭。电路中所有开关均闭合，白炽灯才亮。开关串联也就是开关1的出线是开关2的进线，开关2的出线是开关3的进线，这样把开关串联起来的电路就是开关的串联。单极开关串联控制电路也就是开关串联电路中的开关采用的是单极开关。

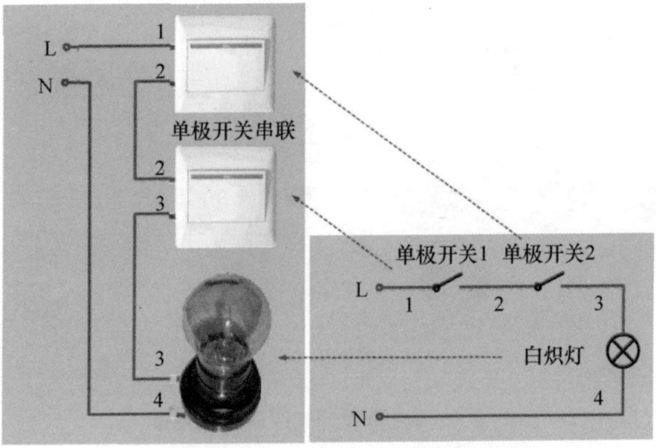

图4-76 单极开关串联控制电路识读

4.67 单极开关混联控制电路识读

单极开关混联控制电路识读如图 4-77 所示。开关混联控制电路就是电路中既有开关的串联，又有开关的并联。

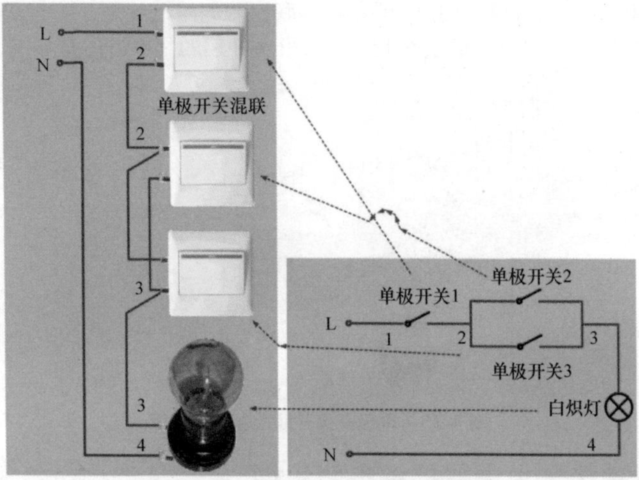

图 4-77 单极开关混联控制电路识读

4.68 单极开关控制电路识读

单极开关控制电路识读如图 4-78 所示。单极开关就是单一控制的开关，也就是一进一出单一通断控制电路的开关。

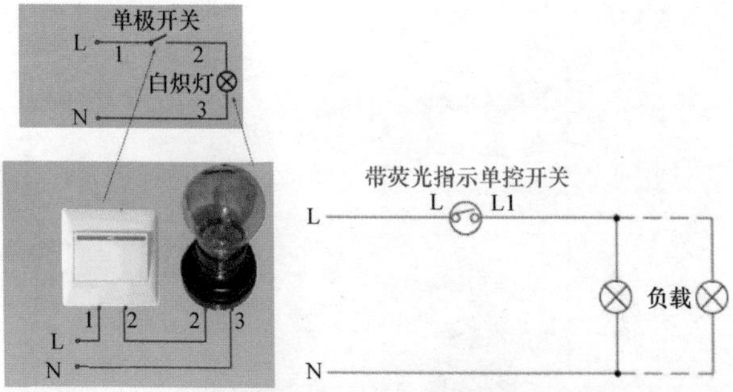

图 4-78 单极开关控制电路识读

4.69 白炽灯混联控制电路识读

白炽灯混联控制电路识读如图4-79所示。白炽灯混联控制电路中既有白炽灯的串联，又有白炽灯的并联。如果并联白炽灯损坏，一般仅影响该支路。如果串联的白炽灯损坏，则可能影响整个线路。

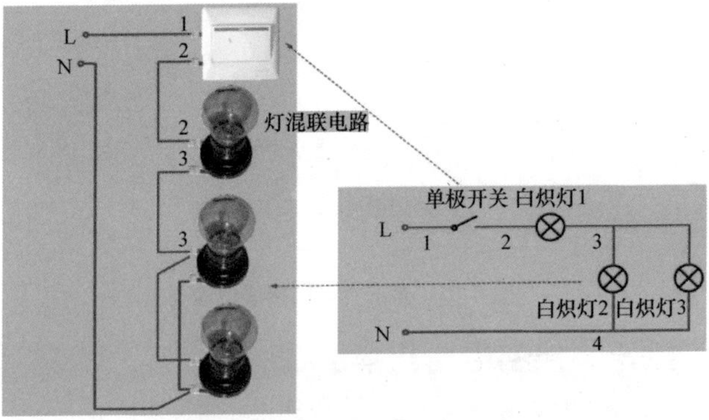

图 4-79 灯泡混联控制电路识读

4.70 五层开关控制电路识读

五层开关控制电路识读如图4-80所示，该电路可以实现在任何一个地方都可以控制整个楼梯通道的照明灯。

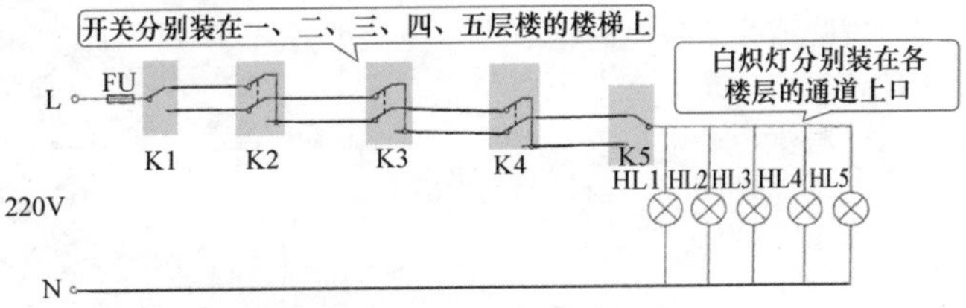

图 4-80 五层开关控制电路识读

4.71 声光控开关接线识读

声光控开关接线识读如图4-81所示。声光控开关可以控制灯具自动延时通断，白天光线亮时不工作，晚上天色较暗且有声响时，电灯即亮，并且延时时间60~90s后自动熄灭。

tips：声光控开关安装拆卸前，需要切断电源以防触电。同时，需要避免安装在日晒雨淋、喧哗吵闹的环境中。

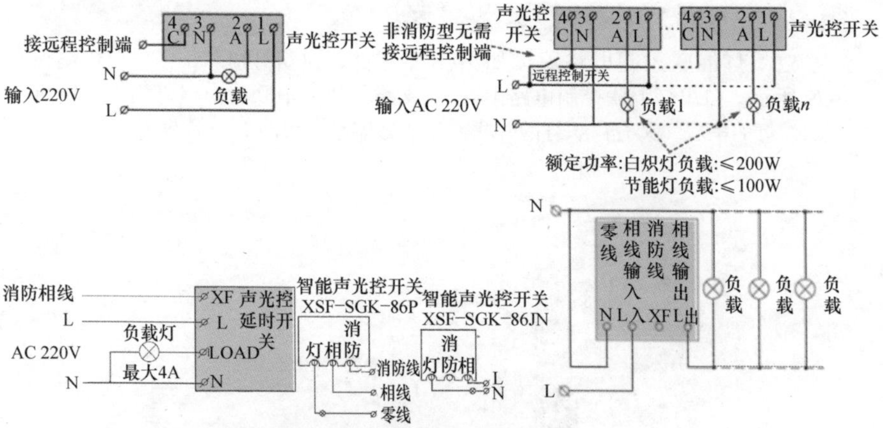

图 4-81　声光控开关接线识读

4.72　声控开关控制电路识读

声控开关控制电路识读如图 4-82 所示。声控开关是在特定环境光线下采用声响效果激发拾音器进行声电转换，来达到控制用电器的开启，以及经过延时后，能够自动断开电源的节能电子开关。

白天或光线较亮时，声控开关处于关闭状态。夜晚或光线较暗时，声控开关处于预备工作状态。有人经过该开关附近时，脚步声、拍手声均可以将声控开关启动，灯即亮，当延时一定时间后，声控开关会自动关闭，灯即灭。

tips：安装声控开关时，不要将开关装在强光直射、冷热气流进出口的位置，也不宜装在噪声太大的环境下使用，以免误报。

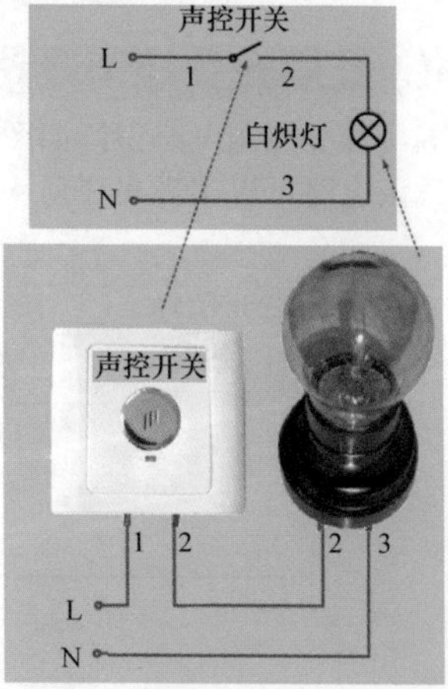

图 4-82　声控开关控制电路识读

4.73　感应开关控制电路识读

感应开关控制电路识读如图 4-83 所示。感应开关主要包括红外线感应开关、微波感应开关、超声波感应开关等。感应开关从外形上，可以分为 86 型感应开关、吸顶式感应开关。

吸顶式感应开关离地面不宜过

高，最好2.4~3.1m。墙壁装人体感应开关，可以安装在原开关的位置，直接替换即可。

吸顶式感应开关的安装方式大同小异，一般是在天花板上开一定直径的圆孔，然后L、N、LOUT、NOUT四个接线柱上分别接入相线进线、零线进线、相线出线、零线出线。接好线后，把开关扣入天花板上即可。如果安装环境中无吊顶，则可以先用螺钉把开关顶盒锁在顶上，再把开关旋入底盒中。

tips：安装人体感应开关时，需要远离暖气、冰箱、空调、火炉等空气温度变化敏感的地方。

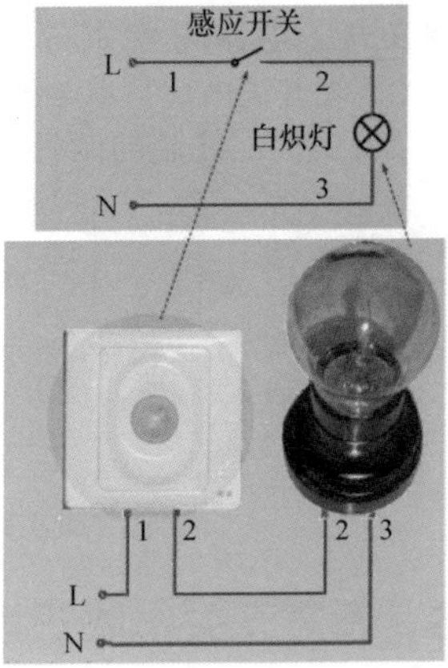

图4-83 感应开关控制电路识读

4.74 触摸开关控制电路识读

触摸开关控制电路识读如图4-84所示。触摸开关是应用触摸感应芯片原理设计的一种墙壁开关。根据接线方式，触摸开关可以分为单相线触摸开关、双线制触摸开关（相线和零线）。根据开关原理，触摸开关可以分为电阻式触摸开关、电容式触摸开关。

tips：绝大多数触摸开关是采用单相线制布线规则。

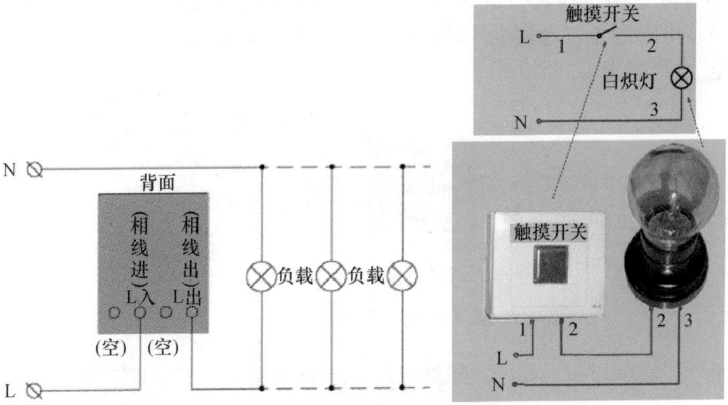

图4-84 简单的触摸开关控制电路识读

4.75 调光开关电路识读

调光开关电路识读如图 4-85 所示。有的调光开关内部自带电源开关，无需另接开关。二线制的调光开关任何接线端子都严禁接零线。调光开关的负载一般是白炽灯。

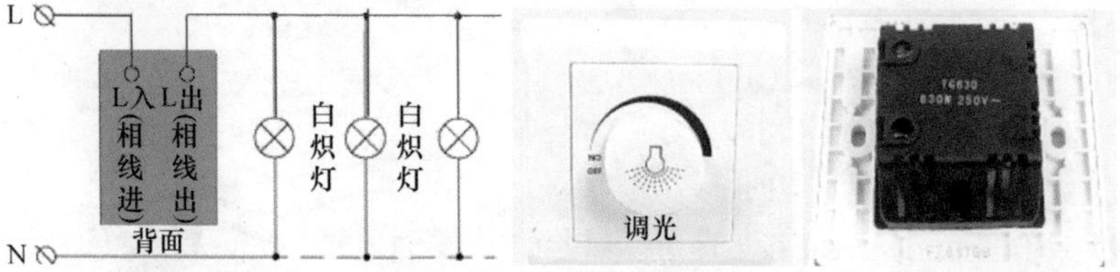

图 4-85 调光开关电路识读

4.76 调速开关电路识读

二线制调速开关电路识读如图 4-86 所示，注意单相线式电子调速开关接线端子严禁接零线。调速开关的性能参数有工作电压、环境温度、负载功率、最低电压等。许多调速开关是采用电子电路去改变电动机的极数、电压、电流、频率等方法来达到控制电动机的转速，以使电动机达到较高的使用性能的一种电子开关。

对于交流电动机而言，调速方式有：电感式调速、电容式调速等。

对直流电动机而言，调速方式有电枢回路电阻调速、电枢电压调速等。

电子调速开关可以根据操作方式、负载功率、接线方式等特点来分类：

1）根据操作方式可以分为：旋钮调速开关、按键调速开关、调速插座调速开关。

2）根据负载功率可以分为：常规功率调速开关、中等功率调速开关、超大功率调速开关。

3）根据接线方式可以分为：单线式电子调速开关、零相线电子调速开关。

本节（图 4-86）图例二线制调速开关的接线电路就是属于单相线式电子调速开关。

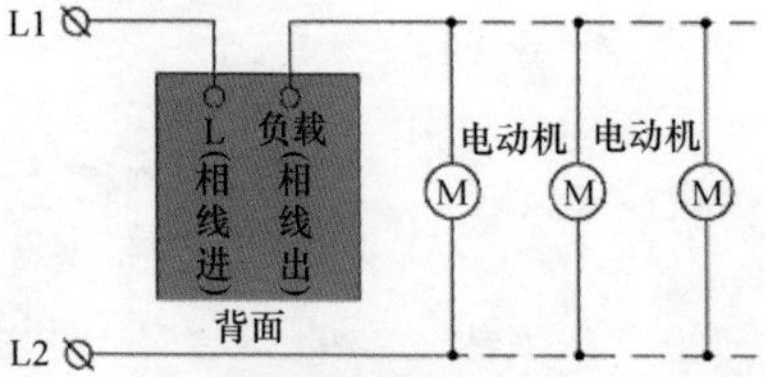

图 4-86 调速开关电路识读

4.77 一荧光灯一开关照明电路识读

一荧光灯一开关照明电路识读如图 4-87 所示。一荧光灯一开关照明电路与其他灯一开关照明电路原理电路基本一样，只是具体接线存在差异。

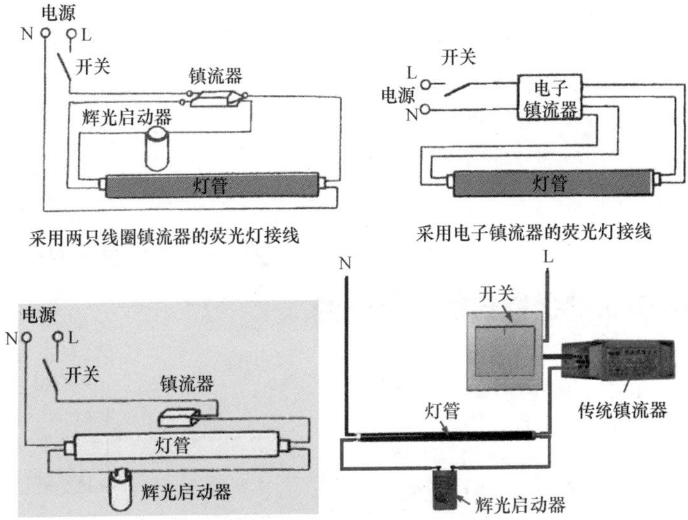

采用一般镇流器的荧光灯接线

图 4-87　一荧光灯一开关照明电路识读

4.78 单管荧光灯电路识读

单管荧光灯电路识读如图 4-88 所示。单管荧光灯电路可以分为单管传统荧光灯电路、LED 荧光灯电路等。

传统荧光灯是利用气体放电原理制成的。传统荧光灯一般是由灯管、镇流器、辉光启动器、电容器等组成。

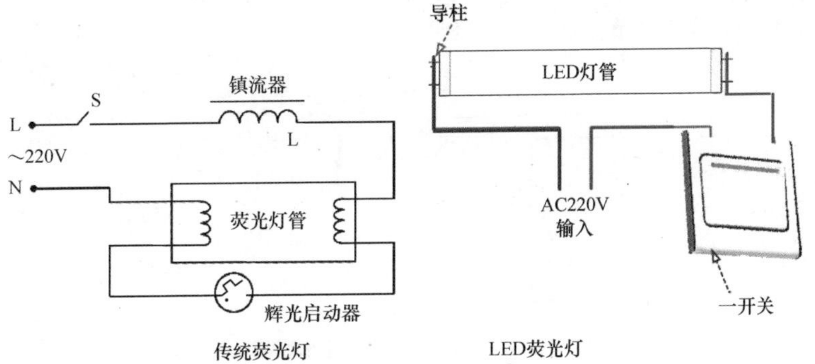

图 4-88　单管荧光灯电路识读

4.79 双荧光灯线路识读

双荧光灯线路识读如图 4-89 所示。接线时，电源开关、镇流器都接在相线端，灯丝一端接零线。辉光启动器的动接点的方向，需要远离相线较近的一侧，以获得较高的脉冲电动势，得到较好的启动性能与延长灯管寿命的作用。

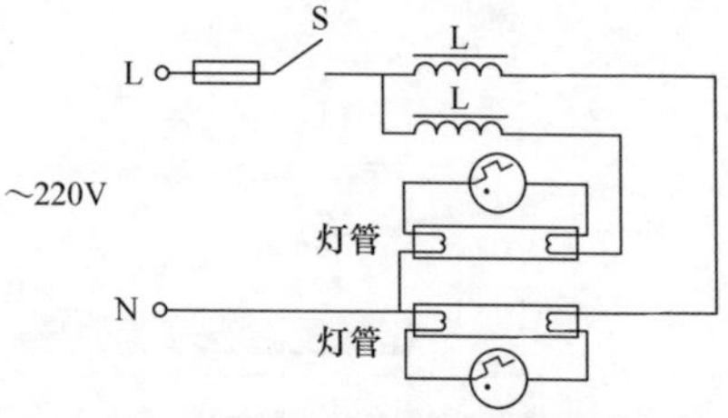

图 4-89 双荧光灯线路识读

4.80 荧光灯快速启辉电路识读

荧光灯快速启辉电路识读如图 4-90 所示。一般情况下，电源电压低时的荧光灯启辉困难，则会影响荧光灯灯管的使用寿命。因此，采用荧光灯快速启辉电路可以解决该现象。

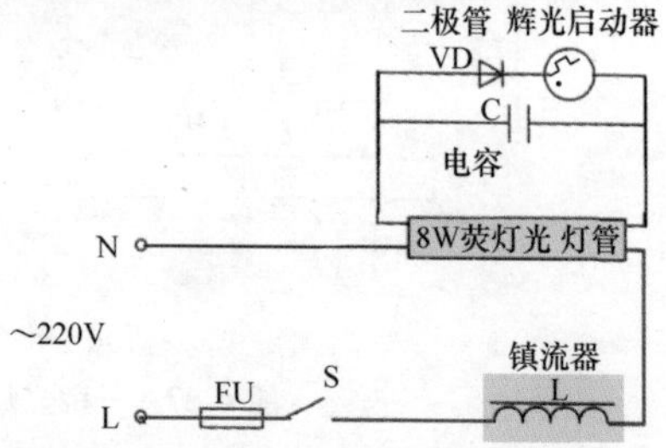

图 4-90 荧光灯快速启辉电路识读

4.81 一节能灯一开关照明电路识读

一节能灯一开关照明电路识读如图 4-91 所示。一节能灯一开关照明电路是由开关、节能灯、导线、220V 交流电源等组成。一节能灯一开关照明电路也就是一灯一开关的连线方式。尽管是一灯一开关照明电路，但是不同的节能灯安装的特点有所不同。

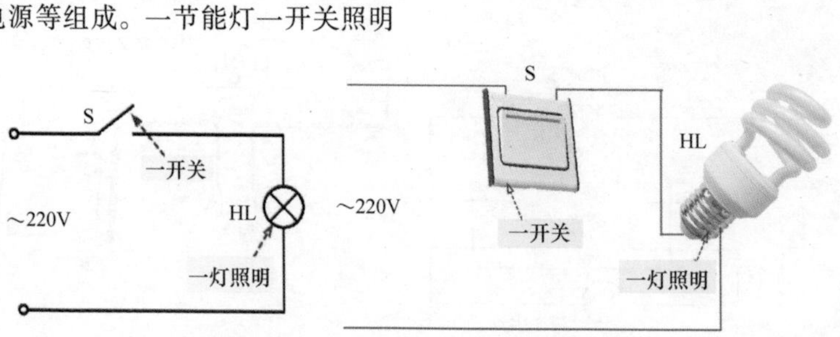

图 4-91 一节能灯一开关照明电路识读

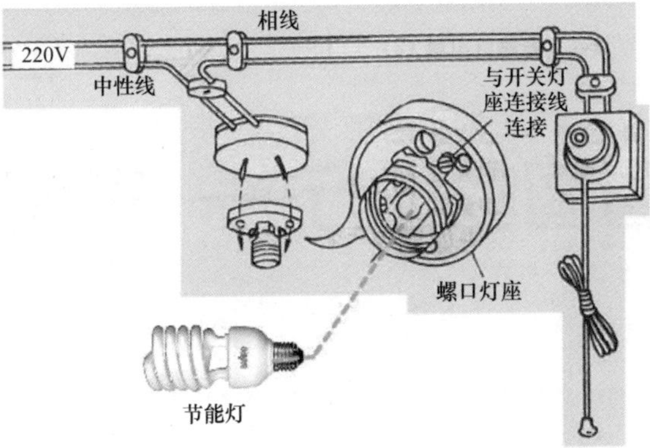

图 4-91　一节能灯一开关照明电路识读（续）

第 5 章

看图教你行——家装水电识图

5.1 与家装水电有关的图样

与家装水电有关的图样如下：

（1）平面布置图——平面布置图是对功能的定位，其包括卫生洁具、开关、插座、电视、电话网线等。

（2）天花板布置图——天花板布置图对于水电工而言，主要是确定灯具的布置，也就是了解灯具安装在什么地方、是什么样的灯，以及灯具安装的高度是多高。

（3）橱柜图样——橱柜图样主要是立面图，对于水电工而言，其主要作用是对厨房电器等进行定位，以及布管走线。

（4）家具、背景立面图——一般而言，家具中酒柜、装饰柜、书柜安装灯具的可能性较大，并且多数为射灯。因此，需要留意该类图与水电工作的联系。

（5）水电示意图——水电示意图的作用，主要是对灯具的控制开关、电器的插座等进行定位。通过识读该类型的图，可以了解水电安装在哪个位置、高度是多少、开关插座的类别、插座的类别、电视插座、电话插座等信息。

（6）地面装修图——明确地面是用什么地面材料，是实木地板、复合地板，还是瓷砖。一般而言使用复合地板，地面需要开槽布管布线。

5.2 水定位

水电工，识读家装施工图，主要是为具体施工服务，具体的工作就是给水定位、给水管开槽布管、给水系统连接、排水定位、排水管开槽布管、排水系统连接等。

水定位的一些要求与技巧如下：

（1）绝对禁止擅自动煤气管、煤气表、煤气报警器等相关设施，煤气管道不能包、不能移动改位等。

（2）现场水路交底，需要对照施工平面布置图。一般首先看洗菜、洗脸、沐浴、洗衣、洗拖把等功能是否齐全，下水管是否需要移位。

（3）了解热水供应方式，几台热水器供水，分别是什么热水器，热水器外形尺寸。

（4）了解所用洁具的型号，确定排水管的位置。是否需要更换蹲便器、洗脸盆、洗菜盆的排水方式。

（5）一般情况下，根据使用方式、设计要求、图样等，定点供水位置，并且在墙上做标记。

（6）需要查阅配套的橱柜水电图。

［举例］ 一装修工程橱柜水电图图解识读如图 5-1 所示。

（7）有的图样，没有提供施工要求和尺寸，则可能需要通用技术进行处理。为此，识读家装施工图时，也需要掌握一些数据和技能。一些数据和技能见表 5-1~5-6。

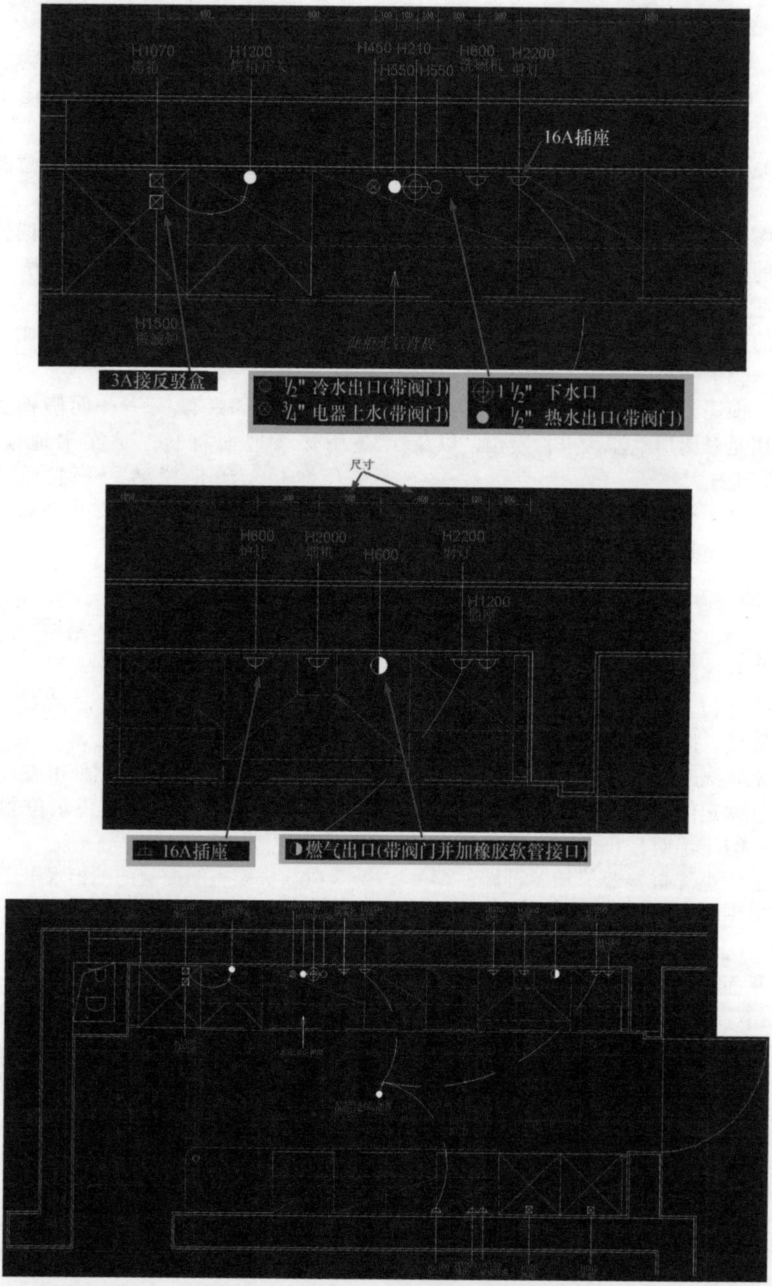

图 5-1　一装修工程橱柜水电图图解识读

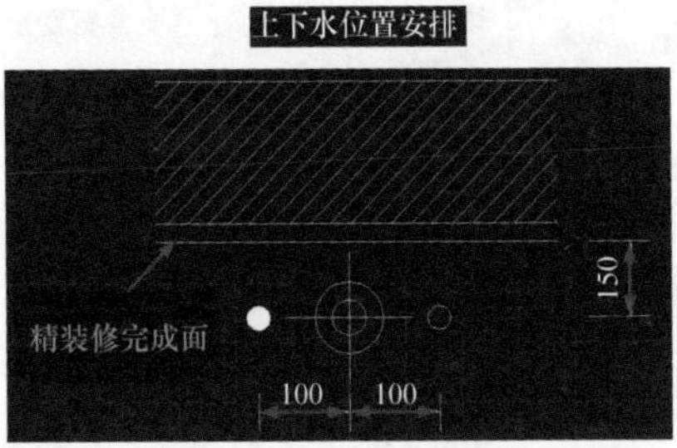

图 5-1 一装修工程橱柜水电图图解识读（续）

（查看本图说明：注意）本图尺寸基于精装修完成面，单位为 mm。所有水、气尺寸均基于管道中心。所有标高均基于插座下沿。

（查看本图说明：H 表示高度，后面为高度数值。）以下所提供的水电位置是严格针对本套橱柜的需要所设计：

冰箱——H600，插座——H1200，烤箱——H1070，烤箱开关——H1200，炉灶——H600，射灯——H2200，微波炉——H1500，洗碗机——H600，烟机——H2000，智能插座——H1150。

表 5-1 导线与燃气管、水管、压缩空气管间隔距离 （单位：mm）

类别	导线与燃气管、水管	电气开关、插座与燃气管	导线与压缩空气管
同一平面	≥ 100	≥ 150	≥ 300
不同平面	≥ 50		≥ 100

表 5-2 卫生器具与排水管连接时排水管的管径坡度

卫生器具名称	排水管径 /mm	管道最小坡度（‰）
大便器	100	12
洗脸盆	32~50	20
小便器	45~50	20
浴盆、淋浴盆	50	20

表 5-3 卫生器具给水的额定流量、当量、支管管径和流出水头

给水配件名称	额定流量 /(L/s)	当量	支管管径 /mm	配水点前所需流出水头 /MPa
污水盆（池）水龙头	0.20	1.0	15	0.020
住宅厨房洗涤盆（池）水龙头	0.20 (0.14)	1.0 (0.7)	15	0.015

（续）

给水配件名称	额定流量 /(L/s)	当量	支管管径 /mm	配水点前所需流出水头 /MPa
洗水盆水龙头	0.15(0.10)	0.75(0.5)	15	0.020
洗脸盆水龙头、盥洗槽水龙头	0.20(0.16)	1.0(0.8)	15	0.015
浴盆水龙头	0.30(0.20) 0.30(0.20)	1.5(1.0) 1.5(1.0)	15 30	0.020 0.015
淋浴器	0.15(0.10)	0.75(0.5)	15	0.025~0.040
大便器 冲洗水箱浮球阀 自闭式冲洗阀	 0.10 1.20	 0.5 6.0	 15 25	 0.020 根据产品要求
小便器 手动冲洗阀 自闭式冲洗阀 自动冲洗水箱进水阀	 0.05 0.10 0.10	 0.25 0.5 0.5	 15 15 15	 0.015 根据产品要求 0.020
净身器冲洗水龙头	0.10(0.07)	0.5(0.35)	15	0.030
饮水器喷嘴	0.05	0.25	15	0.020
洒水栓	0.40 0.70	2.0 3.5	20 25	根据使用要求 根据使用要求
室内洒水龙头	0.20	1.0	15	根据使用要求
家用洗衣机给水龙头	0.24	1.2	15	0.020

注：1. 表中括弧内的数值系在有热水供应时单独计算冷水或热水管道管径时采用。
2. 淋浴器所需流出水头按控制出流的启闭阀件前计算。
3. 充气水龙头和充气淋浴器的给水额定流量应按本表同类型给水配件的额定流量乘以 0.7 采用。
4. 卫生器具给水配件所需流出水头有特殊要求时，其数值应按产品要求确定。
5. 浴盆上附设淋浴器时，额定流量和当量应按浴盆水龙头计算，不必重复计算浴盆上附设淋浴器的额定流量和当量。

表 5-4 卫生器具的安装高度

卫生器具名称	卫生器具边缘离地面高度 /mm	
	居住和公共建筑	幼儿园
架空式污水盆（池）（到上边缘）	800	800
落地式污水盆（池）（到上边缘）	500	500
洗涤盆（池）（到上边缘）	800	800
洗手盆（到上边缘）	800	500
洗脸盆（到上边缘）	800	500
盥洗槽（到上边缘）	800	500
浴盆（到上边缘）	480	—
蹲、坐式大便器（从台阶面到高水箱底）	1800	1800
蹲式大便器（从台阶面到低水箱底）	900	900
坐式大便器（到低水箱底） 外露排出管式 虹吸喷射式	 510 470	 — 370
坐式大便器（到上边缘） 外露排出管式 虹吸喷射式	 400 380	 — —
立式小便器（到受水面部分上边缘）	100	—
挂式小便器（到受水面部分上边缘）	600	450
化验盆（到上边缘）	800	—
净身器（到上边缘）	360	—
饮水器（到上边缘）	1000	—

表 5-5 间接排水口最小空气间隙

间接排水管管径 /mm	排水口最小空气间隙 /mm
≤ 25	50
32~50	100
>50	150

表 5-6 卫生器具排水的流量、当量和排水管的管径、最小坡度

卫生器具名称	排水流量 / (L/s)	当量	排 水 管	
			管径 /mm	最小坡度
污水盆（池）	0.33	1.0	50	0.025
单格洗涤盆（池）	0.67	2.0	50	0.025
双格洗涤盆（池）	1.00	3.0	50	0.025
洗手盆、洗脸盆（无塞）	0.10	0.3	32~50	0.020
洗脸盆（有塞）	0.25	0.75	32~50	0.020
浴盆	1.00	3.0	50	0.020
淋浴器	0.15	0.45	50	0.020
大便器高水箱	1.5	4.5	100	0.012

（续）

卫生器具名称	排水流量 / (L/s)	当量	排 水 管	
			管径 /mm	最小坡度
大便器低水箱冲落式	1.50	4.50	100	0.012
大便器低水箱虹吸式	2.00	6.00	100	0.012
大便器自闭式冲洗阀	1.50	4.50	100	0.012
小便器手动冲洗阀	0.05	0.15	40~50	0.02
小便器自闭式冲洗阀	0.10	0.30	40~50	0.02
小便器自动冲洗水箱	0.17	0.50	40~50	0.02
净身器	0.10	0.30	40~50	0.02
饮水器	0.05	0.15	25~50	0.01~0.02
家用洗衣机	0.50	1.50	50	

注：家用洗衣机排水软管，直径为 30mm。

5.3 PPR 暗装大样图

PPR 暗装大样图识读图例如图 5-2 所示。识读时，需要注意各材料的应用，各装修层的特点，以及中心材料 PPR 的位置、尺寸等信息。

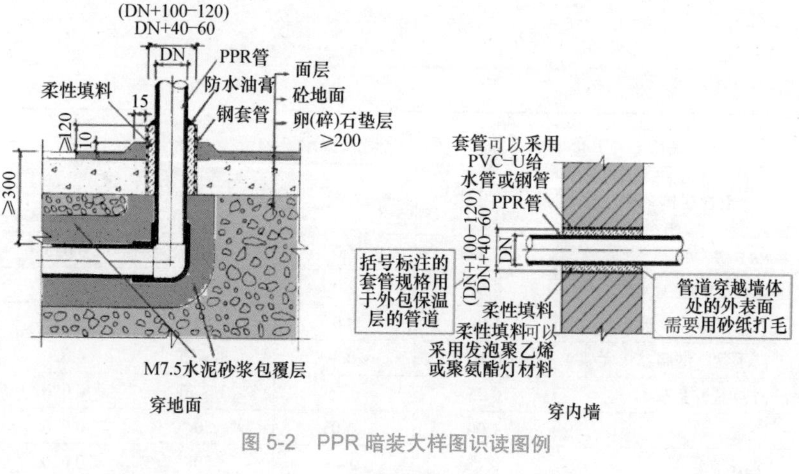

图 5-2　PPR 暗装大样图识读图例

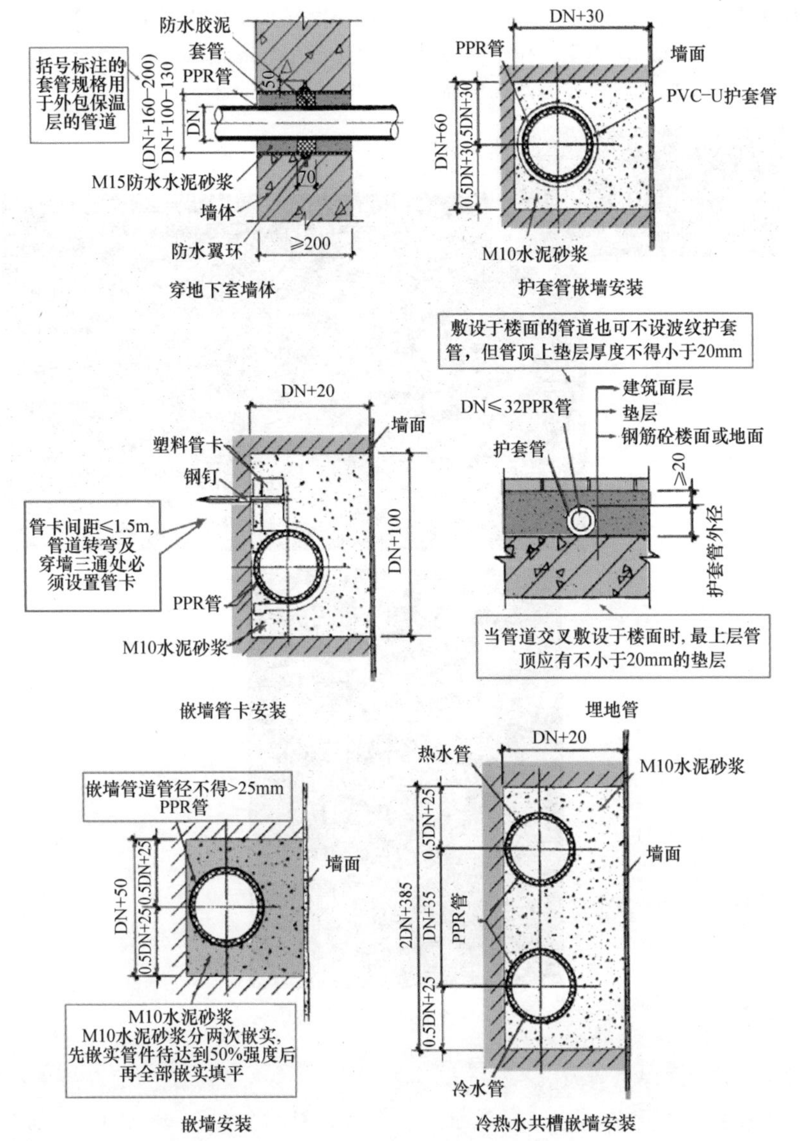

图 5-2 PPR 暗装大样图识读图例（续）

5.4 排水布置图

排水布置图识读图例如图 5-3 所示。识读排水布置图，需要读懂、了解各排水设备排水口的定位尺寸，以及空间布局位置。例如坐便器排水口距离墙壁分为350mm、1555mm+430mm。卫生盆位于坐便器右边，其定位尺寸可以通过坐便器的尺寸得到，也可以通过与墙壁的尺寸得到：1555mm+430mm+830mm。

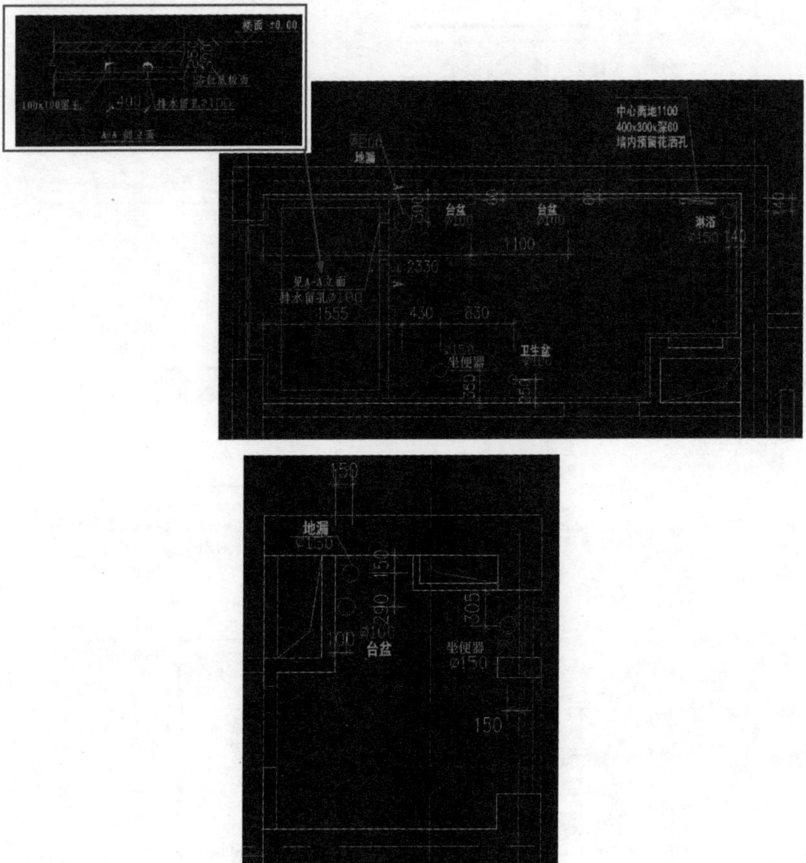

图 5-3　排水布置图识读图例

5.5　家装给水管图

家装给水管基本管路原理如图5-4所示。家装给水管图分为单冷水图、混水图。从家装水管图中可以了解水龙头的数量与具体位置，以及用水设施的数量与具体位置。

家装给水管图主要涉及厨房、卫生间、阳台等场所。家装给水管基本管路原理是一样的：冷水管从水表处引出来作为主水管，然后其他用水设施的冷水采用水管与该主水管连通即可。只是有的用水设施的冷水需要经过闸控制再引出冷水管。家装中的热水管就是与主水管连通的一分支管到热水器，然后该冷水经过热水器加热变成热水，并且由热水器引出热水主管。该热水主管就是需要经过热水器的热水分支管。有的用水设施的热水需要经过闸控制再引出热水管。

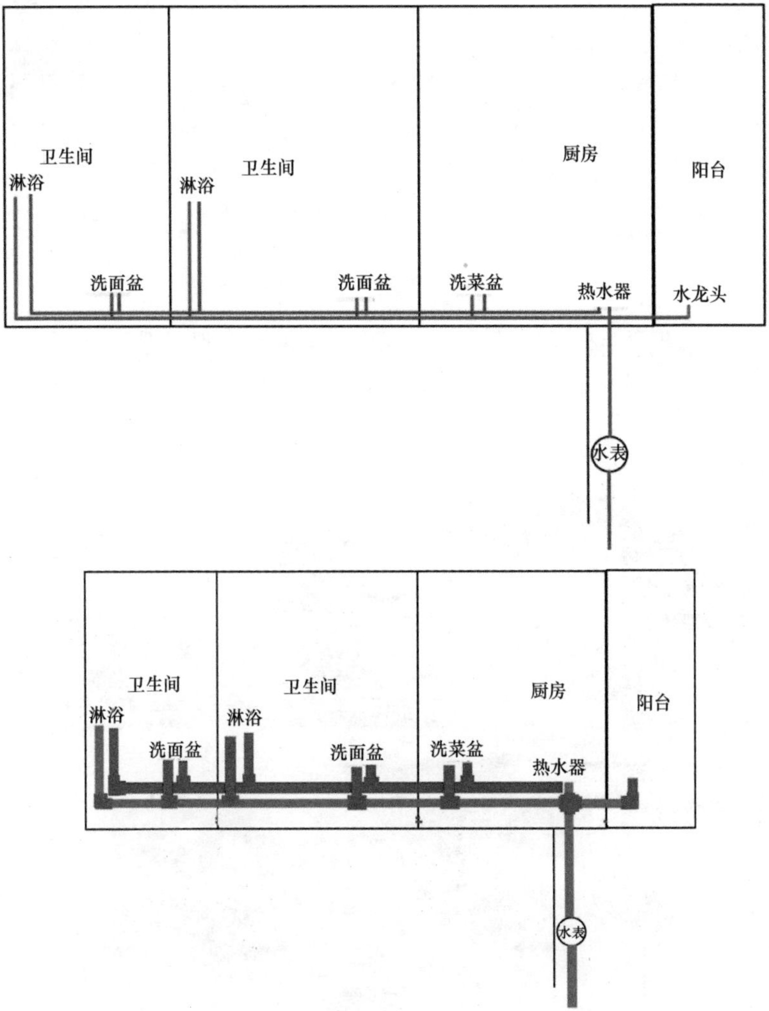

图 5-4　家装给水管基本管路原理

5.6　阳台单冷水龙头的安装图识读

阳台单冷水龙头的安装图识读如图 5-5 所示。识读时，需要理清安装顺序，操作步骤、操作要点。

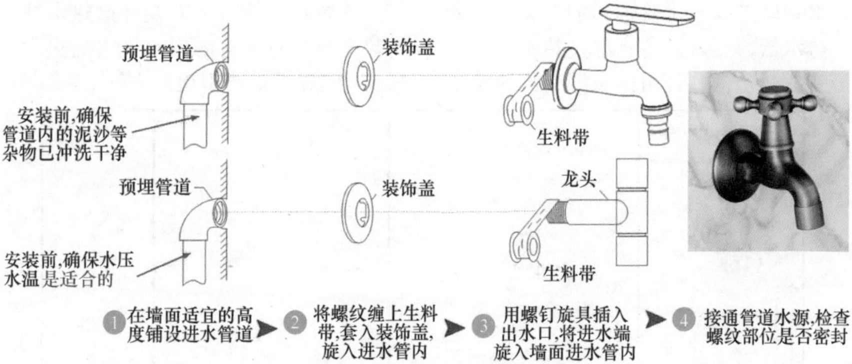
预埋管道
装饰盖
安装前,确保管道内的泥沙等杂物已冲洗干净
生料带
预埋管道
装饰盖
龙头
安装前,确保水压水温是适合的
生料带
1 在墙面适宜的高度铺设进水管道
2 将螺纹缠上生料带,套入装饰盖,旋入进水管内
3 用螺钉旋具插入出水口,将进水端旋入墙面进水管内
4 接通管道水源,检查螺纹部位是否密封

图 5-5　阳台单冷水龙头的安装图识读

5.7 双把精铜冷热水卫浴仿古面盆龙头的实物安装图识读

双把精铜冷热水卫浴仿古面盆龙头的实物安装图识读如图 5-6 所示。识读时，需要理清步骤的衔接，以及配件的先后安装顺序。同时，注意实际现场安装所带来的识读调整与灵活转换。

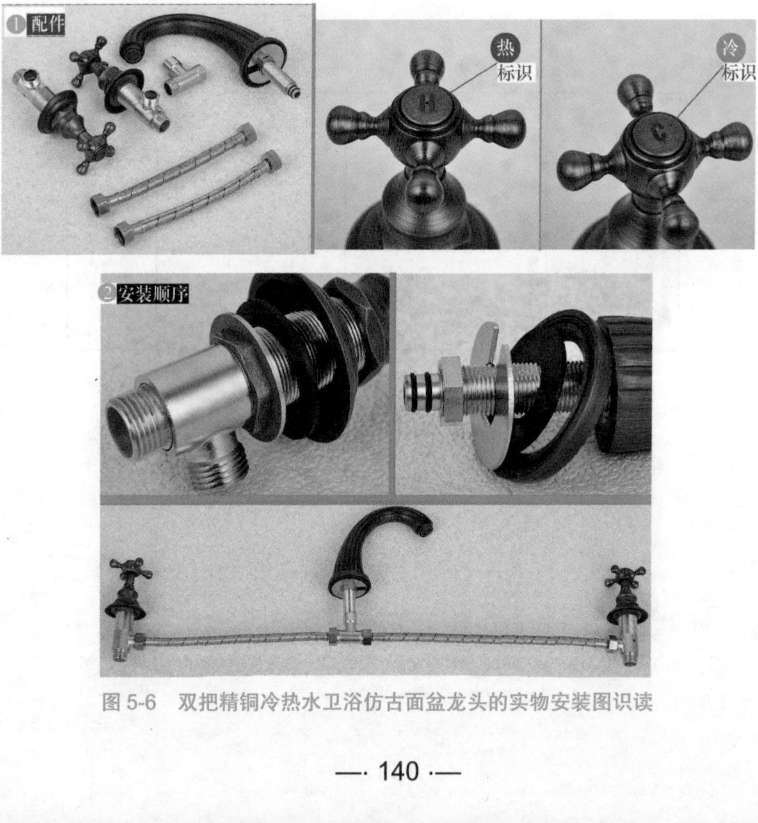
1 配件
热
标识
冷
标识
2 安装顺序

图 5-6　双把精铜冷热水卫浴仿古面盆龙头的实物安装图识读

5.8 厨房水槽排水器的安装图识读

厨房水槽排水器的安装图识读如图 5-7 所示。识读时，需要理清步骤的衔接，以及配件的先后安装顺序。同时，注意实际现场安装所带来的识读调整与灵活转换。

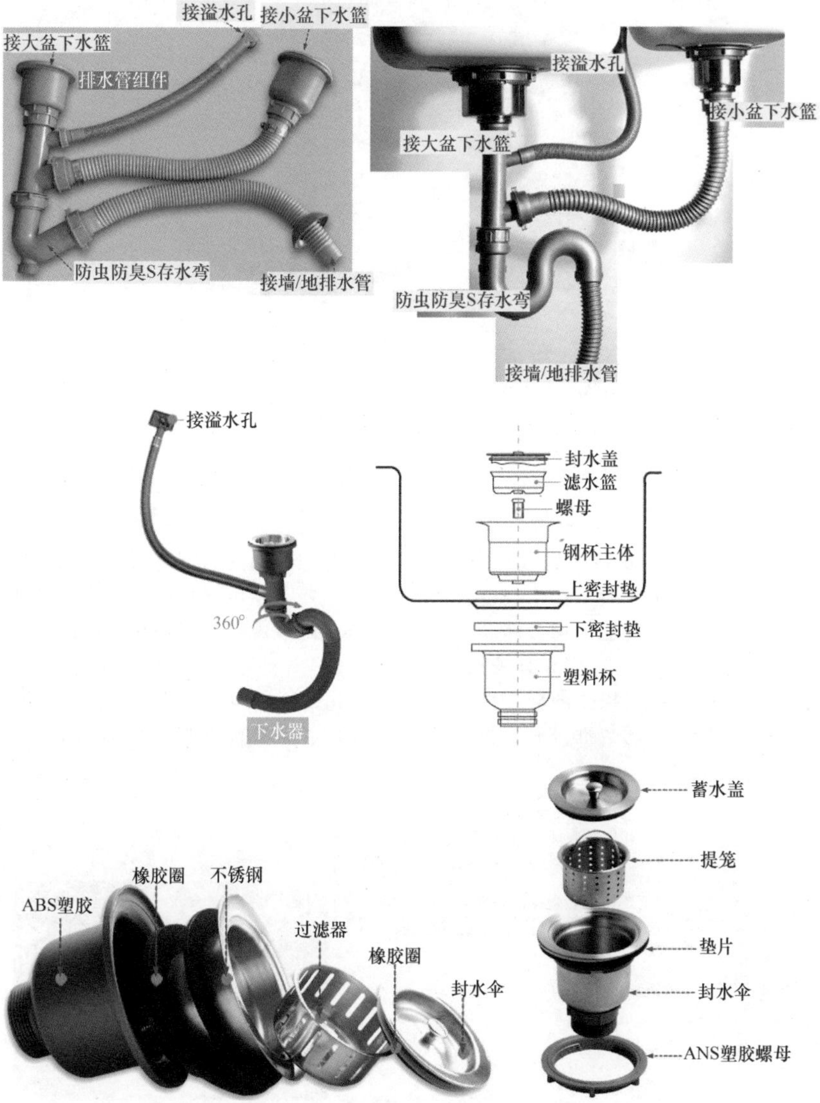

图 5-7 厨房水槽排水器的安装图识读

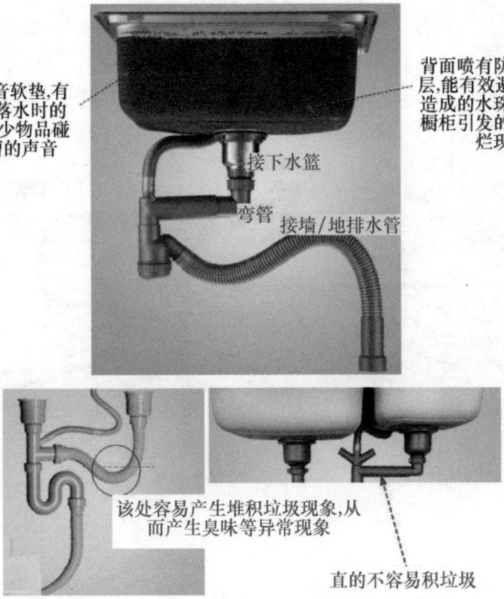

橡胶消音软垫,有效降低落水时的噪声,减少物品碰撞水槽的声音
背面喷有防凝露的涂层,能有效避免因温差造成的水珠凝结滴落橱柜引发的发霉和腐烂现象

接墙/地排水管
该处容易产生堆积垃圾现象,从而产生臭味等异常现象
直的不容易积垃圾

图 5-7　厨房水槽排水器的安装图识读（续）

5.9　卫生洁具的安装图识读

卫生洁具的安装图识读如图 5-8 所示。无论是暗装给水排水技能，还是明装给水排水技能，均会涉及卫生洁具进水口离地、离墙等有关尺寸。识读时，一般需要根据图样提供的尺寸进行。如果有的数据没有提供，则需要考虑通用的数据是否满足该装修工程的要求，也就是通用的数据需要确认。许多现场，多是在通用的数据附近。

tips：具体的一些卫生洁具进水口离地、离墙的尺寸见表 5-7。

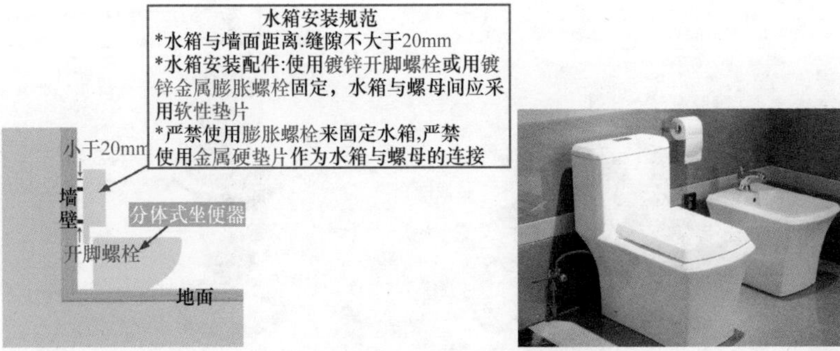

水箱安装规范
*水箱与墙面距离:缝隙不大于20mm
*水箱安装配件:使用镀锌开脚螺栓或用镀锌金属膨胀螺栓固定，水箱与螺母间应采用软性垫片
*严禁使用膨胀螺栓来固定水箱,严禁使用金属硬垫片作为水箱与螺母的连接
小于20mm
墙壁
分体式坐便器
开脚螺栓
地面

图 5-8　卫生洁具的安装图识读

表 5-7 卫生洁具进水口离地、离墙的尺寸

洁具名称	离地距离 /mm	冷热进水口间距 /mm	进出水口突出瓷砖的长度 /mm
洗菜池	450~500	150	0
洗脸盆	450~500	150	0
混合龙头	800~1000	150	-5
拖把龙头	600		0
热水器	1400	150	0
冲洗阀	800~1000		0
坐便器	150~250		0
洗衣机	1100~1200		0

注：上表为实际参考高度。

5.10 识读图时的电工电料

识读图时，许多电工电料均会通过材料表，或者图中文字、符号等信息表达出来。但是，在有的图样中，一些电工电料不会提供，因为通用知识很强。例如电线的使用，就是如此：

（1）电视线——一般用于电视线路的布线。

（2）网络线——一般用于网络线路的布线。

（3）电话线——一般用于电话线路的布线。

（4）音响线——一般用于音响线路的布线。

（5）1.5mm² 电线——一般用于照明回路的布线。

（6）2.5mm² 电线——一般用于照明、插座回线的布线。

（7）4.0mm² 电线——一般用于照明、插座、空调回线的布线。

（8）6.0mm² 电线——一般用于大功率快速热水器、空调回路的布线。

5.11 电定位

水电工识读家装施工图，主要是为具体施工服务，具体的有强电弱电定位、强电弱电电管开槽布管、强电弱电设备连接等。

电定位的一些要求与技巧如下：

（1）开关与插座宁多勿少。

（2）卫生间要采用防水插座。

（3）开关合理定位，防止推拉门遮住开关，方便使用。

（4）热水器种类：燃气热水器、电热水器、太阳能等电器的尺寸、安装方位。

[举例] 明卫生间燃气热水器常见布置定位图例如图 5-9 所示。

明卫生间电热水器常见布置定位图例如图 5-10 所示。

厨房燃气热水器常见布置定位图例如图 5-11 所示。

厨房电热水器常见布置定位图例如图 5-12 所示。

（5）计算机、电视线、饮水机、空调、音响、洗衣机等电器的尺寸、安装方位。

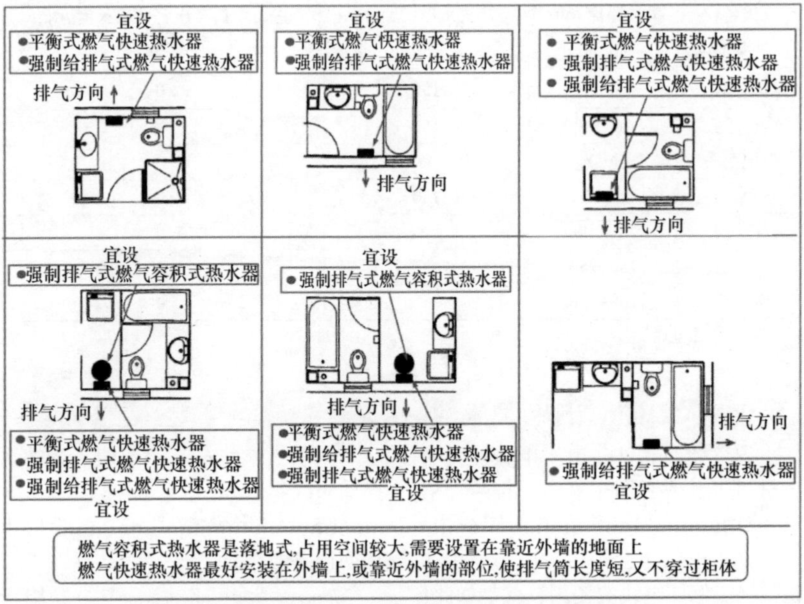

图 5-9 明卫生间燃气热水器常见布置定位图例

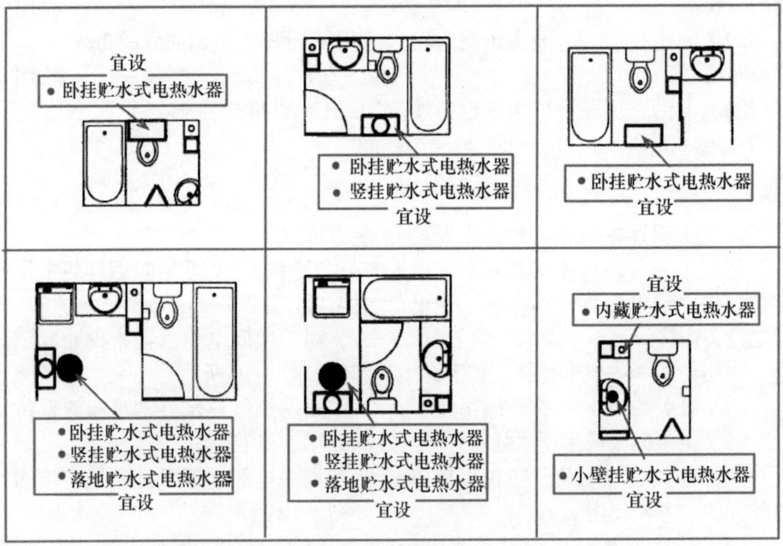

图 5-10 明卫生间电热水器常见布置定位图例

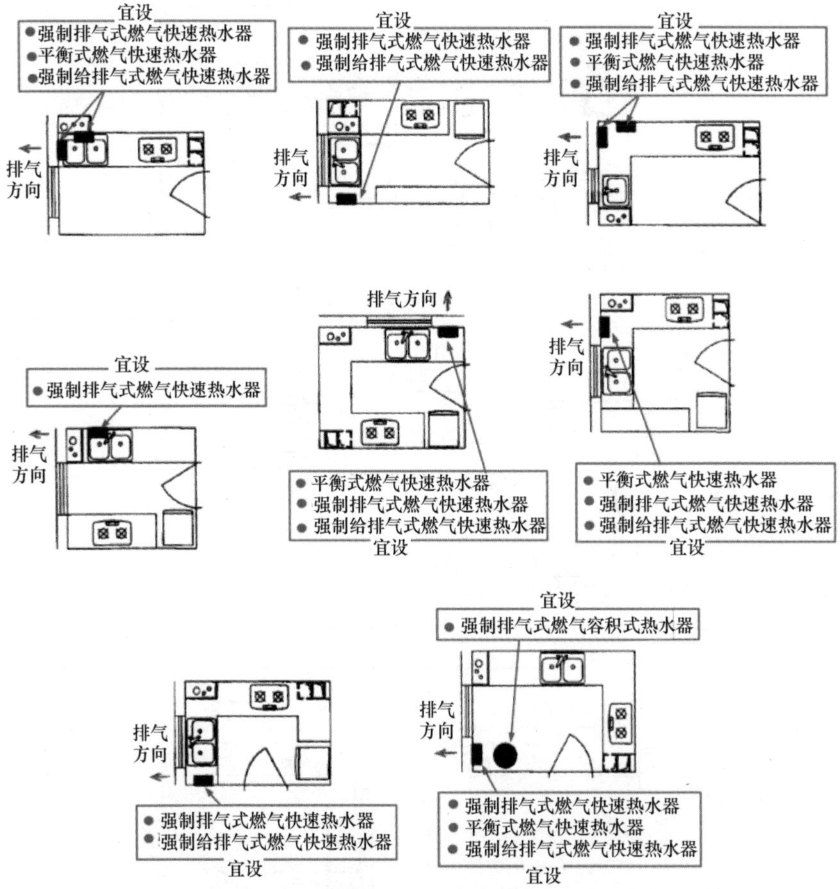

图 5-11　厨房燃气热水器常见布置图例

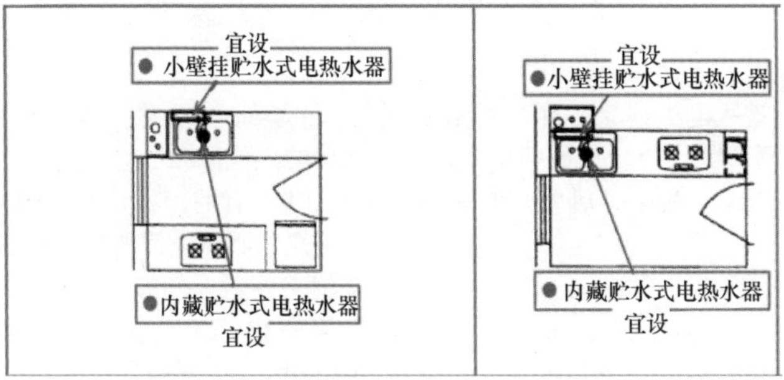

图 5-12　厨房电热水器常见布置定位图例

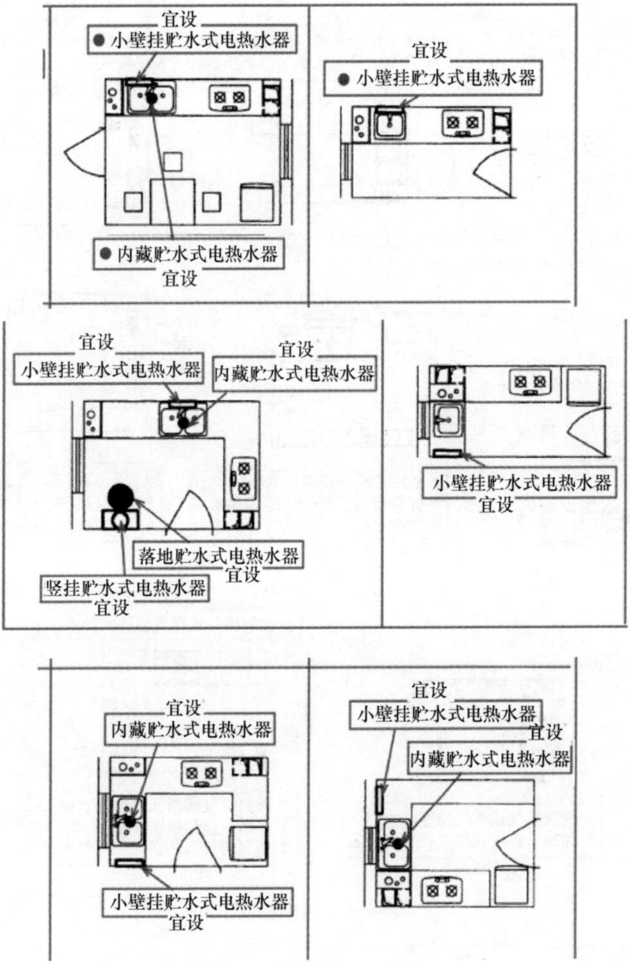

图 5-12　厨房电热水器常见布置定位图例（续）

（6）餐厅电火锅、客厅、娱乐室的电热器等位置，以及用电的功率。

（7）楼上、楼下、卧室灯具是否单联双控。

（8）消毒柜、洗碗机、电饭煲、微波炉、冰箱、浴霸、抽油烟机、换气扇等厨卫设备的尺寸、安装方位。

［举例］　一家装工程根据图样在现场的定位如图 5-13 所示。

（9）有的图样没有提供具体的定位信息，则可能需要根据经验、常规、案例来判断。例如一些插座、开关的案例安装要求见表 5-8。不过，像这种情况，需要征询图样设计方，以求确认正确。

图 5-13　一家装工程根据图样在现场的定位

表 5-8　一些插座、开关的案例安装要求

名称	安装要求	名称	安装要求
单相二、三孔插座（250V/10A）	暗装，底边距地 1.8m	无级调光电子镇流器	安装在智能家居控制箱内
洗衣机三孔插座（250V/10A）	暗装，底边距地 1.5m	单联双控开关（250V/10A）	暗装，底边距地 1.5m
防水型三孔插座（250V/10A）	暗装，底边距地 1.8m	双联双控开关（250V/10A）	暗装，底边距地 1.8m
热水器三孔插座（250V/10A）	暗装，底边距地 1.5m	白炽灯调光模块	安装在智能家居控制箱内
电冰箱三孔插座（250V/10A）	暗装，底边距地 1.8m	双极暗装开关（250V/10A）	暗装，底边距地 1.8m
单极暗装开关（250V/10A）	暗装，底边距地 1.5m		

一些灯具的案例安装要求见表 5-9。

表 5-9　一些灯具的案例安装要求

名称	安装要求	名称	安装要求
壁灯（荧光灯）	暗装，底边距地 1.8m	直管荧光灯	暗装，底边距地 1.5m、1.8m
壁灯（白炽灯）	暗装，底边距地 1.5m	花灯	暗装，底边距地 1.5m、1.8m
小吸顶灯	暗装，底边距地 1.5m	防水防尘灯（白炽灯）	暗装，底边距地 1.5m、1.8m
筒灯（荧光灯）	暗装，底边距地 1.5m、1.8m	镜前灯（荧光灯）	暗装，底边距地 1.5m、1.8m
防水防尘灯（荧光灯）	暗装，底边距地 1.5m、1.8m	大吸顶灯（荧光灯）	暗装，底边距地 1.5m、1.8m

箱、柜的案例安装要求见表 5-10。

表 5-10 箱、柜的案例安装要求

名称	安装要求	名称	安装要求
电表箱	由供电部门确定	家居智控箱	暗装，底边距地 1.5m
配电箱	暗装，底边距地 1.8m		

电机及限位开关的案例安装要求见表 5-11。

表 5-11 电机及限位开关的案例安装要求

名称	安装要求	名称	安装要求
电磁阀	有选择 ZCL-10 案例的	行程开关	有选择 D4X-7311，暗装，底边距地 1.5m 案例的
给排水泵	有选择 FCP-330 案例的	微动开关	有选择 YBLXW-N/B，暗装，底边距地 1.8m 案例的
车库门电动机	有选择 R160，额定功率 470W 案例的	窗帘电动机	有选择 DC-01D-10 6V，2W 案例的

其他弱电的案例安装要求见表 5-12。

表 5-12 其他弱电的案例安装要求

名称	安装要求	名称	安装要求
温湿度传感器	对讲机室外门口机、暗装，底边距地 1.5m	对讲室外门口机	有选择 JAS-298FK/C 案例的，暗装，底边距地 1.8m
照度传感器	额定电压 12V	对讲门口主机	有选择 JAS-298B/MC 案例的，暗装，底边距地 1.5m
红外探测器	有选择 PA-450 案例的，最大 11m、9~18VDC	方向识别被动红外幕帘探测器	有选择 LH-915E 案例的，暗装，底边距地 1.8m
门磁	有选择 5C-33B 案例的，嵌入式案例的	紧急报警按钮	有选择 PB-28 案例的，暗装，底边距地 1.5m
感应卡门锁	有选择 BL-2000 案例的，暗装，底边距地 1.8m	温感探测器	对讲机室外门口机，暗装，底边距地 1.8m
对讲室内分机	有选择 JAS-288BF 案例的，暗装，底边距地 1.5m	燃气探测器	有选择 LH-818V 案例的，暗装，底边距地 1.5m
离子烟感探测器	有选择 LH-91L 案例的，暗装，底边距地 1.8m		

5.12 平面配置图识读

家装平面配置图识读如图 5-14 所示。识读家装平面配置图时，需要了解电气设备、床铺、柜子、桌子、椅子等设施、设备的具体摆放位置。识读时，可以根据各功能间一一具体读懂有关信息。

图 5-14 家装平面配置图识读

5.13 强电配电箱电路图识读

家庭配电箱可以分为强电配电箱与弱电配电箱。弱电配电箱又叫作家庭智能配电箱。家庭配电箱一般均采用了断路器，有的也采用防雷保护器、超电压 / 过电压 / 欠电压 / 短路保护器等，则具体连线有所差异，如图 5-15 所示。

照明强电开关箱电气图的识图如图 5-16 所示。通过读懂照明强电开关箱电气图，可以了解建筑物内部电气照明配电系统的全貌。照明强电开关箱电气图是用来表示建筑照明配电系统供电方式、配电回路分布、配电相互联系的一种建筑电气工程图。

照明强电开关箱电气图能够集中反映照明的配电方式、导线或电缆的型号、规格、数量、敷设方式、穿管管径、穿管规格型号等。

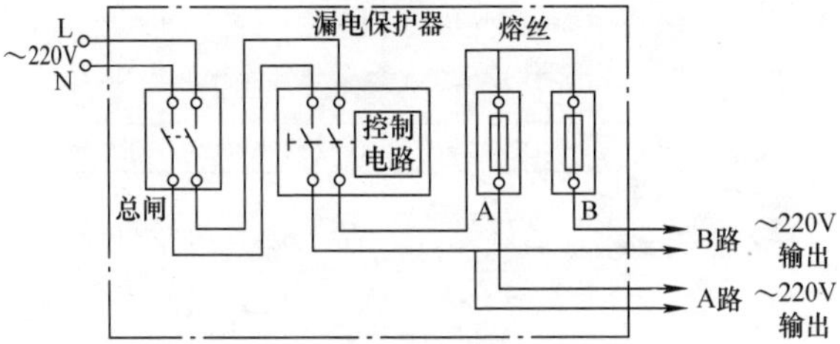

图 5-15 家庭配电箱

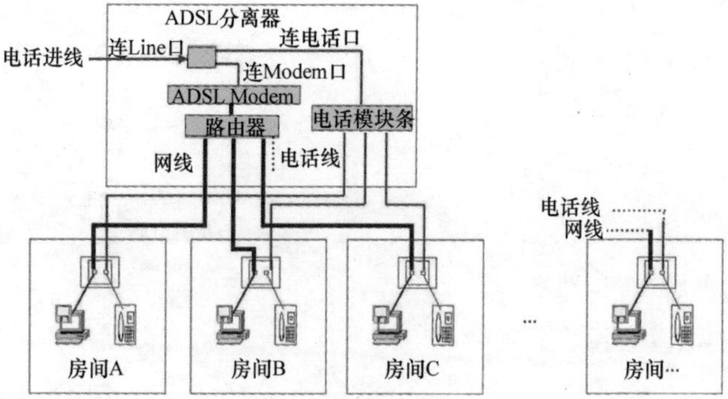

家庭智能配电箱

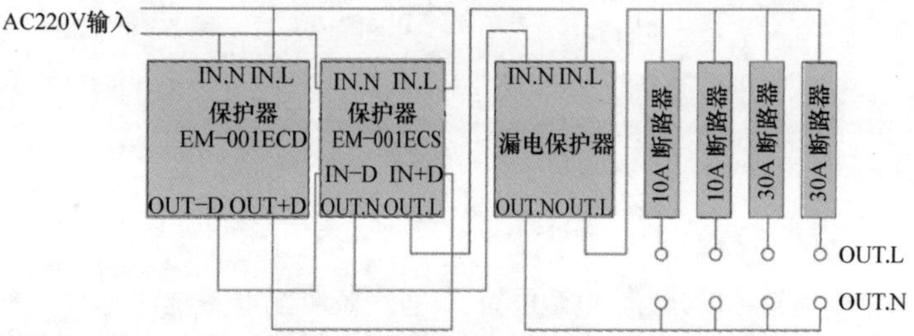

超电压、过电压、欠电压短路保护器的配电箱

图 5-15 家庭配电箱（续）

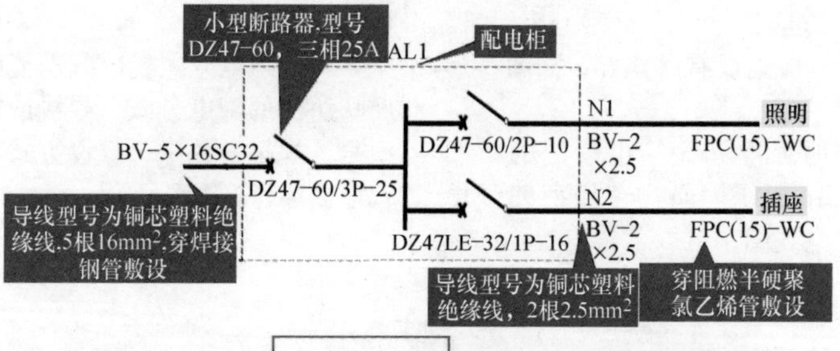

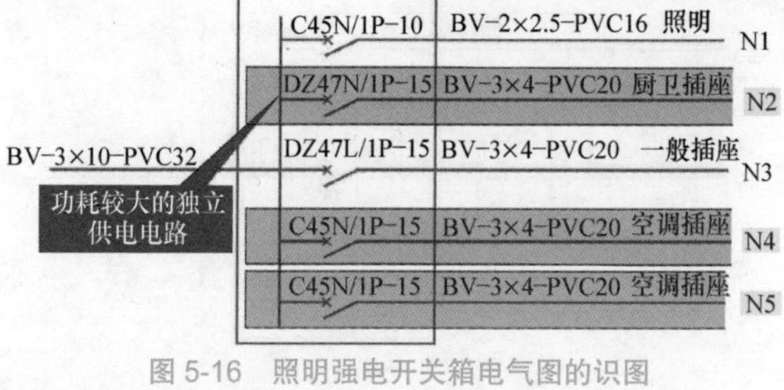

图 5-16 照明强电开关箱电气图的识图

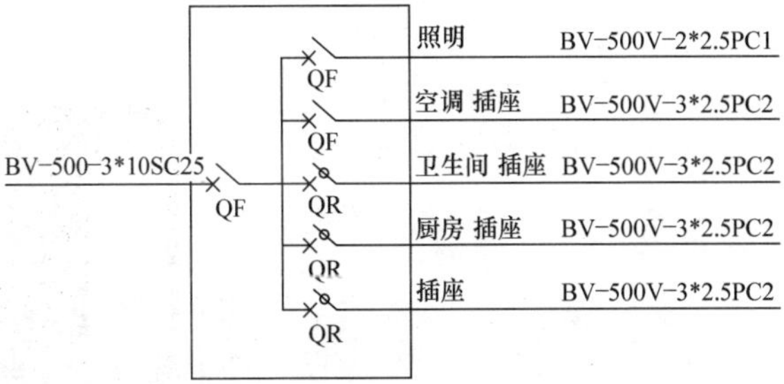

图 5-16 照明强电开关箱电气图的识图（续）

5.14 一房一厅经济型强电配电箱断路器的安装电路识读

一房一厅经济型强电配电箱断路器的安装电路识读图解如图 5-17 所示。一房一厅经济型强电配电箱可以选择 8 回路的配电箱，其箱内断路器的安装电路、特点、连接等信息是重点信息。

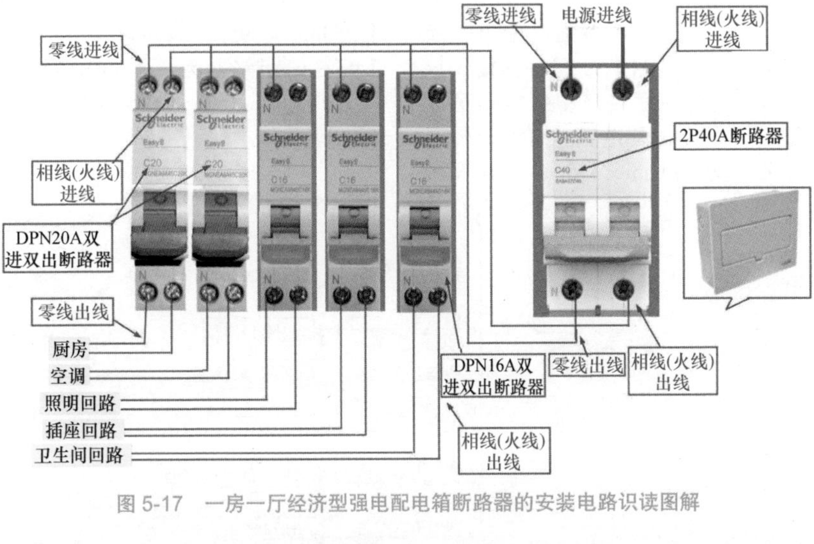

图 5-17 一房一厅经济型强电配电箱断路器的安装电路识读图解

5.15 二房一厅经济型强电配电箱断路器的安装电路识读

二房一厅经济型强电配电箱断路器的安装电路识读图解如图 5-18 所示。经济型二房一厅强电箱可以选择 12 回路的配电箱。有的经济型二房一厅强电箱的箱体开孔尺寸为 230mm × 300mm，盖板尺寸 250mm × 320mm。强电配电箱内部配置的断路器为 3 个 DPN16A 断路器、3 个 DPN20A 断路器、1 个 DPN25A 断路器、1 个 2P40A 漏电断路器。

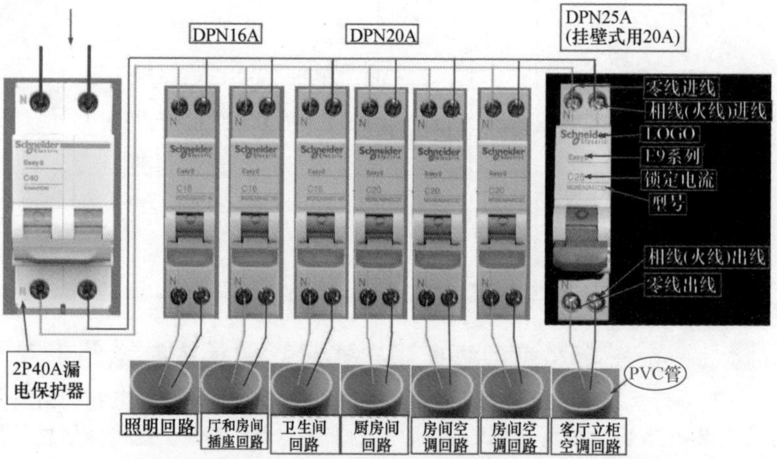

图 5-18 二房一厅经济型强电配电箱的安装电路识读图解

5.16 三房一厅经济型强电配电箱断路器的安装电路识读

三房一厅经济型强电配电箱断路器的安装电路识读图解如图 5-19 所示。三房一厅经济型强电箱可以选择 12 回路的配电箱。有的箱体开孔尺寸为 230mm×375mm，盖板尺寸 250mm×395mm。强电配电箱内部配置的断路器为 6 个 DPN16A、5 个 DPN20A、1 个 DPN25A、1 个 2P63A。

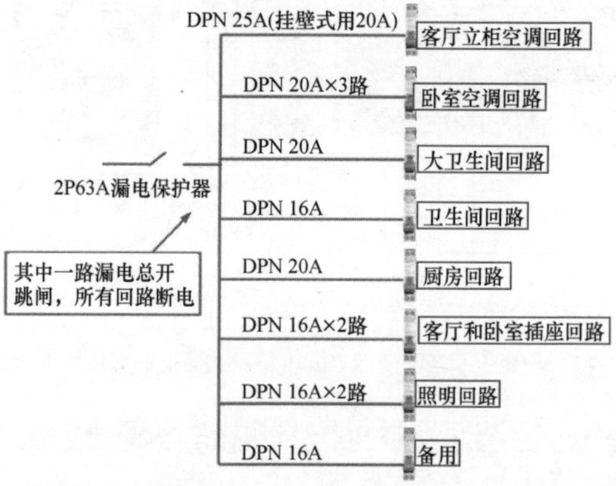

图 5-19 三房一厅经济型强电配电箱断路器的安装电路识读图解

5.17 三房一厅安逸型强电配电箱断路器的安装电路识读

三房一厅安逸型强电配电箱断路器的安装电路识读图解如图 5-20 所示。三房一厅安逸型强电箱可以选择 16 回路的配电箱。有的箱体开孔尺寸为230mm×375mm，盖板尺寸250mm×395mm。强电配电箱内部配置的断路器为5个DPN16A断路器、5个DPN20A断路器、1个DPN25A带漏电断路器、1个DPN40A带漏电断路器、1个2P63A断路器。

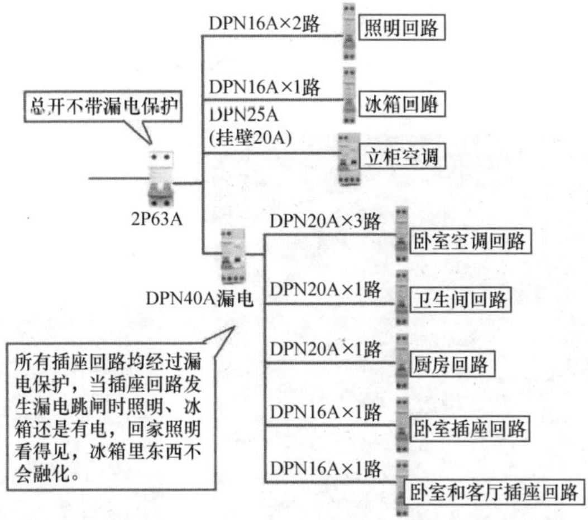

图5-20 三房一厅安逸型强电配电箱断路器的安装电路识读图解

5.18 弱电开关箱电气图的识读

弱电开关箱电气图的识读图解如图5-21所示。

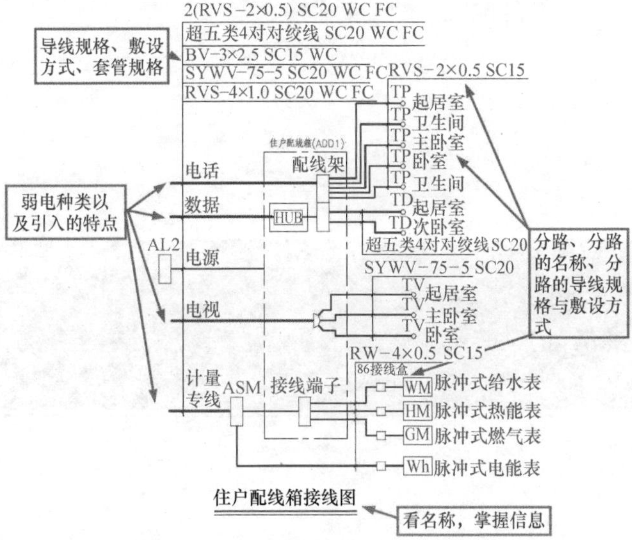

图5-21 弱电开关箱电气图的识读图解

5.19 墙地面开关布置图的识读

墙地面开关布置图的识读：

（1）看图例了解开关的类型、种类，以及大概位置点位，如图 5-22 所示。

（2）看备注、说明，以便达到有关要求，如图 5-23 所示。

（3）看开关与灯具的连线特点，如图 5-24 所示。

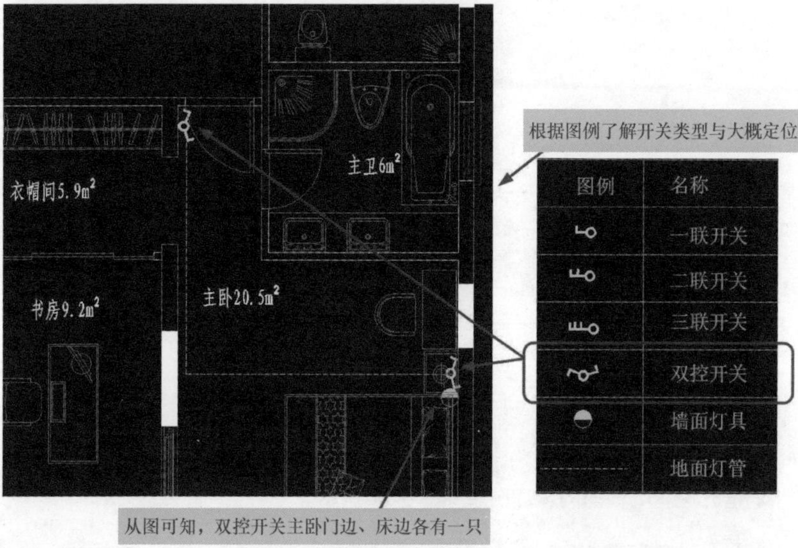

衣帽间5.9m²
主卫6m²

根据图例了解开关类型与大概定位点

从图可知，双控开关主卧门边、床边各有一只

图 5-22 看图例

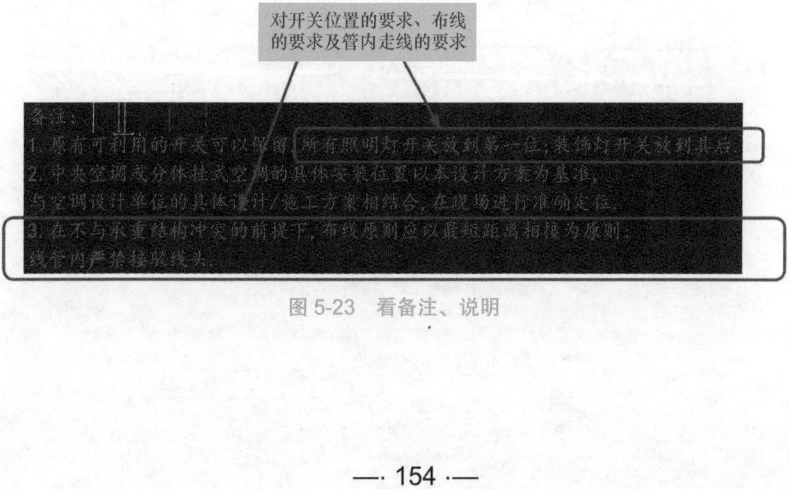

对开关位置的要求、布线的要求及管内走线的要求
备注：
1.原有可利用的开关可以保留,所有照明灯开关放到第一位;装饰灯开关放到其后.
2.中央空调或分体挂式空调的具体安装位置以本设计方案为基准,
与空调设计单位的具体设计/施工方案相结合,在现场进行准确定位.
3.在不与承重结构冲突的前提下,布线原则应以最短距离相接为原则;
线管内严禁接驳线头.

图 5-23 看备注、说明

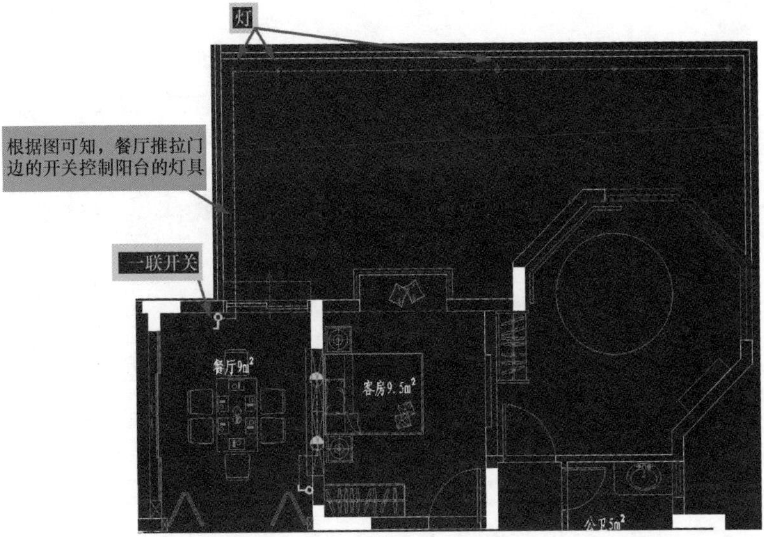

图 5-24 看开关与灯具的连线特点

5.20 开关布置图的识读

开关布置图的识读如图 5-25 所示。通过识读图，能够从图中知道开关的定位等信息。如果图中只表示开关的大概示意图，则需要从说明、常规等方面确定开关的定位。

开关的定位与理解，与灯具的布局、种类关联密切，因此，识读开关图往往结合灯具的布局图等综合。另外，识读开关布置图时，应能够联想到开关应用的实际空间图，如图 5-26 所示。

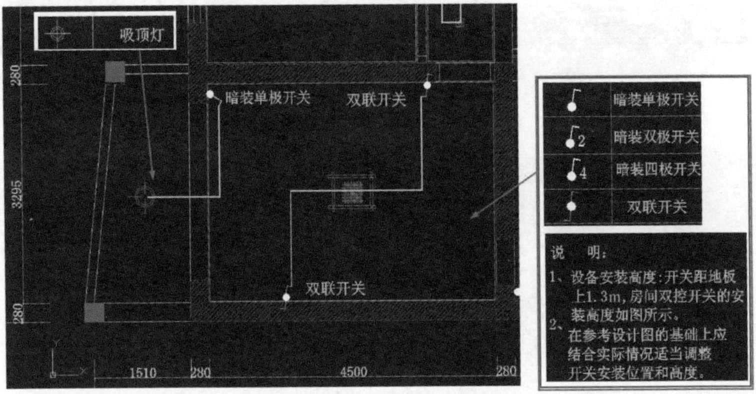

图 5-25 开关布置图的识读

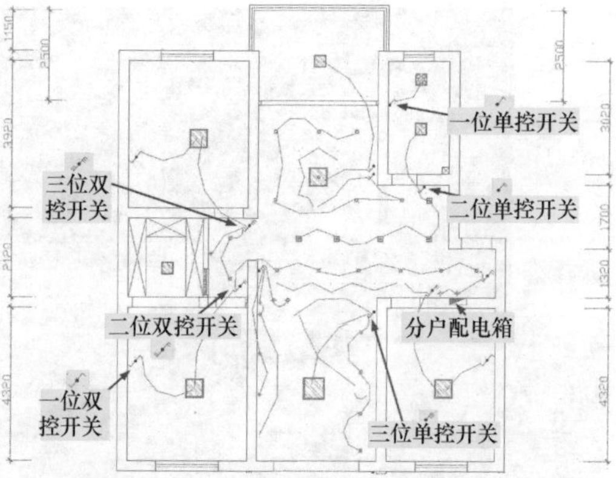

图 5-25　开关布置图的识读（续）

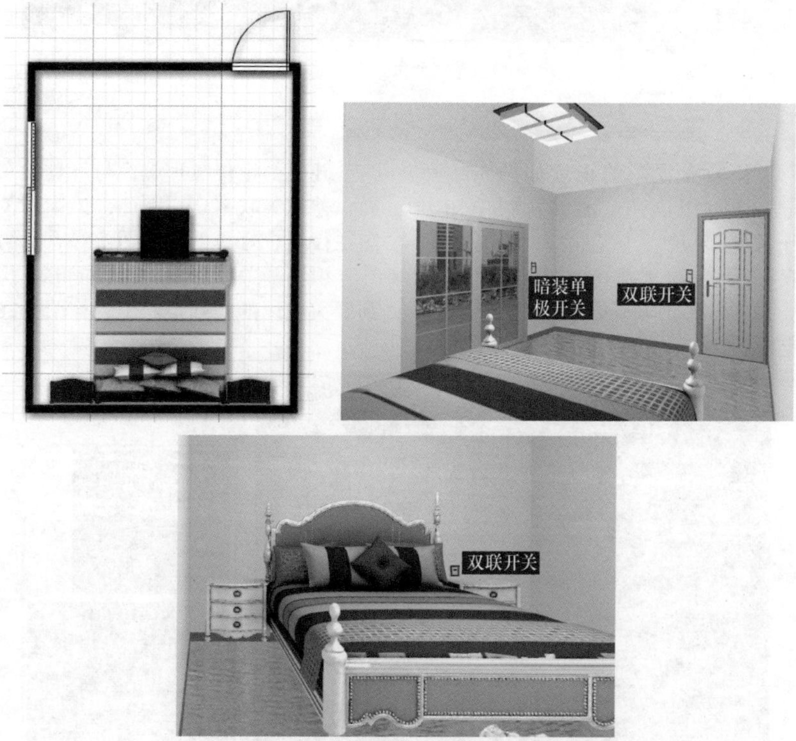

图 5-26　开关应用的实际空间图

5.21 楼梯照明用双控开关电路的识读

楼梯照明用双控开关电路的识读图解如图 5-27 所示。楼梯照明一般用两只双控开关控制一盏灯，可以实现在楼上、楼下各用一只双控开关控制同一盏灯的效果。

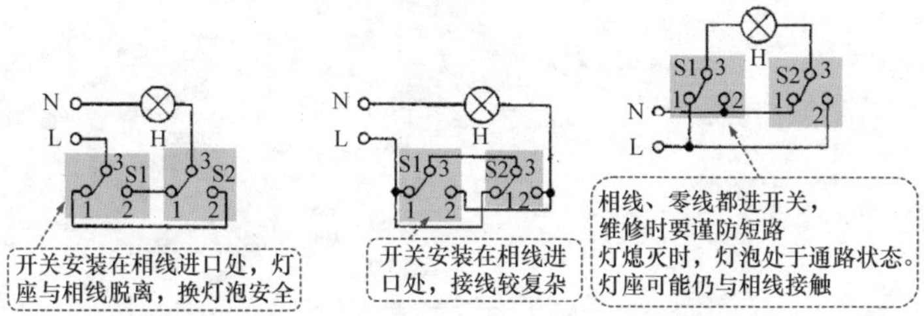

图 5-27 楼梯照明用双控开关电路的识读图解

5.22 家装插座布置图的识读

家装插座布置图的识读图解如图 5-28 所示。通过识读图，应能够掌握插座的类型、分布、数量、相关尺寸等信息。不同的家装插座布置图，具体提供的信息有差异。

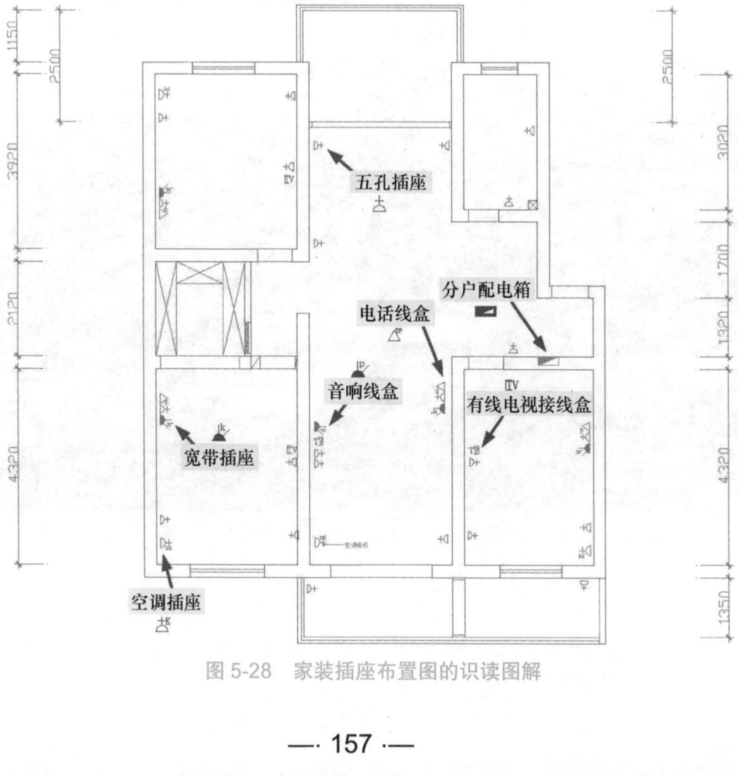

图 5-28 家装插座布置图的识读图解

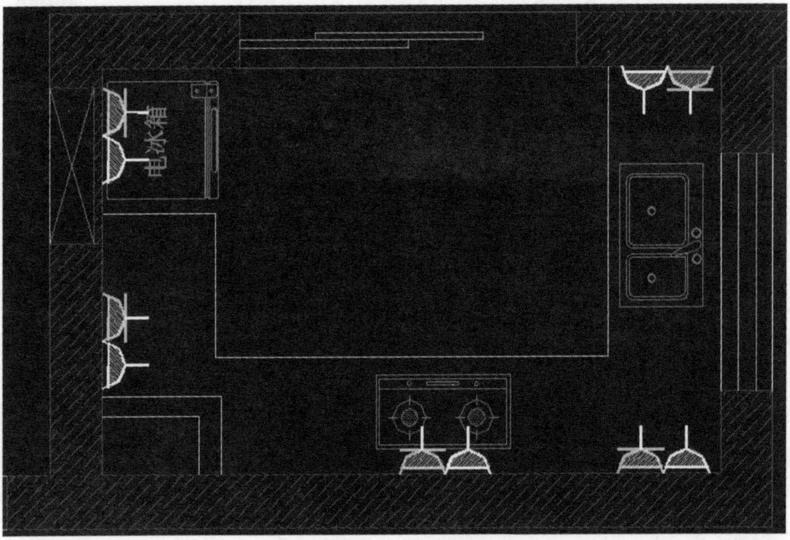

图 5-28　家装插座布置图的识读图解（续）

图 5-29 中，H300 表示安装高度 300mm。图中该处的定位：两插座中间线与墙壁相距 888mm，高度距离地面 300mm。

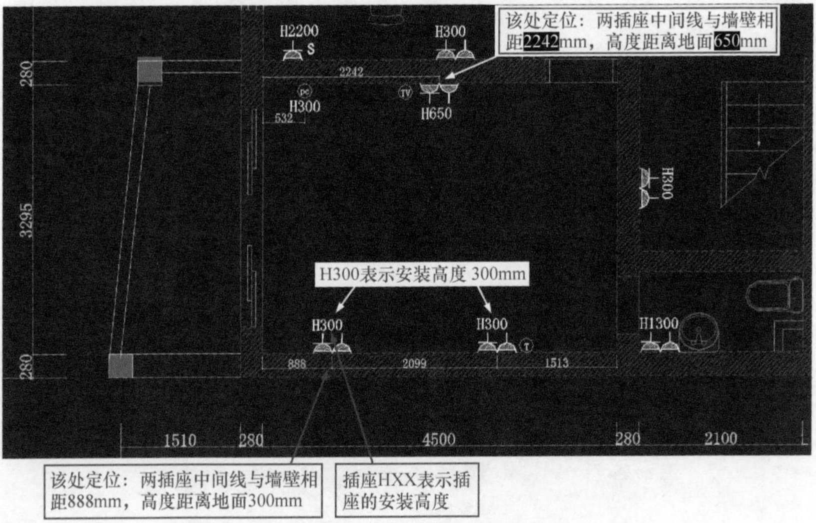

图 5-29　图解识读图

能够根据图提供的信息，例如定位尺寸，转换现场插座的现场具体定位，如图 5-30 所示。

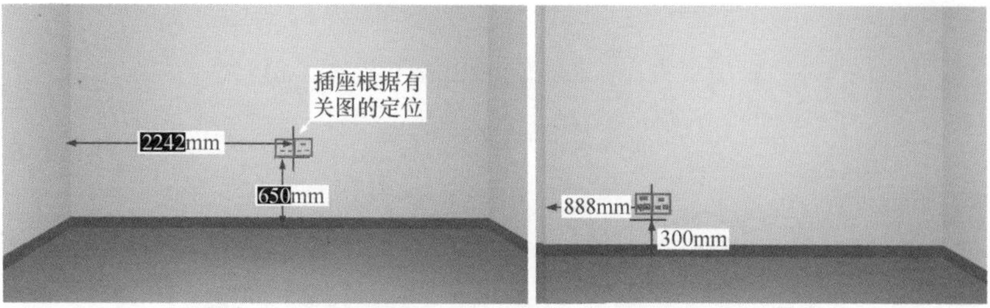

图 5-30 转换现场插座的现场具体定位

家装插座平面图的识读，应结合平面布置图，这更能够了解插座的用途，如图 5-31 所示。

家装插座平面图、平面布置图，如果结合立体图，或者联想成立体图，则更能够清晰、完整地理解图中的用意与特点，如图 5-32 所示。

[举例 1] 插座平面图的识读——插座平面图的识读如图 5-33 所示。插座的分路数 *n*2~*n*8，插座的分路均从 HAL 引出，其中 *n*4 分路插座是餐厅与厨房插座的回路。*n*2 分路插座是卧室与公共卫生间插座的回路。*n*7 分路插座是起居室空调插座的回路。*n*8 分路插座是主卧空调插座的回路。*n*6 分路插座是卧室空调插座的回路。*n*3 分路插座是卧室、起居室、主卧、主卧卫生间普通插座的回路。

[举例 2] 插座分布图的识读——插座分布图有不同的种类，无论是哪种插座分布图，主要是取得插座分布的位置、插座的种类等，其中插座分布的位置主要是要得到插座的安装高度尺寸与基准点的宽度尺寸。图例解说如图 5-34 所示，该图例中通过插座符号，可以取得插座的种类。通过图例中表示插座高度尺寸 *H* 可以取得插座的高度。通过图例中插座的不同分布，可以取得插座的分布特点与位置。

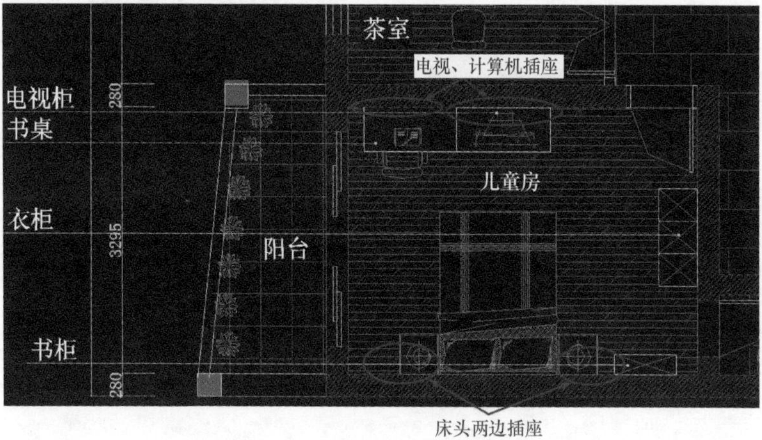

图 5-31 结合平面布置图来识读

图 5-32　如果结合立体图，或者联想成立体图

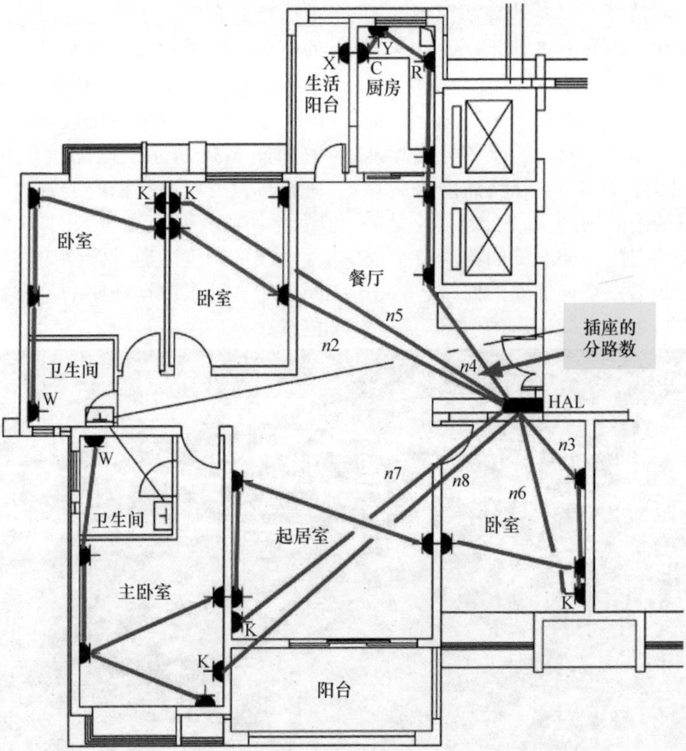

图 5-33　插座平面图的识读

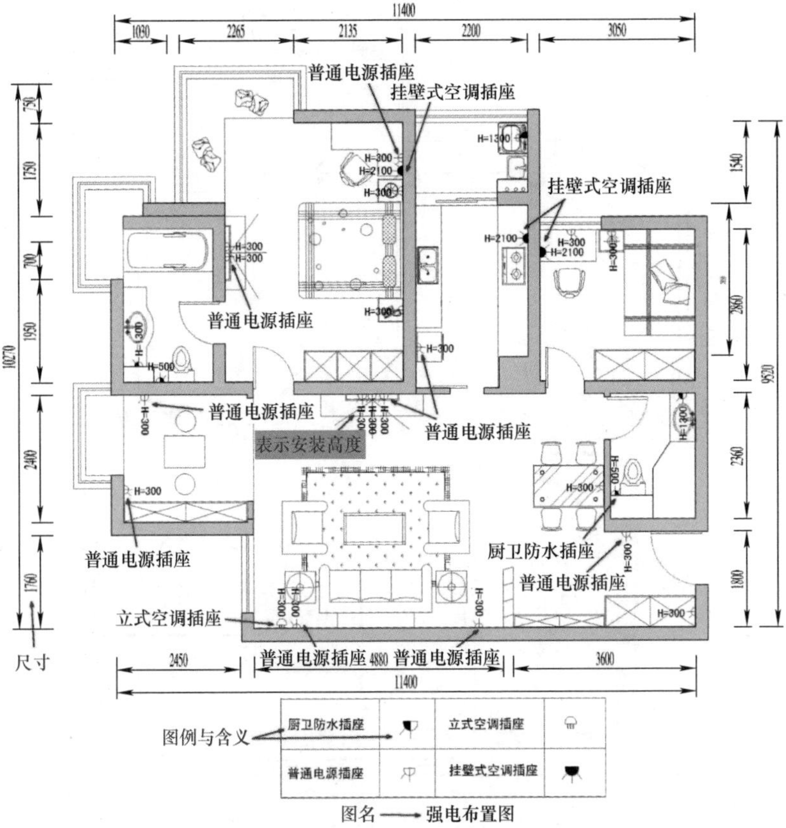

图 5-34 识读插座分布图

5.23 照明平面图的识读

照明平面图的识读如图 5-35 所示。通过识读照明平面图，可以了解电源进户装置、照明配电箱、灯具、插座、开关等电气设备的数量、型号规格、安装位置、安装高度，了解照明线路的敷设位置、敷设方式、敷设路径、导线的型号规格等信息。

识读灯具的图，如果结合看最终布局图，这样可以了解整体布局与其特点。如果结合看立面图等，这样可以从另外视角更清晰地了解其特点，如图 5-36 所示。

一实际图样灯具安装方法的标注如图 5-37 所示。该标注如果与新标准有差异，则说明图样是采用旧标准，或者是以前绘制的图样，或者是在以前的图样上进行修改的图，或者是标注采用了自定义。该种情况下，一般需要以其标注为准。

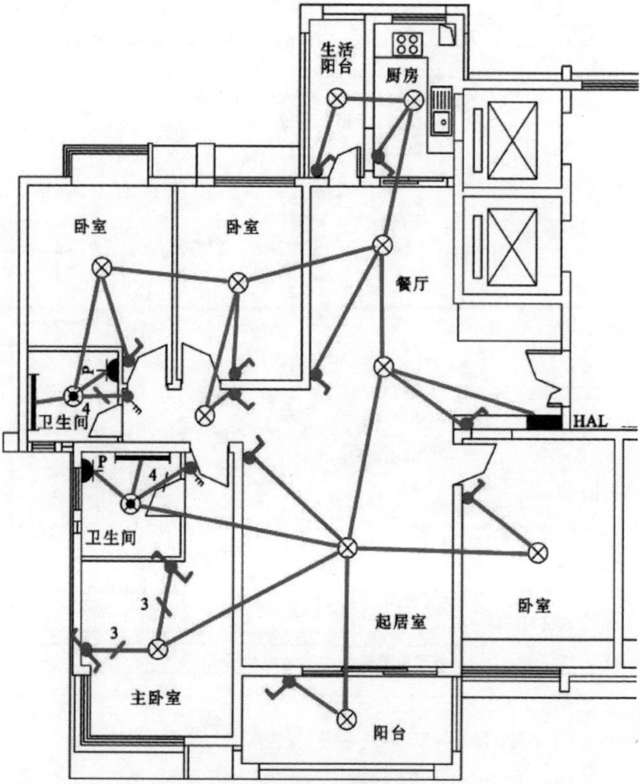

图 5-35　照明平面图的识读

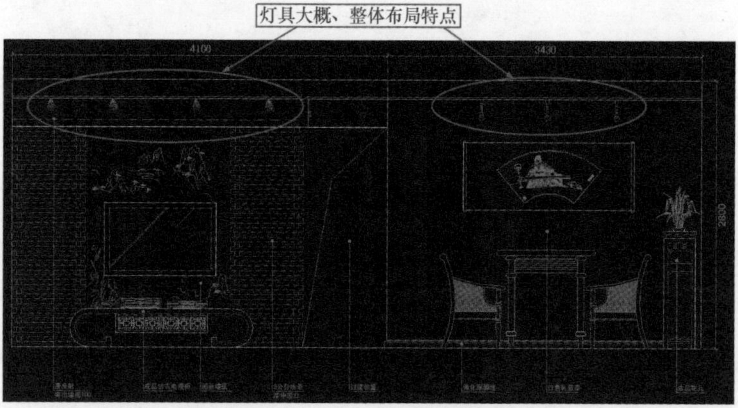

图 5-36　照明平面图结合其他图来识读

灯具安装方法的标注	
名 称	名称代号
线吊式、自在器线吊式	SW
链吊式	CS
管吊式	DS
壁装式	W
吸顶式	C
嵌入式	R
吊顶内安装	CR
墙壁内安装	WR
支架上安装	S
柱上安装	CL
座装	HN

线路敷设方法的标注	
名 称	字母代号
穿焊接钢管敷设	SC
穿电线管敷设	MT
穿硬塑料管敷设	PC
电缆桥架敷设	CT
金属线槽敷设	MR
塑料线槽敷设	PR
穿金属软管敷设	CP
直埋敷设	DB
电缆沟敷设	TC
混凝土排管敷设	CE

导线敷设部位的标注	
名 称	字母代号
暗敷在梁内	BC
沿或跨柱敷设	AC
沿墙面敷设	WS
暗敷设在墙内	WC
沿顶板面敷设	CE
暗敷设在屋面或顶板内	CC
吊顶内敷设	SCE
地板或地面下敷设	FC

图 5-37 灯具安装方法的标注

5.24 别墅配电箱的识读

别墅配电箱的识读图解如图5-38所示。通过识读照明平面图（配电箱），可以了解一些信息如下：

（1）总断路器型号、规格为SBL-100A/3P。

（2）分断路器型号、规格为BMN-32/6A。

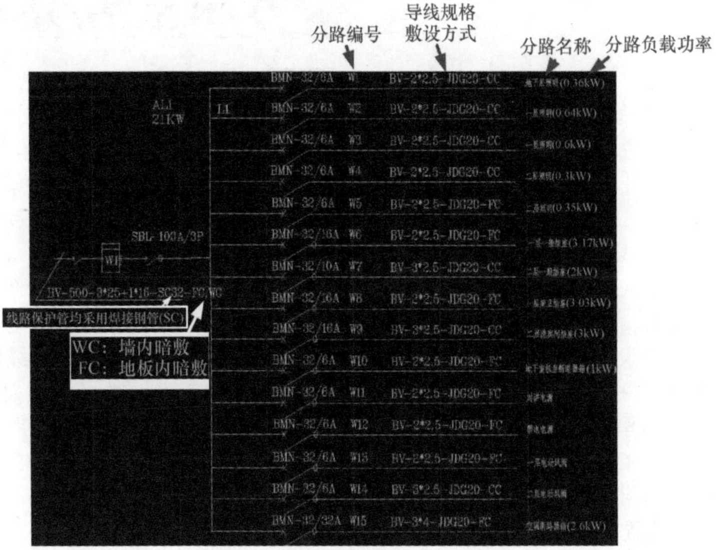

图 5-38 别墅配电箱的识读图解

（3）进户导线规格与敷设方式 BV-500-3×25+1×16-SC32-FC，WC。

（4）分路导线规格与敷设方式 BV-2×2.5-JDG20-CC、BV-3×2.5-JDG20-CC、BV-2×2.5-JDG20-FC 等。

5.25 别墅智能化弱电平面图的识读

别墅智能化弱电平面图的识读图解如图 5-39 所示。

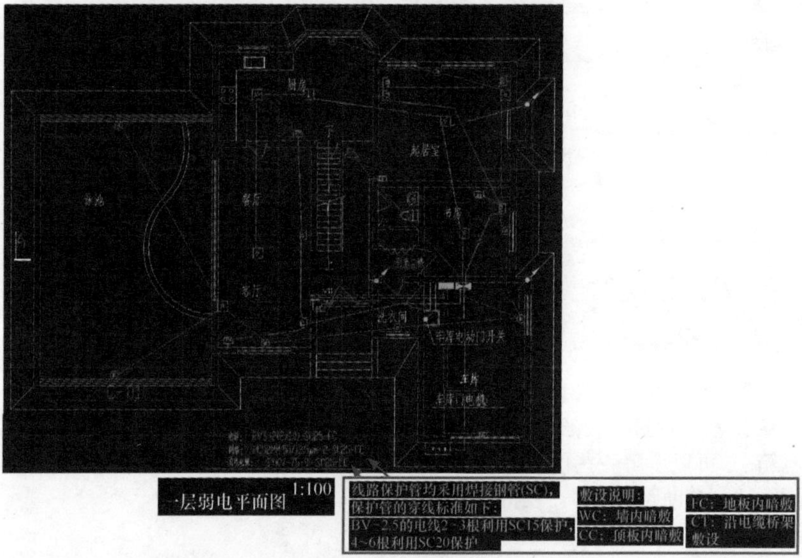

图 5-39 别墅智能化弱电平面图的识读图解

识读别墅智能化弱电平面图前（时），应看说明。例如，说明中有：

（1）本工程线路保护管均采用焊接钢管（SC），保护管的穿线标准如下：BV-2.5 的电线 2~3 根利用 SC15 保护，4~6 根利用 SC20 保护，其他详见系统图及平面图。

（2）敷设说明——WC 为墙内暗敷；CC 为顶板内暗敷；FC 为地板内暗敷；CT 为沿电缆桥架敷设。

（3）本工程可视对讲系统在门口设置可视对讲主机，与防盗门配套安装，户内设置可视对讲分机。

（4）本工程电话系统采用电缆埋地进户，埋深 0.8m。进户处理同型号备用管一根。电话分线箱在车库间，电话分线箱出线沿配电间穿桥架明敷设。用户线均选用 2×RVB2×0.5 型绝缘平型软线穿 SC15 暗敷设。

（5）本工程有线电视系统传输线选用 SYKV-75-9 型同轴电缆，穿 SC25 保护，电视系统采用电缆埋地进户，埋深 0.8m。前端箱内放大器电源引自配电箱 AT2 的 WL4 回路。前端箱内出线穿钢管至配电间后穿桥架竖向敷设，用户线采用 SYKV-75-5 穿 SC15 暗敷设。

（6）本工程综合布线系统采用超

五类设备，总配线架设在车库弱电配线箱内。系统采用 6 芯单模光纤埋地 0.8m 引入，穿 SC40 钢管保护。用户线采用超五类 4 对对绞电缆穿桥架沿配电间明敷设，入户后穿 SC15 暗敷设。

然后看图例，通过看图例了解弱电设备的类型、种类，以及大概位置点位。具体可以根据说明、图例、材料表有关信息来确定，如图 5-40 所示。

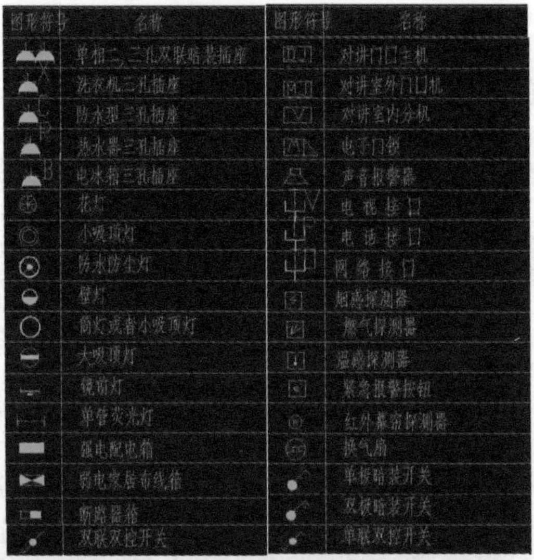

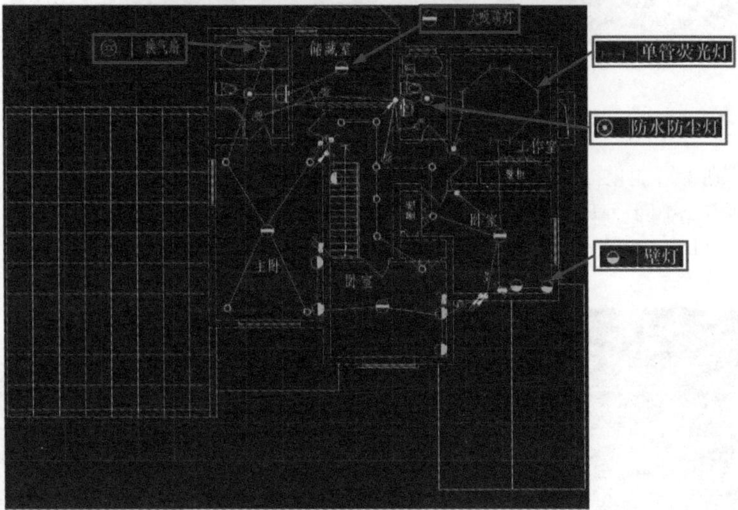

二层照明平面图1:100

图 5-40 图结合图例识读

5.26 别墅智能化空调变风量控制系统的识读

别墅智能化包括低压配电、照明、弱电系统。弱电系统包括有线电视系统、电话系统、安防自动报警系统、火灾自动报警系统、智能控制系统等。

别墅智能化空调变风量控制系统的识读图解如图 5-41 所示。

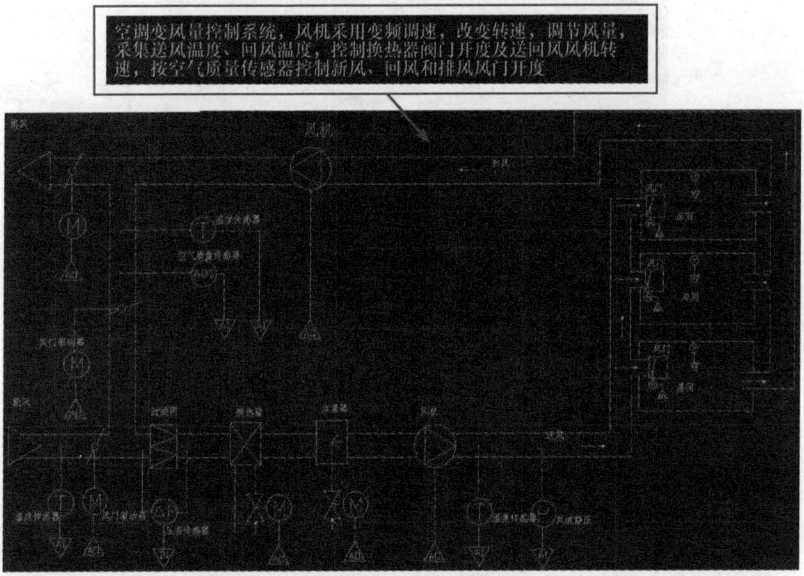
空调变风量控制系统，风机采用变频调速，改变转速，调节风量，采集送风温度、回风温度，控制换热器阀门开度及送回风风机转速，按空气质量传感器控制新风、回风和排风风门开度
风机

图 5-41　别墅智能化空调变风量控制系统的识读图解

5.27 别墅智能化控制系统的识读

别墅智能化控制系统的识读，因控制中心不同，具体识读信息有差异。控制中心的输入输出端口、逻辑关系、硬件连接等均是识读时需要掌握的。

［举例］　一控制中心的输出端口、逻辑关系如图 5-42 所示。

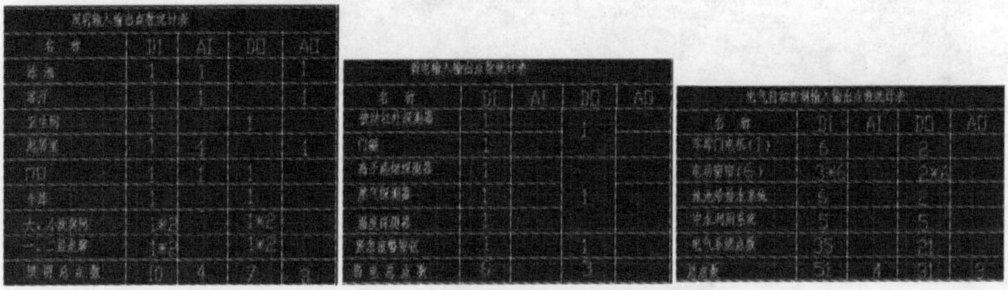

图 5-42　别墅智能化控制系统一控制中心的特点

图 5-42　别墅智能化控制系统一控制中心的特点（续）

第 6 章

看图教你会——店装、公装水电识图

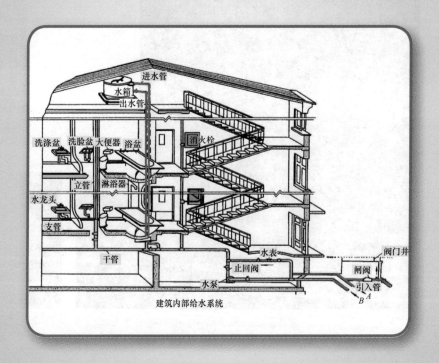

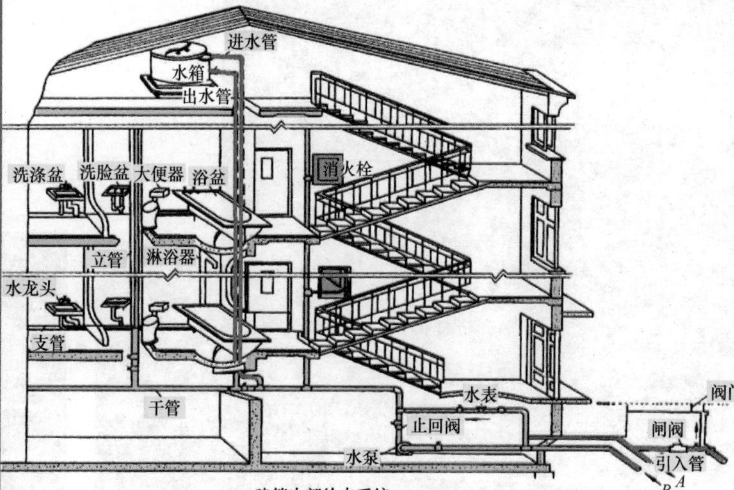

建筑内部给水系统

6.1 室内给水系统

室内给水排水工程图，分为室内给水排水平面图、给水系统图、排水系统图、详图等。室内给水排水工程图为室内给水排水系统施工提供了指导与设计要求。

室内给水排水系统分为室内给水系统、室内排水系统。

常用的给水系统图式类型有：直接给水系统、设水箱的给水系统、设有水泵的给水系统、设有水箱与水泵的给水系统、分区给水系统等。

根据供水对象不同，室内给水系统又可以分为生产给水系统、生活给水系统、消防给水系统等。在一个建筑内可能单独设置三个独立的给水系统，也可能设置生产与生活、生产与消防、生活与消防或三者共用的给水系统。也就是独立的给水系统与共享的给水系统。

室内给水系统示意图如图 6-1 所示。室内给水系统，一般由以下几个基本部分组成：

（1）引入管——穿过建筑物外墙或基础，自室外给水管，把水引入室内给水管网的水平管。该引入管，一般具有不小于 0.003 的坡度，并且坡向室外管网。

（2）水表节点——需要单独计量水量的建筑物，一般会在引入管上装设水表。有时，水表也可能设计在配水管上。水表一般设置位于易于观察的室内或室外水表井（箱）内。水表井（箱）一般内设有闸阀、水表、泄水阀门等设备。

（3）配水管网——由水平干管、立管、支管所组成的管道系统。

（4）配水器具与附件——用水设备、闸门、卫生器具、水龙头、止回阀等。

（5）升压设备——室外管网压力不足时，需要设置水泵、水箱等设备。

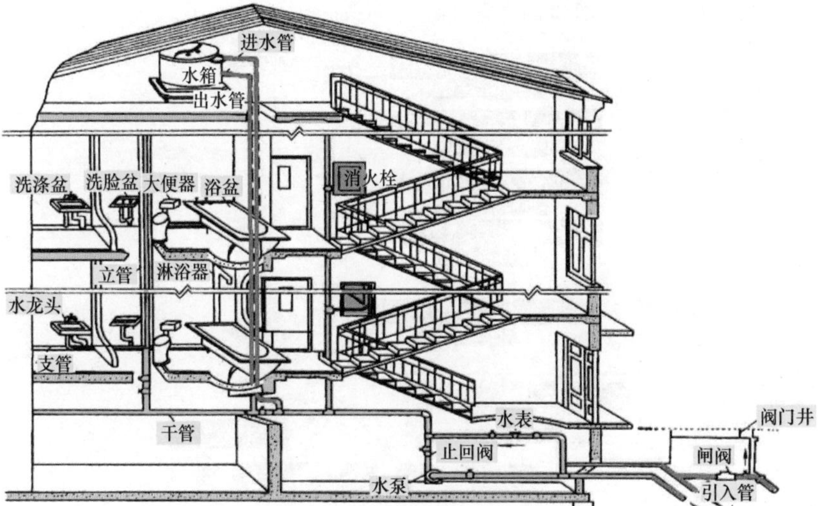

图 6-1 室内给水系统示意图

6.2 室内给水系统图的识读

室内给水系统图的识读图解如图 6-2 所示。

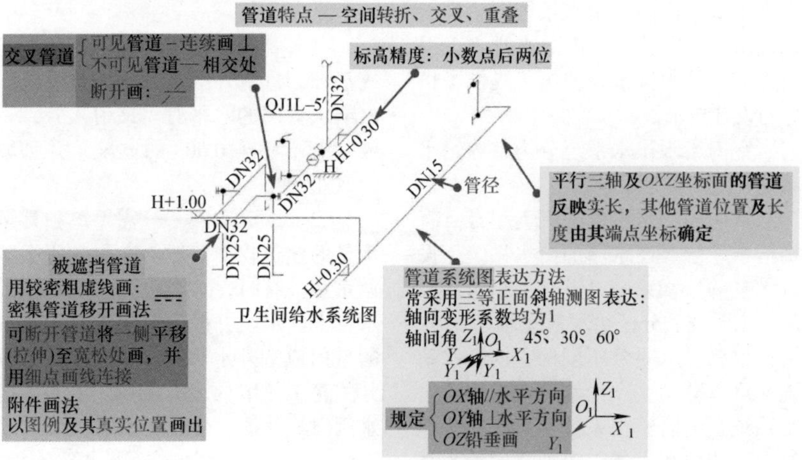

图 6-2　室内给水系统图的识读图解

［举例］　某住宅楼给水系统图的识读图解如图 6-3 所示。从图中可以读懂，DN50 的引入管的标高为 –1.200，由西向东到立管下端的 90° 弯头止。再沿 DN50 的立管垂直向上，穿过底层地坪 ±0.000。在标高 0.500 的地方，设计、安装 1 个 DN50 的截止阀。然后继续垂直向上到标高为 16.000 的地方，设计、安装 90° 弯头。

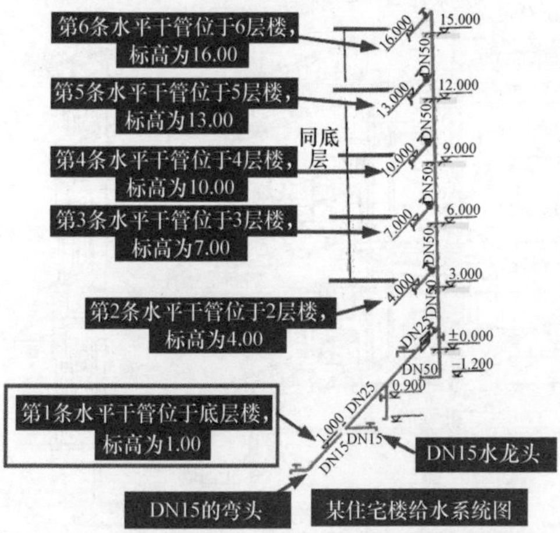

图 6-3　某住宅楼给水系统图的识读图解

立管上，一共接有引出 6 条水平干管。其中，第 1 条水平干管始端的管径为 DN25，末端的管径为 DN15。

每条水平干管上，设计、安装：1 个 DN25 截止阀；1 组 DN25 水表；1 个 DN25×25×15 的异径三通与 1 个 DN15 水龙头；1 个 DN25×25×25 的等径三通与 1 个 DN25 冲洗阀；1 个 DN15 的弯头与 1 个 DN15 水龙头。

tips:识读系统图，可以分系统看，其中——给水系统：找引入管，沿水流方向看。排水系统：找排出管，逆水流方向看。

6.3 室内排水系统与雨水系统

根据排水性质不同，室内排水系统可以分为生活污水系统、工业废水系统、雨水系统。根据排水体制不同，室内排水系统可以分为分流制、合流制。其中，分流制是分别单独设置生活污水、工业废水、雨水系统。合流制是将其中任意两种或三种管道系统组合在一起的一种系统。

室内排水系统，一般由以下几个基本部分组成，具体见表 6-1。

表 6-1　室内排水系统的基本组成部分

名称	解　说
排出管	室内排水立管到室外检查井间连接的水平管段。一般设计埋地敷设。排出管长度，一般不大于 10m，以及有一定坡度，并且坡向室外检查井。排水立管与排出管，一般应用两个 45° 弯头来连接
排水横管	连接器具排水管和立管间的水平管段。管道，一般设计安装一定的坡度，并且坡向排水立管
排水立管	接受排水横管排来的污水，再送到排出管。立管，一般设计安装在墙角明装，并且靠近杂质最多、最脏、排水量最大的排水点的地方。特殊要求的情况，也有设计、安装在管窿或管井中暗装的情况
器具排水管	卫生器具与排水横管间的短管，除了坐式大便器外，其间都设计安装有 P 式或 S 式存水弯
清通设备	清通设备包括清扫口、检查口、室内检查井等。清扫口，一般设置在具有两个及两个以上大便器或三个及三个以上卫生器具的排水横管上。检查口，一般在立管上每隔两层设置，并且设置高度距地面 1.0m。检查井，一般设在埋地的横管上，并且井间的距离一般为 10~15m
通气管	由最高层内卫生器具以上到伸出屋面的一段立管叫作伸顶通气管。通气管一般要高出屋面 0.3m，并且需要大于最大积雪厚度，以及管顶需要设计埋地通风帽。环形通气管与器具通气管的水平管段，一般设计安装高出卫生器具上缘 0.15m，以不小于 0.01 的上升坡度与通气立管连接
污（废）水收集器	各种卫生器具、排放生产废水的设备、地漏、雨水斗等

室内排水系统识读图解如图 6-4 所示。

屋面雨水的排水方式，可以分为外排水、内排水等系统。外排水系统，就是沿墙敷设雨水管，排到室外明沟。内排水系统，一般是由雨水斗、立管、悬吊横管、地下雨水管、清通设备等组成。其中：

雨水斗——雨水斗的作用是排除屋面雨雪水。雨水斗设计布置时，一般是以伸缩缝或沉降缝作为屋面排水的分界线，并且雨水斗的口径一般采用 100mm 的。

悬吊横管——悬吊横管一般需要不小于 0.003 的坡度，坡向立管管径。

立管——一般要求立管不得小于雨水管连接管的管径。如果立管沿柱子布置，一般需要立管管径不小于横管管径。

检查口——雨水立管下部距地面 1.00m 处，一般需要设计安装检查口。

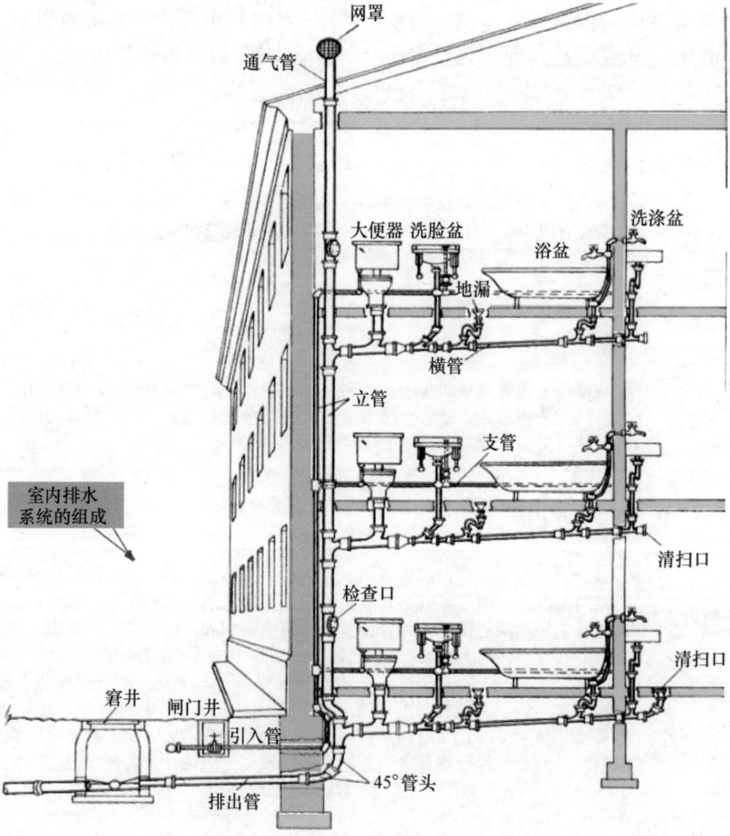

图 6-4　室内排水系统识读图解

6.4 PVC-U 排水管整体安装图的识读

PVC-U 排水管整体安装图识读图解如图 6-5 所示。识读 PVC-U 排水管整体安装图时，需要能够联想到实际安装的效果。PVC-U 排水管实际安装的效果图如图 6-6 所示。

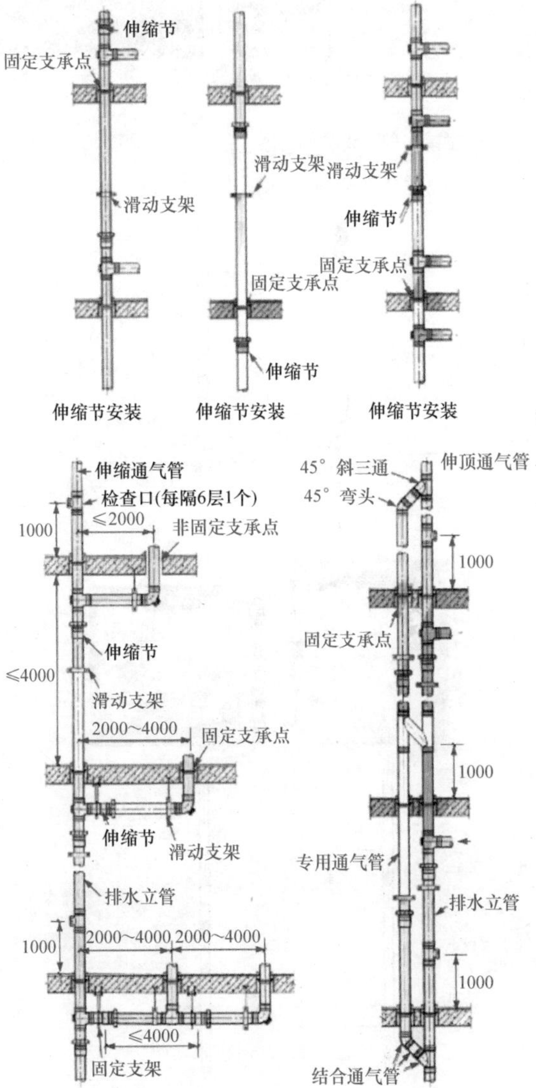

图 6-5　PVC-U 排水管整体安装图识读图解

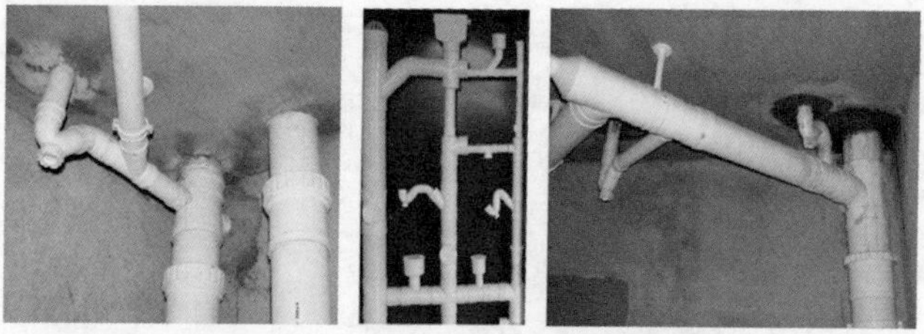

图 6-6 PVC-U 排水管实际安装的效果图

6.5 PVC-U 管伸缩节的安装图识读

PVC-U 管伸缩节的安装图识读图解如图 6-7 所示。

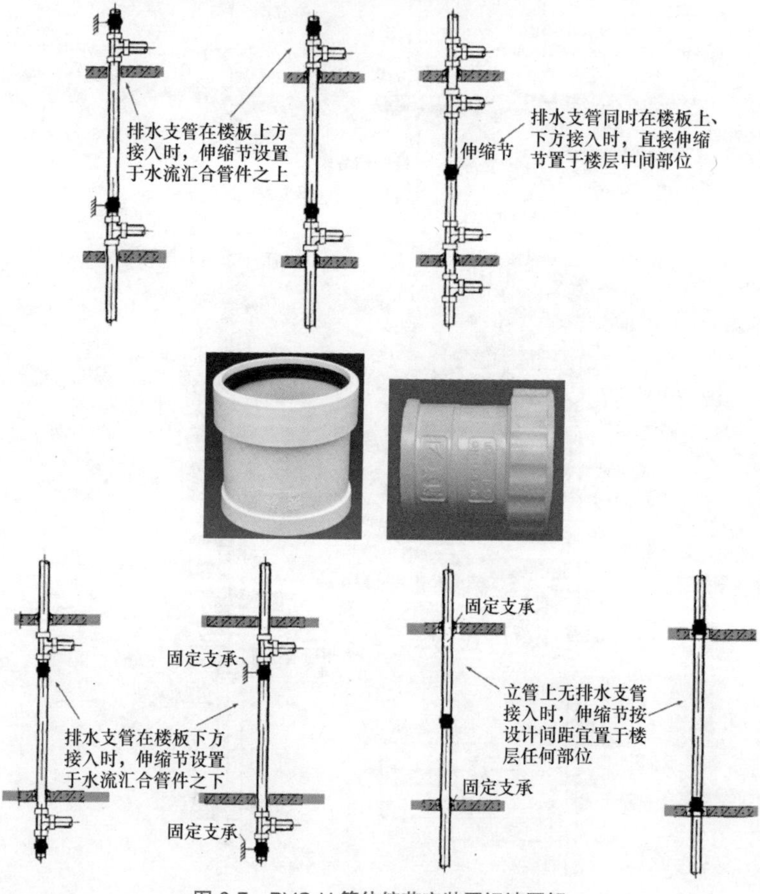

图 6-7 PVC-U 管伸缩节安装图识读图解

6.6 室内给排水施工图的识读

识读主要室内给排水施工图之前，一般先看说明、设备材料表，再以系统图为线索深入阅读平面图、系统图、详图。

给水、排水设计施工说明与主要材料设备表——给水、排水工程图无法表达清楚的给水、排水、热水供应、雨水系统等管材、防腐、防冻、防露的做法。或者难以表达管道连接、固定、竣工验收要求、施工中特殊情况技术处理措施、施工方法要求严格必须遵守的技术规程规定等情况，许多图样会用文字写出设计施工说明、主要材料及设备表。

主要材料，往往会列出材料类别、材料规格、材料数量、设备品种、设备规格、设备主要尺寸等。

室内给排水施工图，一般会绘出工程图所用的图例。所有室内给排水施工图样、施工说明等，一般会编排有序，并且会提供图样目录。

识读时，需要平面图、系统图、详图三种图相互对照来看。先看系统图，对各系统做到大致大概了解。

tips：识读给水系统图时，可从建筑的给水引入管开始，沿着水流方向经干管、立管、支管到用水设备。识读排水系统图时，可从排水设备开始，沿排水方向经支管、横管、立管、干管到排出管。也就是识读给排水系统图时，可以根据水的引入到流出路径来看。

6.7 给水、排水平面布置图

室内给排水管道平面图是施工图样中最基本、最重要的一种图样。通过识读给水、排水平面图，能够了解给水、排水管线与设备的平面布置情况，以及用水设备的种类、数量和位置。

给水、排水平面图中，往往会有各种功能管道、管道附件、卫生器具、用水设备的图例，并且各种横干管、立管、支管的管径、坡度等，一般会标出。

一般的给水、排水平面图上的管道，基本上是采用单线绘出的。沿墙敷设时，一般不标注管道距墙面的距离。

简单的给水、排水平面布置图，会在一张平面图上绘制给水与排水管道。如果图样管线复杂，则会分别绘制。

建筑内部给排水，一般以选用的给水方式来确定平面布置图的张数。一般而言：顶层，如果有高位水箱等设备，必须单独绘出。底层、地下室必须绘出。建筑中间各层，如果卫生设备或用水设备的种类、数量和位置都相同，则绘一张标准层平面布置图即可，也就是提供一张标准层平面布置图；否则，要逐层绘制，也就要提供每层的平面布置图。

各层的平面布置图上，各种管道、立管，一般会有编号标明。

识读给水、排水平面图时，需要掌握的一些内容与注意事项如下：

（1）给水、排水平面图，常用的比例为1:100、1:50两种。

（2）给水、排水平面图，图上的线条一般是示意性的，有的图样活接头、补心、管箍等管材配件也不会画出来。因此，识读该种给水、排水平面图时，还必须熟悉给排水管道的施工工艺与要求。

（3）识读时，应读懂是明装，还是暗装等施工方法。

（4）识读时，应读懂给水引入管、污水排出管的平面位置、走向、定位尺寸、与室外给排水管网的连接形式、管径、坡度等信息。

（5）识读时，应读懂给排水干管、立管、支管的平面位置与走向、管径尺寸、立管编号等信息。

（6）识读时，应读懂卫生器具、用水设备、升压设备的类型、数量、安装位置、定位尺寸等信息。

（7）给水管道上设置水表时，应读懂水表的型号、安装位置、水表前后阀门的设置等情况。

（8）识读室内排水管道，应读懂清通设备的布置情况，清扫口、检查口的型号、位置等信息。

（9）识读消防给水管道，应读懂消火栓的布置、口径大小、消防箱的形式与位置等信息。

[举例] 某住宅楼给水排水平面图的识读图解如图 6-8 所示。从图上可以看出该住宅楼共有 6 层，各层卫生器具布置均相同；各层管道的布置，除底层设有一条引入管和排出管外，其余各层的管道布置也都相同。

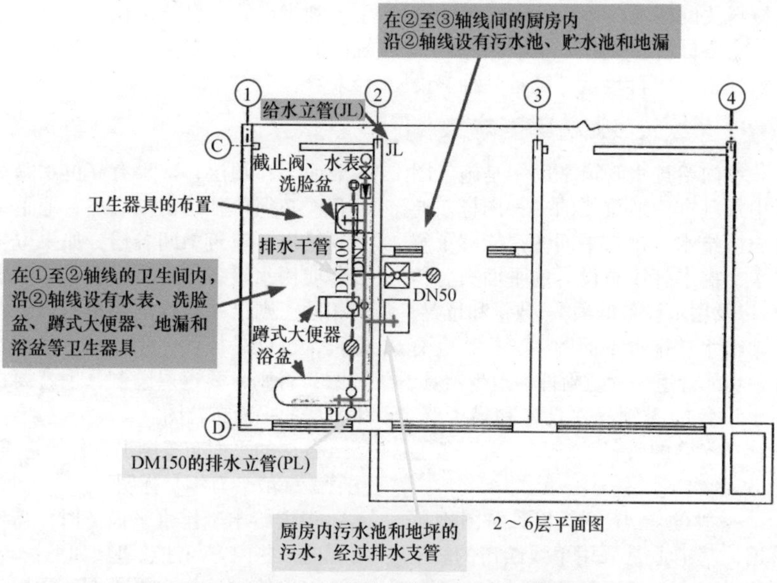

图 6-8 某住宅楼给水排水平面图的识读图解

底层给水排水平面图识读图解如图 6-9 所示。其中：

（1）卫生器具的布置——①到②轴线的卫生间内，沿轴线设计了水表、洗脸盆、蹲式大便器、地漏和浴盆等设备。②到③轴线间的厨房内，沿②轴线设计了污水池、贮水池、地漏等设备。

（2）排水管道的布置——底层卫生间的东南角，设计了 1 根 DN150 的排水立管 PL。再沿②轴线，设计了 DN100 的排水干管与 DN150 的排出管。卫生间内洗脸盆、蹲式大便器、浴盆、地坪的污水，均需要经排水干管、排水立管、排出管排到室外。厨房内污水池、地坪的污水，均需要经排水支管、排水干管、排水立管、排出管排到室外。

（3）给水管道的布置——底层，沿 C 轴线设计了有一条管径为 DN50 的给水引入管，从室外引入室内到墙角处的给水立管 JL 为止。再通过该立管接出给水干管。再沿②轴线接截止阀、水表，再向洗脸盆、蹲式大便器、贮水池、浴盆等设备供水，并且管径由 DN25 变为采用 DN15。

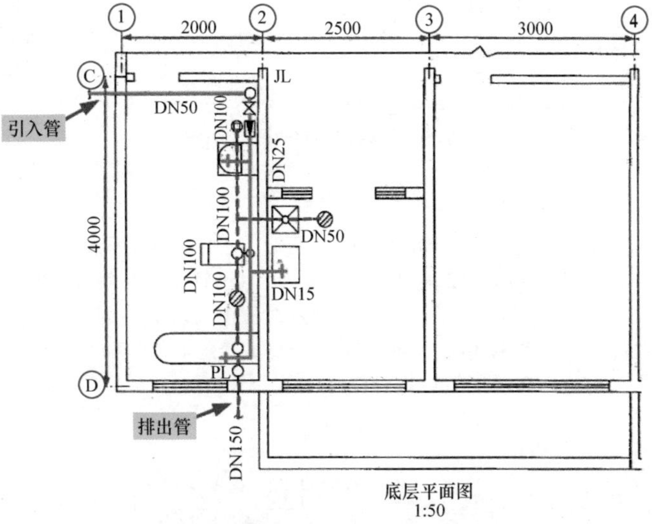

图 6-9　底层给水排水平面图识读图解

6.8 金属卤化物灯线路的识读

金属卤化物灯线路的识读图解如图 6-10 所示。金属卤化物灯管内充有惰性气体、汞蒸气、卤化物等。有的金属卤化物灯采用 380V 电源电压接线线路，有的需要专用的镇流器。如果接工频电压 220V，有的需要接一只漏磁变压器。

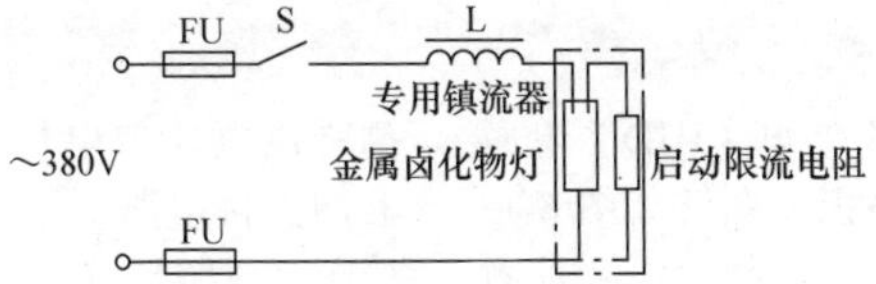

图 6-10　金属卤化物灯线路的识读图解

6.9 钠灯照明线路的识读

钠灯照明线路的识读图解如图 6-11 所示。钠灯可以分为低压钠灯、高压钠灯。低压钠灯发出的是单色荧光，一般一只 90W 的钠灯，相当于一个 250W 的高压汞灯泡。高压钠灯是将钠的蒸气压力提高，以及充进少量的汞。

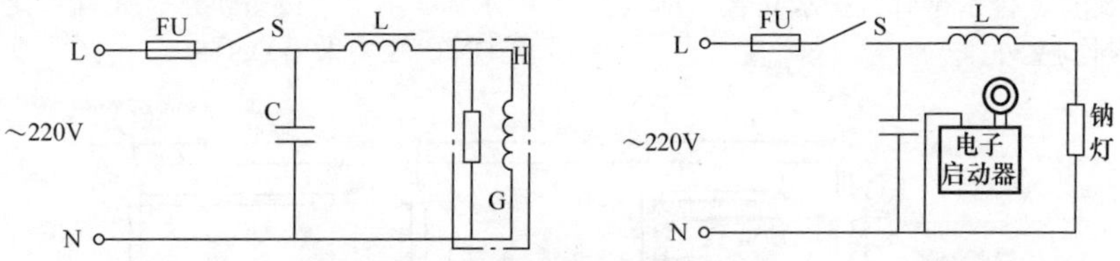

图 6-11　钠灯照明线路的识读图解

6.10 管型氙灯接线电路的识读

管型氙灯的接线电路识读图解如图 6-12 所示。关上 QS，按动起动按钮 SB 时，管型氙灯即可点燃。管型氙灯触发器的 $\phi 3$ 端接相线，$\phi 4$ 端接中性线。$\phi 1$、$\phi 2$ 端接氙灯灯管的两端，$\phi 1$ 端为高压输出端。

由于管型氙灯触发器控制端在触发时，电流较大，因此，需要采用一个交流接触器。

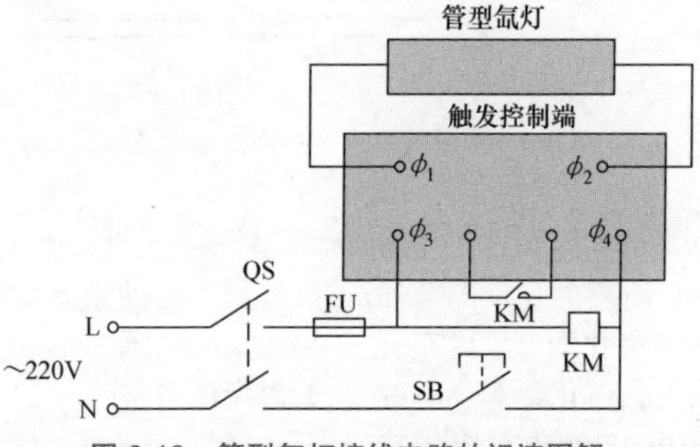

图 6-12　管型氙灯接线电路的识读图解

6.11 高强度气体放电灯（HID）电感镇流器的连接电路识读

高强度气体放电灯（HID）电感镇流器的连接电路识读图解如图 6-13 所示。电感镇流器的选择，需要注意标称电压、市电频率和尺寸等参数。高强度气体放电灯（HID）电感镇流器的连接电路识读，可以根据实物连接图来对照理解。

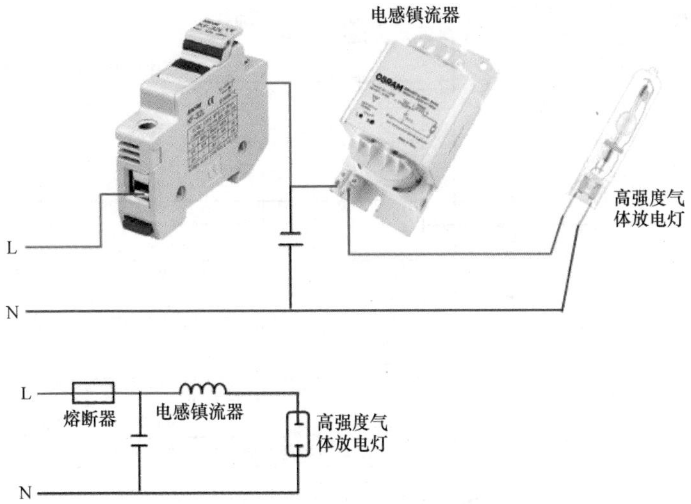

图 6-13 高强度气体放电灯（HID）电感镇流器的识读图解

6.12 电源箱进出线电路识读

电源箱进出线电路识读图解如图 6-14 所示。图中列举了 4 种方式，但是电源箱内部结构大同小异，并且多具备零排与接地排。

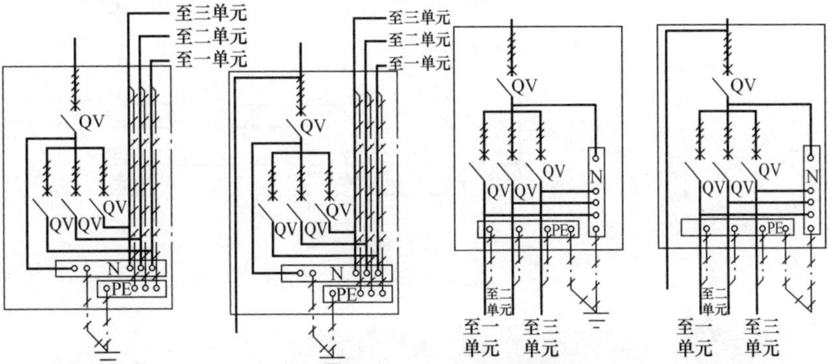

图 6-14 电源箱进出线电路识读图解

6.13 电表箱系统电路识读

电表箱系统电路识读图解如图 6-15 所示。图中列举了 2 种情况的电表箱系统电路，其他种类的电表箱系统电路可以参考这几种电表箱系统电路。电表箱系统电路识读方法可以参考开关箱、配电箱电路识读方法。

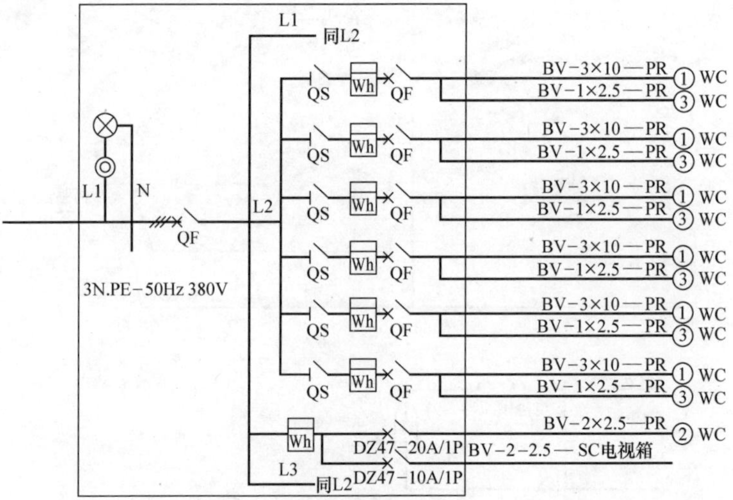

18只表表箱系统图

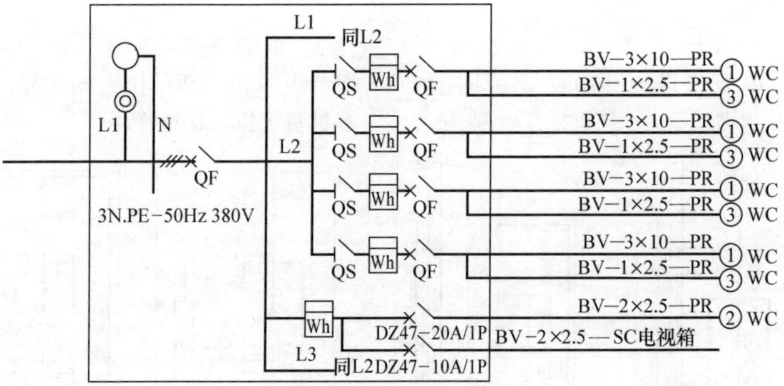

18只表表箱系统图

图 6-15　电表箱系统电路识读图解

6.14 强电开关箱的电气识读

识读强电照明配电系统图，可以了解掌握装修建筑照明配电系统供电方式、配电回路分布、配电相互联系、照明配电方式、照明导线或电缆的型号、导线或电缆的规格、导线或电缆的数量、导线或电缆的敷设方式、导线或电缆穿管管径、导线或电缆穿管规格型号等信息。

通过识读强电照明系统图，可以了解建筑物内部电气照明配电系统的全貌。照明配电系统图，往往是通过强电开关箱、配电箱的电气图来实现。

［举例 1］ 发廊强电开关箱识读图解如图 6-16 所示。

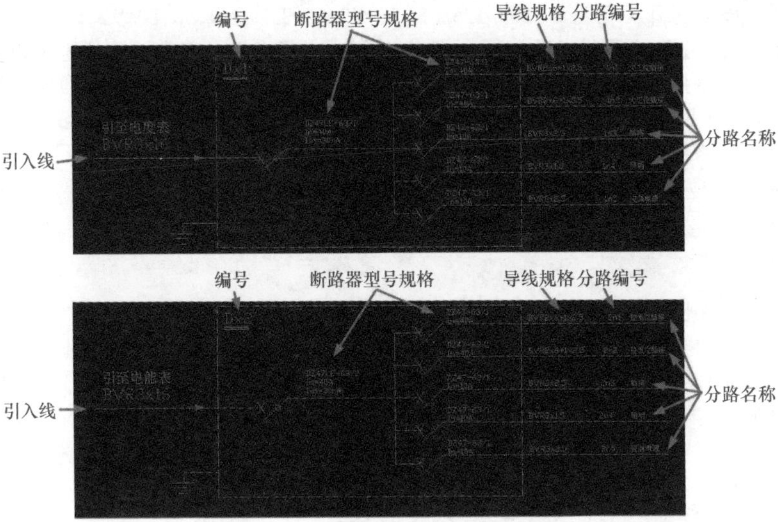

图 6-16　发廊强电开关箱识读图解

[举例 2]　厨房开关箱电气图的识读图解如图 6-17 所示。厨房开关箱电气图的识图要点与分析如下：

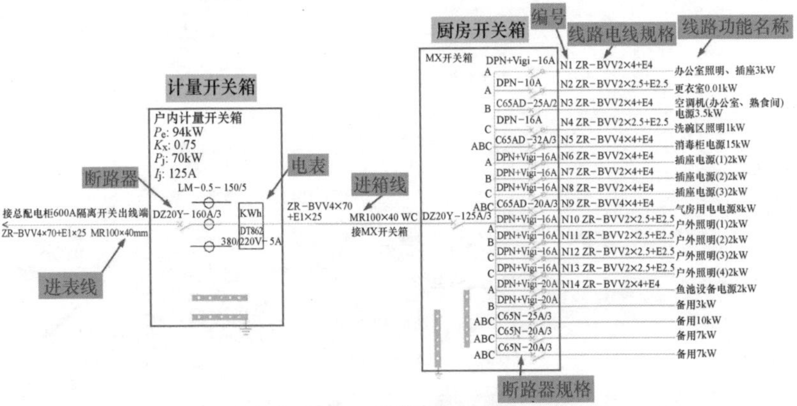

图 6-17　厨房开关箱电气图的识读图解

进表端 —— 接总配电柜 600A 隔离开关出线端，ZR-BVV4×70+E1×25 MR100×40mm（MR 表示金属线槽，100×40mm 表示线槽规格）。

表出端 ——ZR-BVV4×70+E1×25 MR100×40 WC（MR 表示金属线槽，100×40 表示线槽规格，单位默认单位为 mm，WC 表示暗敷在墙内）。接 MX 开关箱。

进箱端 ——ZR-BVV4×70+E1×25 MR100×40WC。接户内计量开关箱。

开关箱内部特点 —— 总断路

器，该厨房开关箱为 DZ20Y-125A/3。N1~N14 分路编号，以及该图还有备用线路备用 3kW，备用 10kW，备用 7kW，备用 7kW。

分路线路规格也可以通过图得到，例如 N1 ZR-BVV2×4+E4，N2 ZR-BVV2×2.5+E2.5，N3 ZR-BVV2×4+E4，N4 ZR-BVV2×2.5+E2.5 等。并且分路的名称，往往也可以通过图得到，例如 N1 办公室照明、插座 3kW，N2 更衣室 0.01kW，N3 空调机（办公室、熟食间）电源 3.5kW，N4 洗碗区照明 1kW 等。

6.15 某酒吧电气施工图配电箱识读

某酒吧电气施工图配电箱有几个，不同的配电箱识读技巧与要点如下：

（1）B1 照明配电箱识读——B1 照明配电箱施工图如图 6-18 所示。从图中可以了解到，总断路器选择 63A 的总断路器。照明配电箱的分路为 N、N1~N15。分路名称为酒吧照明配电箱主电源、立柱藏灯、天花藏灯 1、库房照明、天花藏灯 2、卫生间藏灯等。另外，VV-20KB3×10+BV500V1×6+1×4PVC-PCC、BV500V2×2.5PVC-PCC、BV-500V3×2.5PVC-PCC 等说明导线规格、敷设方式等信息。

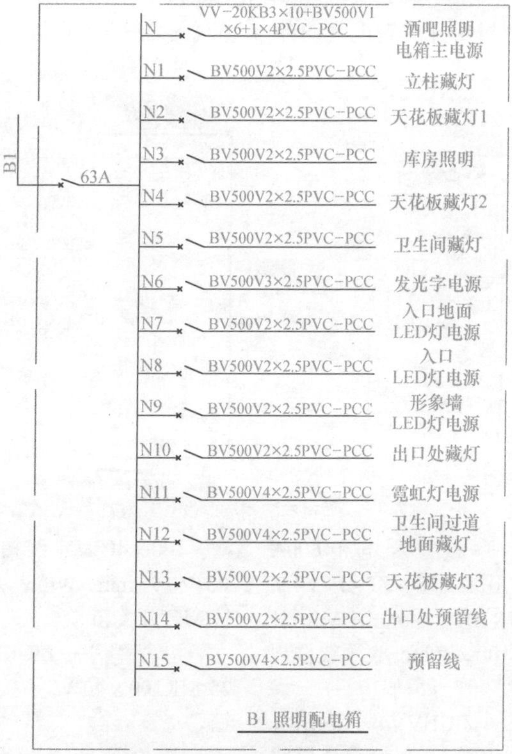

图 6-18　B1 照明配电箱施工图

（2）B2 照明、应急、动力配电箱识读——B2 照明、应急、动力配电箱施工图识读图解如图 6-19 所示。从图中可以了解到，照明配电箱的分路为 D1~D9。分路名称为天花板藏灯、天花板藏灯、工矿灯（应急照明）、应急天花板藏灯、应急灯插座、出口处吧柜插座、出口处墙壁插座、应急灯插座、轴流风机电源等。导线规格、敷设方式各分路分别为 BV500V2×2.5PVC-PCC、BV500V2×2.5PVC-PCC、BV500V2×2.5PVC-PCC、BV500V2×2.5PVC-PCC、BV500V2×2.5PVC-PCC、BV500V2×2.5PVC-PCC、BV500V2×2.5PVC-PCC、BV500V2×2.5PVC-PCC、BV-500V2×2.5PVC-PCC 等。

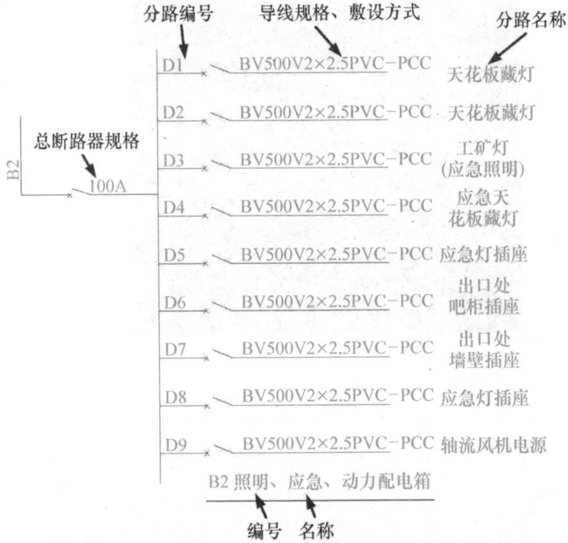

图 6-19 B2 照明、应急、动力配电箱施工图识读图解

（3）B3 照明、电视、插座、藏灯、有线配电箱识读——B3 照明、电视、插座、藏灯、有线配电箱识读图解如图 6-20 所示。从图中可以了解到，该配电箱分路编号为 L1~L17、R1~R4。分路名称为预留线、预留线、靓女吧灯箱、立柱藏灯、预留线、电视电源、卡座地台藏灯、沙发茶几藏灯、墙面 LED 灯源、墙面 LED 灯源、沙发茶几藏灯、卡座地台藏灯、沙发茶几藏灯、卡座地台藏灯、墙面 LED 灯源、配电箱主电源、预留线、电视有线、电视有线、电视有线、电视有线等。

（4）B4 计算机控制灯配电箱识读——B4 计算机控制灯配电箱识读图解如图 6-21 所示。从图中可以了解到，该配电箱分路为 Y1~Y12。分路名称为计算机控制灯、配电箱主电源等。导线规格、敷设方式各分路分别为 BV500V2×2.5PVC-PCC、BV-500V5×6PVC-PCC。

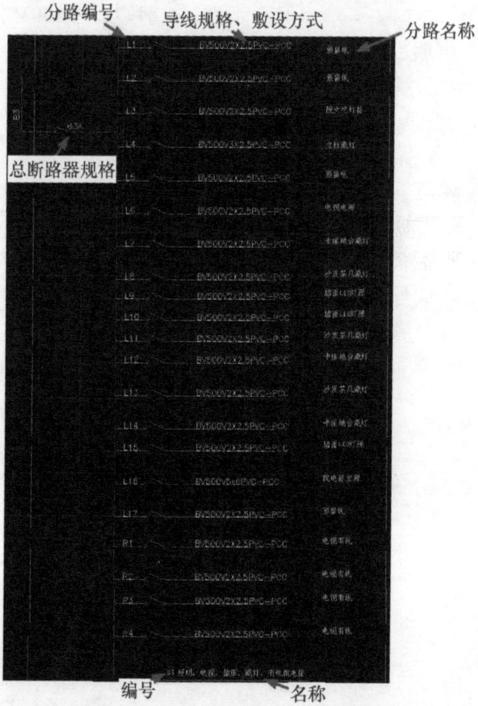

图 6-20　B3 照明、电视、插座、藏灯、有线配电箱识读图解

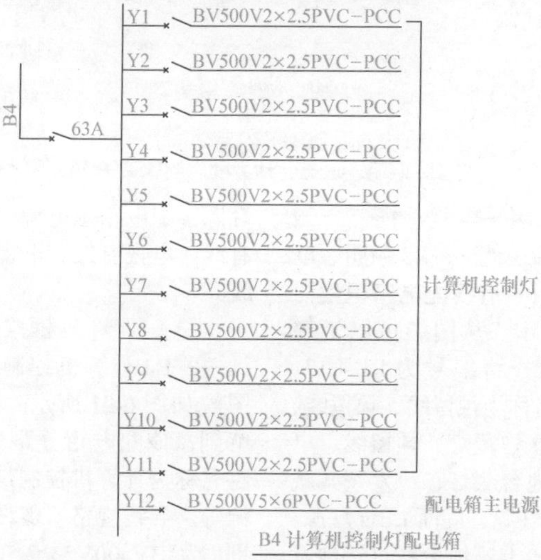

图 6-21　B4 计算机控制灯配电箱识读图解

6.16 大容量浪涌保护器接线电路识读

大容量浪涌保护器接线电路识读图解如图 6-22 所示。大容量浪涌保护器所有接线露铜部分，均需要加绝缘套管，并且连接浪涌保护器的接线尽可能短。浪涌保护器只能够在规定的条件下使用，如果超出其给定值，可能会造成浪涌保护器本身或设备的损坏。识读大容量浪涌保护器接线电路，注意电路线条、器件表意与实物的对照。

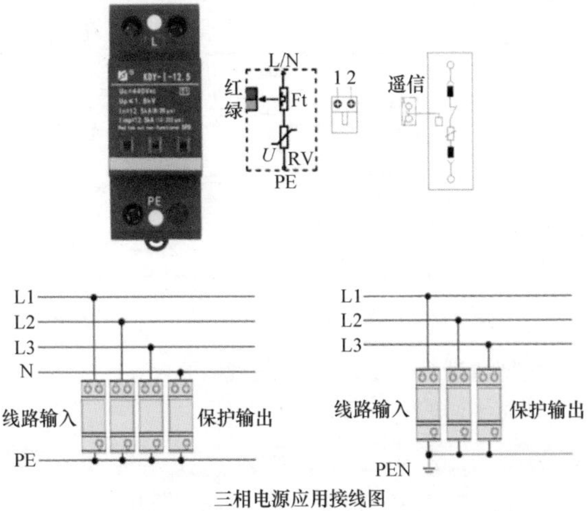

图 6-22 大容量浪涌保护器接线电路识读图解

6.17 请勿打扰、请即清理带门铃开关的电路识读

请勿打扰、请即清理带门铃开关的电路识读图解如图 6-23 所示。请勿打扰、请即清理带门铃开关可以采用室内床头集控板或类似的双控开关一起组台控制。当请勿打扰的指示灯亮时，门铃开关无法接通。当请勿打扰的指示灯灭或请即清理灯亮时，门铃开关电源接通，这时只要按一下门铃开关，门铃即会发出声音。

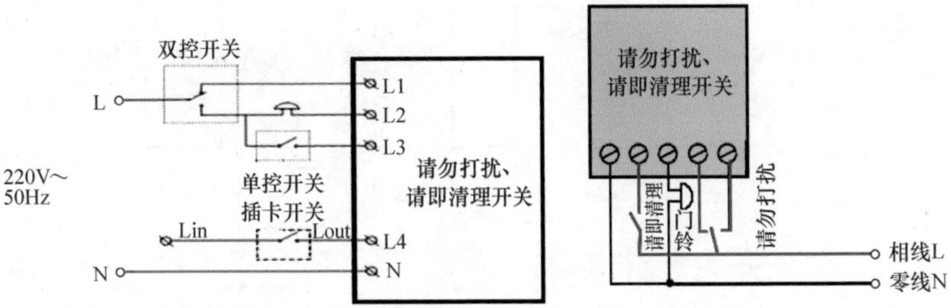

图 6-23 请勿打扰、请即清理带门铃开关的电路识读图解

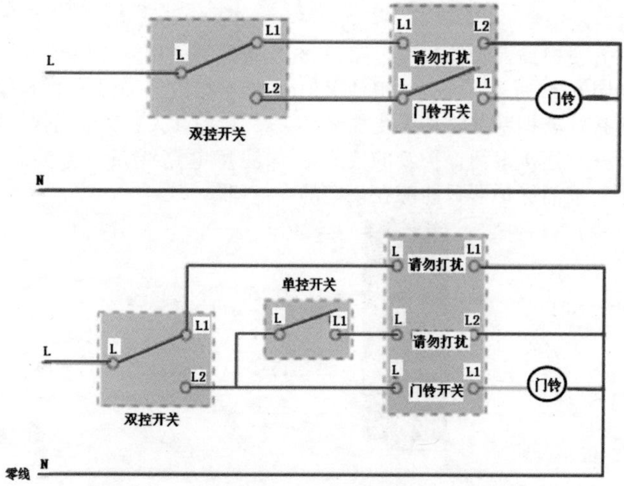

图 6-23 请勿打扰、请即清理带门铃开关电路识读图解（续）

请勿打扰、请即清理带门铃开关的电路识读时，注意不同的开关与具体线路的差异性。

6.18 卡式节能灯开关电路识读

卡式节能灯开关电路识读图解如图 6-24 所示。卡式节能灯开关一般适用于控制房间的总电源开关与电子门锁的开启。有的卡式节能灯开关的识别卡开关采用双光电控制，必须使用专用卡才能够使用，不需用感应卡或 IC 卡也能够识别。

采用适用性较强的二线制接线方式的插卡节能开关的接线，如果接线错误，则可能会导致开关本身或系统内其他开关无法正常工作，甚至损坏。

不同的卡式节能灯开关的接线可能存在差异，接线操作识读时，需要注意了解具体产品的具体要求。

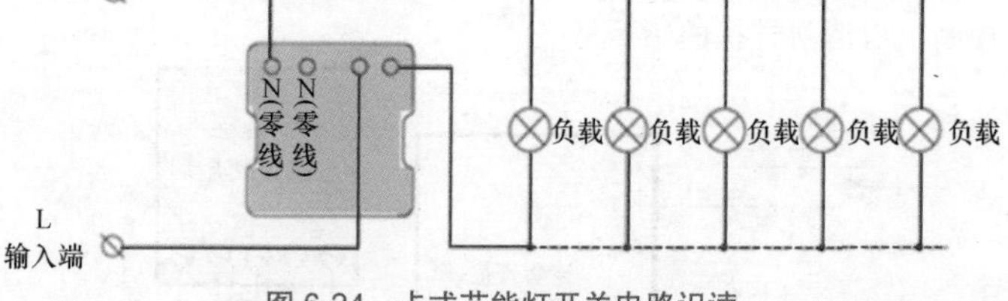

图 6-24 卡式节能灯开关电路识读

6.19 取电开关电路识读

取电开关电路识读如图 6-25 所示。识读时，注意表意图、示意图、原理图与实际实物接线图的对照关系与相关差异。

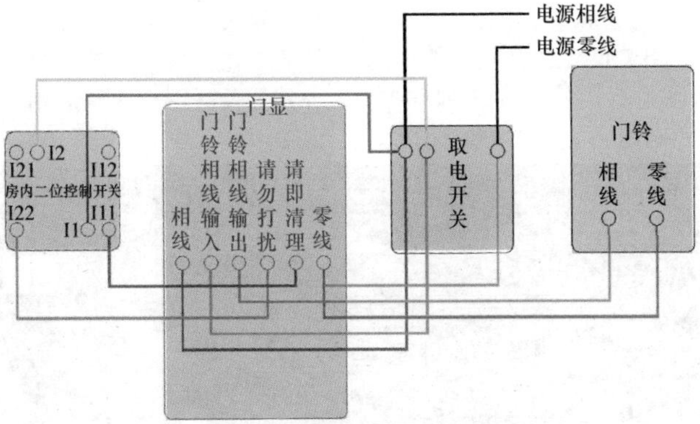

图 6-25 取电开关电路识读

6.20 发廊插座平面图识读

发廊插座平面图识读图解如图 6-26 所示。首先看插座图例，然后明确插座类型与空间位置，以及插座布线规格与布线方式。一般情况，还需要看说明。

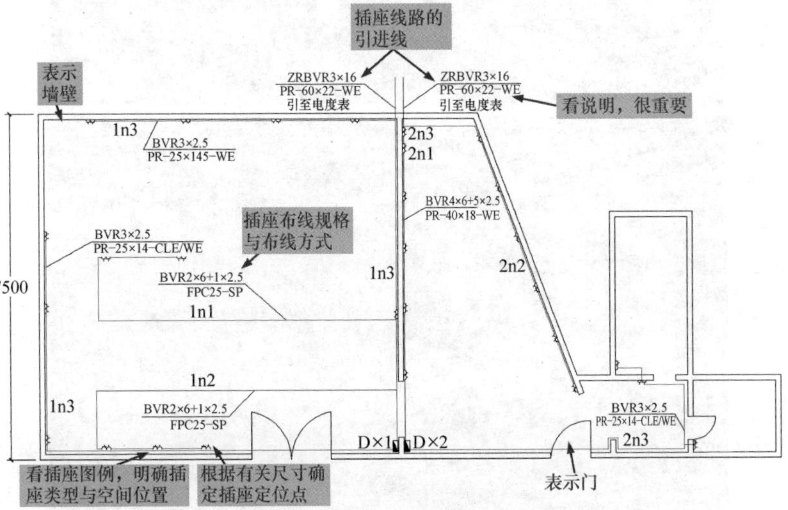

图 6-26 发廊插座平面图识读图解

6.21 天花板平面图识读

同一天花板平面，有不同的设计，如图 6-27 所示。识读天花板平面图，首先需要掌握图例，一些天花板平面图图例见表 6-2。然后根据图例，看天花板平面上相应图例的分布特点、分布位置、相关尺寸、关联设备等信息。例如,图中筒灯多,排列阵列方式、整齐有序。同时，有的图中，还配套其他相关灯具。这些配套其他相关灯具的具体位置、尺寸，需要从图中或者其他关联图，或者通用规范等方面得知。

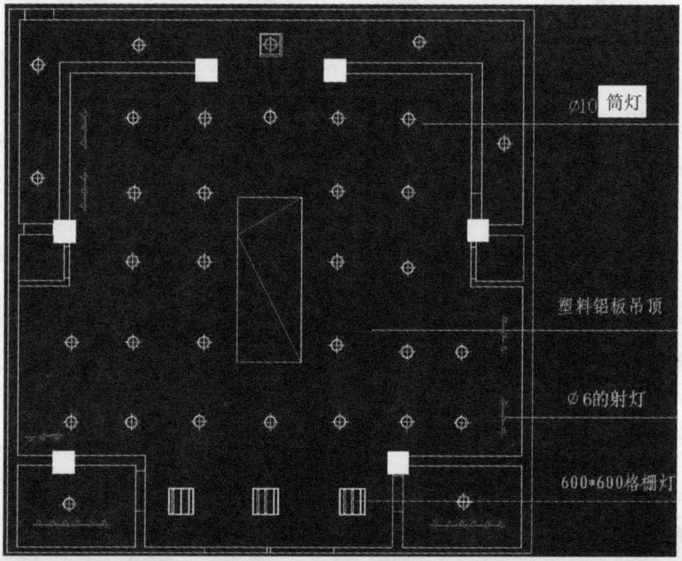

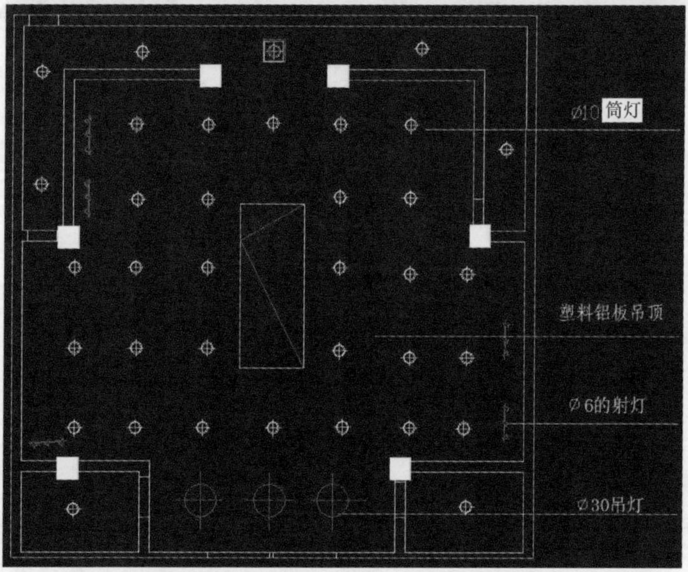

图 6-27　同一天花板平面，有不同的设计

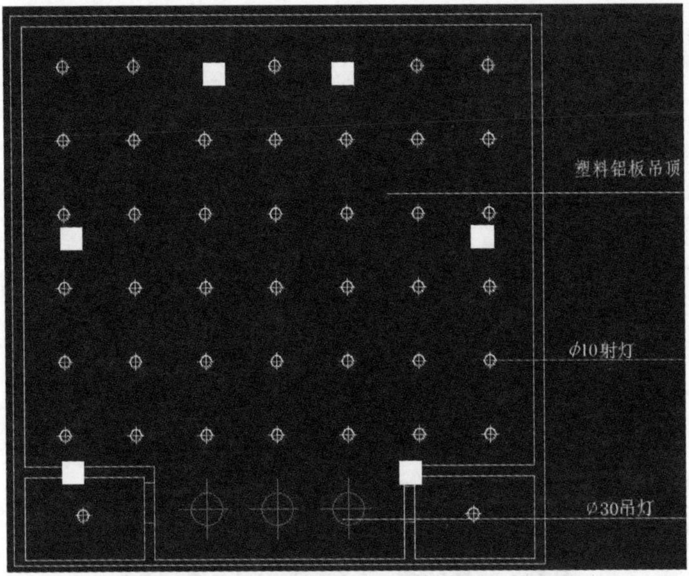

图 6-27　同一天花板平面，有不同的设计（续）

表 6-2　一些天花板平面图图例

名称	图　　例	名称	图　　例
吊灯		吸顶灯	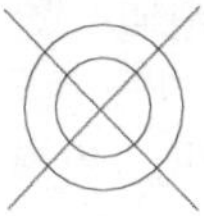
组合灯	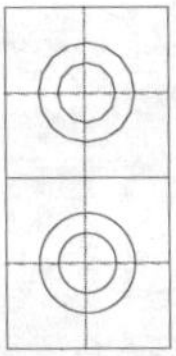	吊杆灯	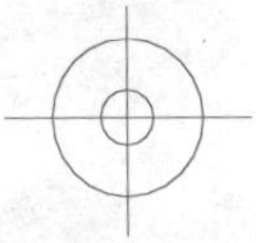
斗胆灯		暗藏灯管	
石英射灯	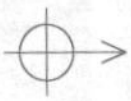		

[举例 1]　一装修工程天花板平面图图例见表 6-3。

[举例 2]　一装修工程弱电图例如图 6-28 所示。

表 6-3　一装修工程天花板平面图图例

名称	图　例	名称	图　例
吊灯		荧光灯槽	
石英灯		防雾镜预留出线离地 1500	
防水筒灯		380×1240 回风口	
筒灯		380×940 回风口	
吸顶灯		400×600 回风口	
壁灯离地 2000		排风扇	

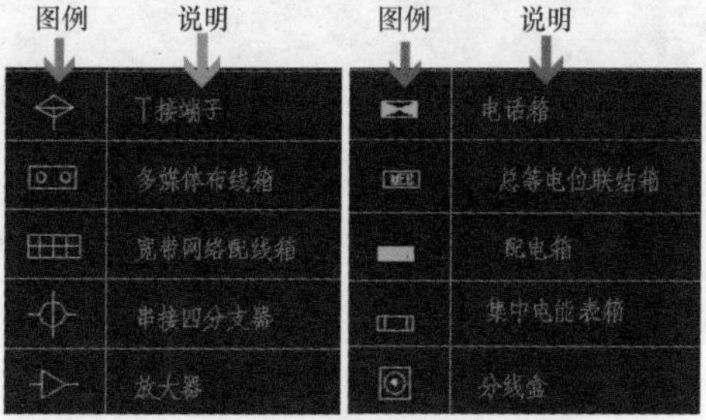

图 6-28　一装修工程弱电图例

6.22　酒吧照明及应急照明图识读

酒吧照明及应急照明图识读图解如图 6-29 所示。通过识读图，可知 B3 为照明、电视、插座、藏灯、有线配电箱。L1、L2 分路均为预留线，L3 为靓女吧灯箱，L4 为立柱藏灯等信息。

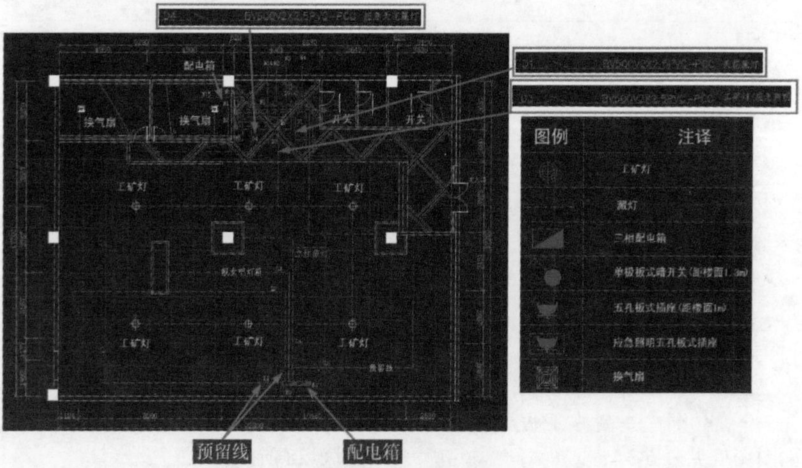

图 6-29　酒吧照明及应急照明图识读图解

为了更清楚地了解有关施工要求，可以结合照明、电视、插座、藏灯、有线配电箱线路图来看照明电路图。结合B1照明配电箱来看照明电路图。结合B2照明、应急、动力配电箱来看照明电路图。这样，就能够把平面图识读得完整。

tips：首先看定位点的设备，借助图例知晓名称、功能、要求，然后看连线情况，理清走向与联系特点。

6.23 商铺电视系统图识读

商铺电视系统图识读如图6-30所示。通过识读图，可知该装修工程的有线电视网引来的信号，是经SYKV-75-9 SC25/DB -0.8m连接的，并且会引入到电视放大器。其中，电视放大器的电源引自电表箱。然后电视放大器的信号，会引到三分配器分为CATV1、CATV2、CATV3。CATV2、CATV3信号直接通过SYKV-75-9 SC25/FC引到分支器。CATV1再经过放大器放大，然后通过SYKV-75-9 SC25/FC引到六分支器、四分支器、终端电阻。六分支器分别经过SYKV-75-5-1 SC20/FC连接到6个TV插座。四分支器分别经过SYKV-75-5-1 SC20/FC连接到4个TV插座。

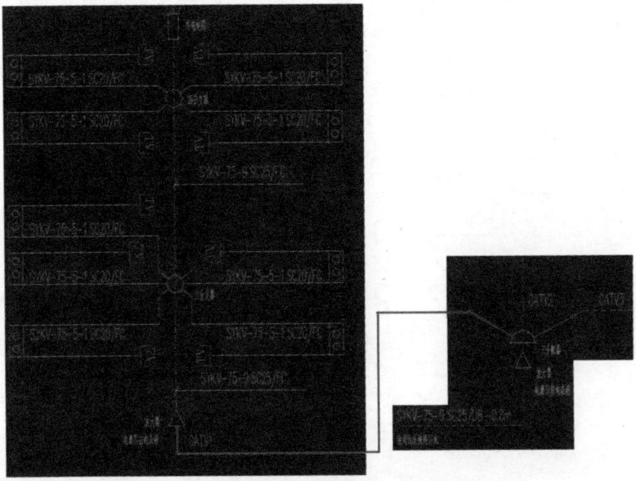

图6-30 商铺电视系统图识读

6.24 酒吧有线电路图识读

酒吧有线电路图识读图解如图6-31所示。通过识读图，可知该装修工程的室内有线电路图，主要涉及弱电配电箱、弱电设备，以及它们间的连线。识读图时，首先看定位点的弱电配电箱与弱电设备，然后看它们间的连线。

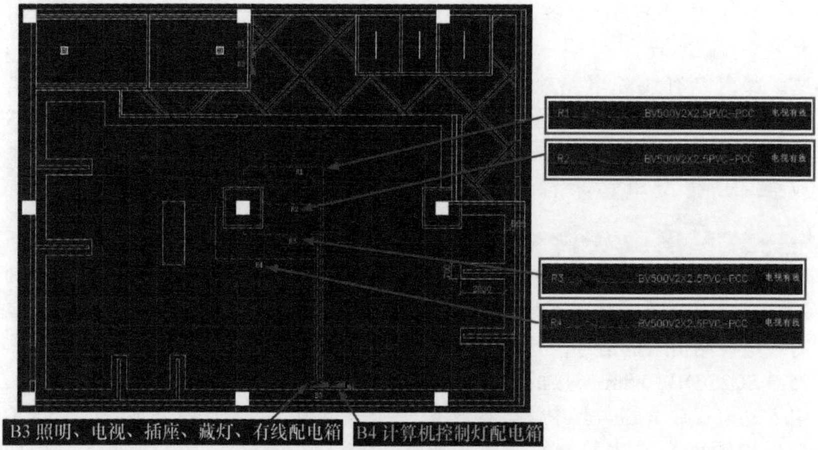

图 6-31　酒吧有线电路图识读图解

6.25 有线电视、电话系统图识读

有线电视、电话系统图识读如图 6-32 所示。从图中可以看出，电话、有线电视均采用电缆埋地引入后在地下层明敷，然后穿管引到各单元的电话组线箱、电视分配器箱。电视、电话设备的安装一般由网络公司、电信部门的专业人员来完成。从平面图可以了解的信息：在楼梯间设了主线箱、分配器箱，客厅、主卧室各设一个电视插座，电话系统采用传统布线方式，每户考虑两对线等。

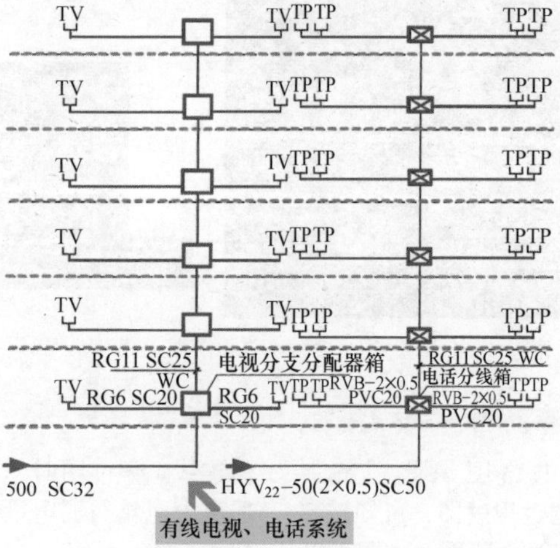

图 6-32　有线电视、电话系统图识读

[举例] 商铺电话系统图识读图解如图 6-33 所示。从图中可以看出：

（1）电话电缆 2SC32/DB-0.8m 由电信局市话网引来的→ 30 对电话接线箱→ 20（RVB-2×0.5）SC32/FC →电话线过路盒→ 2（RVB-2×0.5）-SC20-FC → TP。

（2）电话电缆 2SC32/DB -0.8m 由电信局市话网引来的→ 30 对电话接线箱→ 20（RVB-2×0.5）SC32/FC →电话线过路盒→ 16（RVB-2×0.5）SC32/FC →电话线过路盒→ 12（RVB-2×0.5）SC32/FC →电话线过路盒→ 8（RVB-2×0.5）SC20/FC →电话线过路盒→ 4（RVB-2×0.5）SC20/FC →电话线过路盒→ 2（RVB-2×0.5）-SC20-FC。

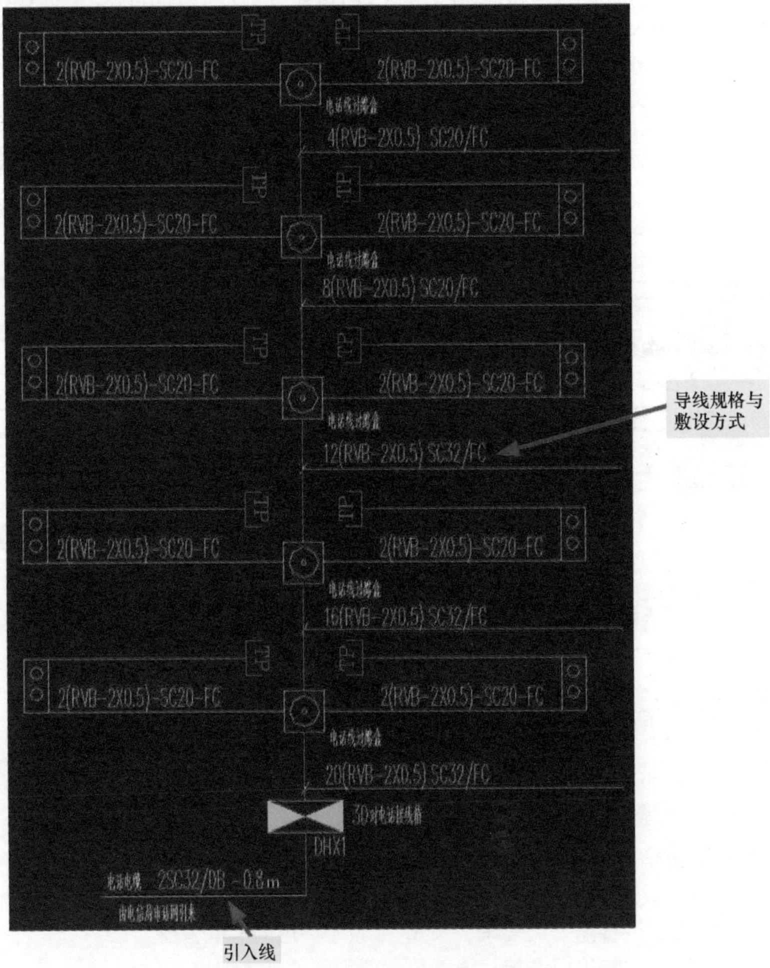

图 6-33 商铺电话系统图识读图解

6.26 多功能厅音响系统图识读

多功能厅音响系统图识读如图 6-34 所示。从图中可以看出：

（1）调音台采用 16 路的 Soundcraft LX7，输入信号可以为有线话筒、U 段无线手持话筒、DVD 机、专业 MD 机等。

（2）L 主扩音箱为远场用，LR 主扩音箱为近场用。它们的信号是由调音台输出 MIX L、MIX R 到 LAX CL2000 压限器、LAX SE230 均衡器等，最后分别到 L 主扩音箱、LR 主扩音箱、R 主扩音箱。

（3）调音台输出 AUX2 到 LAX SC9200 分频器，最后到超低音。

（4）调音台输出 MONO、AUX1 到 LAX CL2000 压限器、LAX SE230 均衡器等，最后分别到 C 主扩音箱、舞台返送。

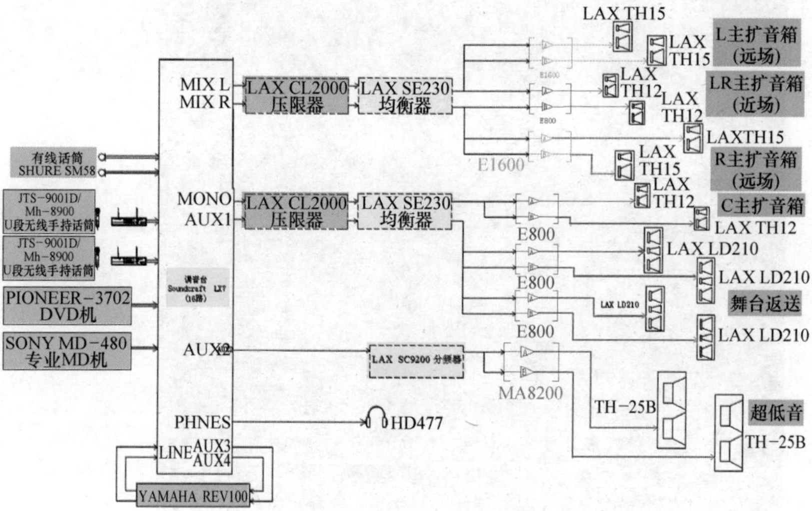

图 6-34 多功能厅音响系统图识读

6.27 对讲防护门系统图识读

对讲防护门系统图识读图解如图 6-35 所示。从图中可以看出：该图线路的敷设、设备的安装要求，采用的是 DH 型对讲防护门系统。该系统为保证电源中断后仍可正常工作，采用不间断电源 UPS。UPS 的电源引自设于一层的七电表箱。

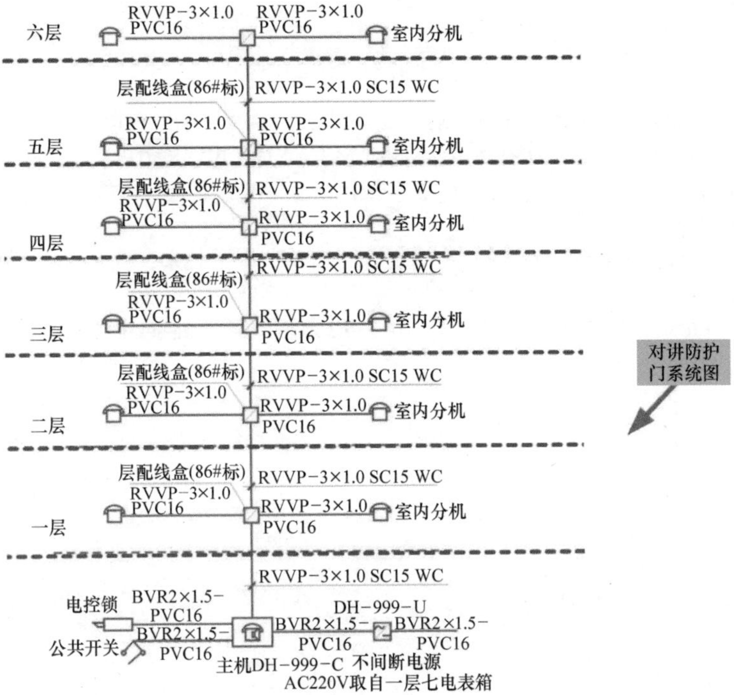

图 6-35　对讲防护门系统图识读图解

参 考 文 献

[1] 阳鸿钧，等 . 家装电工现场通［M］. 北京：中国电力出版社，2014.
[2] 阳鸿钧，等 . 水电工技能全程图解［M］. 北京：中国电力出版社，2014.
[3] 阳鸿钧，等 . 装修水电工看图学招全能通［M］. 北京：机械工业出版社，2014.
[4] 阳鸿钧，等 . 装修水电技能速通速用很简单［M］. 北京：机械工业出版社，2016.
[5] 许小菊，等 . 电工经典与新型应用电路 300 例［M］. 北京 : 中国电力出版社，2016.